公路速度管理技术

刘兴旺　吴京梅　编著

人民交通出版社

内 容 提 要

本书对我国公路速度管理存在的问题、发展趋势、基础理论、决策技术、速度控制技术及其实施案例进行了系统的介绍。全书共分为六章。第一章介绍了国内、外公路速度管理技术的现状、存在问题和发展趋势；第二章从交通安全等角度出发介绍了公路速度管理的相关基础理论；第三章介绍了面向公路速度管理的运行速度特征值预测模型；第四章介绍了公路限速值决策技术方法；第五章介绍了公路运行速度控制设施；第六章介绍了公路速度管理的具体实施案例。

本书可供公路交通管理人员参考使用，也可作为交通工程设计、技术咨询人员的参考用书。

图书在版编目(CIP)数据

公路速度管理技术/刘兴旺，吴京梅编著. ——北京：人民交通出版社，2012.4

ISBN 978-7-114-09618-1

Ⅰ. ①公… Ⅱ. ①刘… ②吴… Ⅲ. ①公路运输一行车速度一交通运输管理 Ⅳ. ①U491

中国版本图书馆 CIP 数据核字(2012)第 011652 号

书　　名：**公路速度管理技术**
著 作 者：刘兴旺　吴京梅
责任编辑：吴有铭　张一梅
出版发行：人民交通出版社
地　　址：(100011)北京市朝阳区安定门外外馆斜街 3 号
网　　址：http://www.ccpress.com.cn
销售电话：(010)59757973
总 经 销：人民交通出版社发行部
经　　销：各地新华书店
印　　刷：化学工业出版社印刷厂
开　　本：787×1092　1/16
印　　张：16.25
字　　数：357 千
版　　次：2012 年 4 月　第 1 版
印　　次：2012 年 12 月　第 2 次印刷
书　　号：ISBN 978-7-114-09618-1
定　　价：80.00 元
(有印刷、装订质量问题的图书由本社负责调换)

丛书编委员名单

序　言

汽车作为人类工业文明的伟大发明之一，拓展了人类的生活空间，提高了人类的生活质量，解放和发展了生产力，促进了现代经济的发展和繁荣。但在人类发明和使用汽车已有百年历史的今天，以汽车为主要载体的现代道路交通却无法回避这样一个事实：道路交通事故已成为影响人类生命和健康的重要因素。据世界卫生组织预计，如果不立即采取有效行动，到2030年，交通事故将成为威胁人类的第五大"杀手"。采取积极有效措施，减少交通事故导致的死亡和受伤，已成为世界各国政府的共识。

文明因生命而传承，世界因生命而精彩。在以科学发展观为主题的我国社会主义现代化建设总体战略中，"以人为本"是核心，"安全发展"是重要理念。改革开放30多年来，我国经济实现了高速增长，社会面貌发生了翻天覆地的变化，城市化进程不断加快，机动化水平快速提高，这些都决定了我国的人、车、路、环境、管理等影响道路交通安全的因素比任何国家都要复杂。如何在加快建设适度超前的道路运输网络、支撑经济和社会持续稳步发展的同时，实现道路交通的安全发展，为广大人民群众提供安全、高效的交通环境和运输服务，是我们面临的一项严峻挑战。

为有效降低道路交通事故率，科技部、公安部、交通运输部三部门联合组织开展了国家级重大科技支撑项目——《国家道路交通安全科技行动计划》一期研究，重点实施了《重特大道路交通事故综合预防与处置集成技术开发与示范应用》项目研发工作。这一项目以前所未有的科研资源投入和大规模的示范应用，开创了我国道路交通安全科技研发与应用的新局面。该丛书是在归纳总结科技行动计划一期项目，由交通运输部负责的课题二《山区公路网安全保障技术体系研究与示范工程》研究工作基础上编写的，是项目的重要成果之一。丛书由课题承担单位交通运输部公路科学研究院组织编写，凝聚了交通运输行业50家项目参与单位、300多名科研人员的智慧与心血。

理论研究的生命力在于指导工作实践。丛书从人的因素出发，围绕山区公路重特大交通事故的预防和人员生命保障，对公路设计、交通安全设施设置、公路安全运营管理、恶劣气象条件下的公路通行保障、施工区安全管理、公路网交通安全风险评估等技术进行了研究，全面介绍了我国山区公路交通安全技术的最新发展和安全保障综合解决方案，既是一套理论研究专著，又是一套先进实用的工具书，具有重要的指导意义和实用价值。希望这套丛书的出版发行，能够为公路交通行业广大建设者和管理人员提供有益的借鉴，促进我国山区公路交通安全保障技术水平迈上一个新台阶。

冯正霖

二〇一二年三月

丛书前言

自人类进入汽车社会以来，道路交通事故就如影随形，道路交通安全问题已经成为当今世界一个严重的社会问题。为了遏制道路交通事故的发生，降低道路交通事故的危害，人类做出了不懈的努力。进入21世纪，国际社会对道路交通安全问题愈发重视，在全球范围内掀起了提高道路交通安全性的新高潮。但是遏制道路交通事故发生、缓解道路交通安全压力仍是一项长期、漫长和艰巨的任务。

与世界各国相比，我国的道路交通安全问题显得尤为严重。统计数据显示，2001年至2003年我国连续3年交通事故死亡人数超过10万人，占全世界交通事故死亡人数的10%以上，高居世界第一，而同期的汽车保有量只占世界的2%。自2003年开始，我国政府首次全面部署道路交通安全工作，逐步形成了政府统一领导、有关部门各司其职、齐抓共管、综合治理、标本兼治的工作格局，采取了一系列系统性和针对性措施，在短时间内遏制了我国道路交通事故高发的态势，使我国道路交通安全形势得到迅速改善。截至2011年，道路交通事故六大指标已连续7年大幅下降，2011年我国道路交通事故死亡人数已降至6.2万余人，比最高峰2002年降低了43%。虽然道路交通安全形势逐步好转，但由于影响我国道路交通安全的诸因素还没有发生根本性的改变，交通事故仍然存在伤亡惨重，万车死亡率居高不下，重特大交通事故特别是群死群伤的特大恶性事故时有发生的特点，这与改善民生的要求，与发达国家的情况相比还存在较大差距。

国际经验表明，科技进步和新技术应用是解决道路交通安全问题的重要手段。为构建安全和谐的道路交通环境，充分发挥科技创新对交通安全保障的重要支撑作用，2008年2月18日，科技部、公安部和交通部正式在人民大会堂共同签署《国家道路交通安全科技行动计划》合作协议，旨在动员和集成相关科技、产业和政府资源，通过科技创新建立和完善我国道路交通安全保障技术、措施和标准体系，提升道路交通可持续发展能力，以全面提高我国道路交通安全保障水平。它标志着我国最大规模的一次道路交通安全科技合作行动正式全面启动。

《山区公路网安全保障技术体系研究与示范工程》课题是《国家道路交通安全行动计划》第一期项目《重特大道路交通事故综合预防与处置集成技术开发与示范应用》的重要组成部分。课题从我国交通安全问题最严重的山区公路网出发，但不局限于山区公路，围绕重特大交通事故的预防和人员生命保障，对公路设计、交通安全设施设置、公路安全运营管理、恶劣气象条件下的公路通行保障、施工区安全管理、公路网交通事故风险评估等技术进行了研究，目的是充分分析我国山区公路网交通安全的现状和特点的基础上，通过自主创新和山区国省干线安全保障技术的集成应用，形成可用、实用的山区公路网交通安全保障成套技术及装备，组织大规模的示范工程，提高山区公路网对交通事故的主动和被动防护能力，并在此基础上形成一系列标准、规范和技术指南，以促进整个交通行业安全水平的提升。

《山区公路网安全保障技术体系研究与示范工程》课题在科技部、交通运输部和公安部三部委的高度重视下，调动了在各相关方向有专长的科研单位、高校、企业及交通运输行业主管单位等50家单位、300余位研究人员参加研究、示范工程建设及标准规范制修订工作，取得了丰富的研究成果，并通过"产、学、研、用"相结合的方式，保证研究成果达到了"实际、实用、实效"的要求。本丛书是对《山区公路网安全保障技术体系研究与示范工程》课题成果的总结，是《国家道路交通安全科技行动计划》项目的重要成果之一。本丛书从驾驶行为、道路安全设计、路侧安全及防护、速度管理、公路网交通事故风险评估与安全管理、恶劣气象条件下公路运行安全保障、施工作业区安全管理等方面，介绍了我国山区公路交通安全技术的最新发展和安全保障综合解决方案，为公路行业的运营管理及交通安全改善工作提供指导，有助于进一步提升山区公路交通安全保障能力，具有重要的指导意义和实用价值。

丛书有幸得到交通运输部冯正霖副部长的题序，感谢冯正霖副部长对丛书的指导和认可。正如他在序言中所说，"在以科学发展观为主题的我国社会主义现代化建设总体战略中，'以人为本'是核心，'安全发展'是重要理念。""如何在加快建设适度超前的道路运输网络，支撑经济和社会持续稳步发展的同时，实现道路交通的安全发展，为广大人民群众提供安全、高效的交通环境和运输服务，是我们面临的一项严峻挑战。""希望这套丛书的出版发行，能够为公路交通行业广大建设者和管理人员提供有益的借鉴，促进我国山区公路交通安全保障技术水平迈上一个新台阶。"

丛书在编写过程中，得到了交通运输部公路局李华、成平、李春风、李健，交通运输部科教司赵冲久，交通运输部公路科学研究院周伟、王笑京、高海龙、蔚晓丹等领导的鼎力支持，得到了交通运输部杨盛福、中交第一公路勘察设计研究院陈永耀、交通运输部公路科学研究院陈国靖等专家的热情指导，交通运输部公路科学研究院等50家课题参加单位领导、同仁给予了大力配合，在此表示衷心的感谢！丛书中参阅了大量的国内外参考文献，引述文献已尽量予以标注，但难免存在疏漏，在此对各文献作者一并致谢！

在今后一段时期内，我国仍将处于机动化水平快速提高的进程中，机动车数量和居民人均出行量将进一步快速增长，道路交通安全形势仍然不容乐观，改善道路交通安全的压力和难度将逐步增大，保障道路交通安全的任务仍十分艰巨。希望通过我们大家的共同努力，为我国交通安全事业的发展贡献微薄之力。

前　言

伴随着公路营运规模和服务质量的发展，以及机动车机动性与安全性能的提高，路段机动车速度得到了普遍的提高。而我国公路速度管理还主要以设计速度来控制车辆在公路上的行驶速度，使公路限速值普遍不能适应公路通行条件。这主要表现在两个方面：一方面，公路的线形实际指标普遍高于设计速度规定值，从而引发绝大部分路段的车辆行驶速度远远高于设计速度值；另一方面，由于公路中存在一些局部特征路段，如交叉口、隧道等，造成一般路段与局部路段之间速度差较大，容易引发驾驶员的不安全驾驶行为。整体而言，我国的公路速度管理技术还处在发展阶段，尚未形成进行安全、科学公路速度管理的技术体系。公路速度管理过程中还存在这样或那样的问题，需要将研究工作逐步、深入地开展下去。

本书依据"十一五"国家科技支撑计划重大项目《重特大道路交通事故综合预防与处置集成技术开发与示范应用》课题二《山区公路网安全保障技术体系研究与示范工程》(2009BAG13A02)"专题三的研究成果编写而成。第一章介绍了国内外速度管理技术现状、存在的问题以及发展趋势。第二章从速度与交通安全、单车速度与交通设施、速度与能耗、速度与尾气排放角度，重点阐述了支持速度管理的相关基础理论。第三章从高速公路、一级公路、双车道公路角度出发，阐述了面向公路速度管理的85%位、15%位、50%位和速度差等运行速度特征值指标的预测模型。第四章提出了进行公路速度管理的限速值决策技术方法，主要通过回顾国内外已有的限速值确定方法，对我国已经实施的公路速度管理项目进行效果评价，提出了基于安全、节能、减排目标的公路限速值决策模型，给出了解决我国公路限速管理问题的限速值确定方法与程序。第五章阐述了公路运行速度控制设施，对国内外现有公路限速设施进行了调研与评价，并结合特征路段给出了运行速度控制设施设计与案例。第六章介绍了应用速度管理技术对高速公路和二级公路速度进行管理的具体实施案例。

全书由刘兴旺总体设计，刘兴旺、吴京梅担任主编。此外，郭艳、张帆参与编写第一、六章；贺玉龙、侯树展参与编写第二章；贾嘉、钟小明、郭滕峰编写第三章；吴京梅、陈瑜参与编写第四章；吴玲涛、郭占洋、闫颖参与编写第五章。

本书所研究的内容得到了交通运输部公路科学研究院李爱民研究员、唐琤琤研究员及高海龙研究员的认可与支持，在编写过程中得到了人民交通出版社吴有铭、张一梅两位编辑的帮助与鼓励，在此一并向他们表示感谢。此外，作者参考并引用了大量的国内外相关文献，向这些文献的作者表示诚挚的谢意！

《公路速度管理技术》涉及内容较为广泛、复杂，由于作者水平有限，书中疏漏之处在所难免，真诚希望读者提出宝贵意见。

编著者

2012 年 1 月 1 日

目　　录

第一章　公路速度管理概述

第一节　速度管理在交通运输系统中的意义与重要性

道路交通运行系统由人、车、路与环境要素构成，在系统运行过程中存在三种循环关系，即路—人、人—车及车—路，如图 1-1 所示。路—人关系表现为：道路通过几何线形条件、交通工程设施等影响驾驶员选择行车速度、安全驾驶态度及驾驶行为。人—车关系表现为：驾驶员根据感知的道路状况结果，判断并操作驾驶车辆（加减速、转弯等）。车—路关系表现为：车辆行驶轨迹与道路路线的符合情况，在一定速度下路面是否足够抗滑。上述三种关系是一脉相承的，由上向下逐层影响，形成一个循环，同时上一个循环又影响着下一个循环。在系统循环过程中，速度变量始终伴随着系统运行的各个部分与环节。可以说，速度变量是系统自身的变量，离开速度变量，系统之间就无法形成循环与连接。

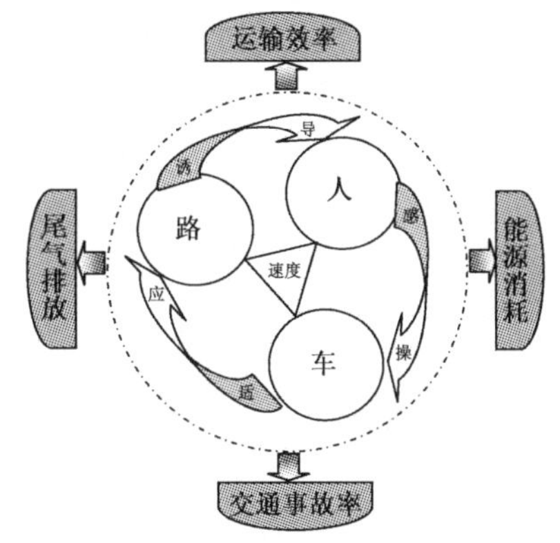

图 1-1　速度与其他因素关系结构图

道路交通运输系统主要服务于国民经济发展，在当前科技水平下会产生四类与社会和谐发展相关且共同出现的结果，即运输效率、交通事故率、能源消耗及尾气排放。运输效率是运输系统发展的主要目的，运输安全是运输效的保障，而能源消耗及尾气排放是系统运行自身的负面产物，是需要随着科技发展而逐步克服的。

由上述可知，速度是系统运行的最主要变量，与运输效率、运输安全能源消耗及尾气排放之间存在必然、密切的关系。速度与运输效率直接相关，车辆行驶速度高，相同距离运输时间短，运输效率也必然高。速度与安全的关系不言而喻，现实中很多事故都是由于行车速度特性所造成的，这也成为在适当位置控制速度来保障安全的原因。完成相同的距离，相同的载质量的同一车辆，采取不同的行驶速度引起的能源消耗与尾气排放差异较大，速度与能源消耗及尾气排放的关系同样重要。

随着国家对民生、安全的重视，能源消耗及污染控制的重点关注，构建安全、节能、减排的道路交通运输系统是交通和谐发展的趋势。在 2009 年全国交通工作会议上，国务院副总理张德江强调交通运输业需要快速发展、科学发展、安全发展、协调发展，交通运输部部长李盛霖强调继续加强科技创新和节能减排工作。在这种情况下，基于电子、土木工程、互联网等基础技术而形成的用于控制车辆行驶速度的速度管理技术对保障交通安全、实现道路运输系统的节能减排具有重大的意义与作用。

第二节　影响速度管理的因素

速度管理中合理、科学地确定限速数值，对平衡运输安全与运输效率之间的关系具有重要的意义。本节叙述影响限速数值确定的因素，重点介绍限速数值的确定方法。

一、交通安全

交通安全是影响确定限速数值的一个很重要的因素，速度伤害(Speed Kill)理论认为，速度是事故发生的致因因素，此外还有其他因素与速度共同作用于事故的发生，如酒精、药物对驾驶的影响，安全带的使用，年龄和对待驾驶危险的态度，驾驶员的驾驶经验等。当速度低时，驾驶员具有足够的反应时间、操作时间来完成适当的驾驶操作。但当速度高时，尤其是在上述因素共同作用下，驾驶员完成操作时间就相对不足，出现事故危险的可能性就会大大增加。

在给定的道路上，限制速度、驾驶选择速度和安全行车之间的关系是比较复杂的，如图1-2所示。设定一个合适的限制速度时，第一步应该考虑影响事故发生的可能性和事故后果的严重性，限速值和强制政策会影响驾驶员的速度选择，也会影响驾驶员驾驶路径的选择。驾驶员根据路段的限速值和强制政策，选择行驶速度，行驶速度又影响事故发生的可能性和后果的严重性。而长期的事故与速度关系记录，将会影响速度限制和相关法律政策的变化。

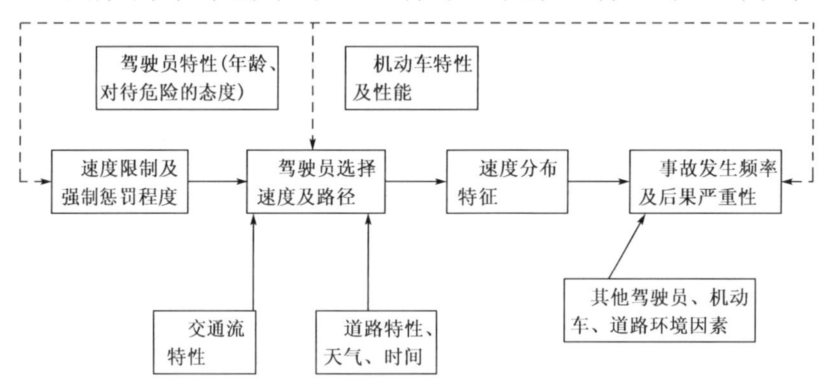

图1-2　驾驶员行车速度选择变化图

二、道路类别和功能

道路类别和功能与限制速度之间也存在关系。城市道路与公路类别不同，城市道路中交叉口、停车场、非机动车、行人等比较多，对交通的流影响比较大，很难形成稳定的交通流。在这种情况下，限速值不应过高。而对公路而言，影响公路行车的因素与城市道路有很大的不同。公路没有那么多交叉口，行人也很少，能形成较稳定的车流，所以其限制速度比城市道路较高。

道路功能与速度管理有着直接的相关性，不同功能的道路其限制速度值也不一样，国外限速值的确定很大程度上取决于道路功能。干线道路(如高速公路、干线公路、城市快速道路和主干路等)起到通道运输的作用，运输时效要求高，其限速值应高于集散道路(如三级公路、城市次干道路和支路等)。道路通过乡镇、村庄等居住区和对噪声敏感的学校、医院等区域时，必然应实行严格的速度管理。

三、驾驶员对危险的认知

驾驶员对道路危险的认知影响着驾驶员的速度选择。在没有设置限速的条件下，驾驶员不是把车开得更快，而是根据其对道路、交通条件及路侧环境等预期的危险因素综合判断后，确定自身适宜的行车速度。在一定条件下，这个速度比较客观地反映了交通通行条件。所以驾驶员对道路危险的认知，在没有设置限速条件下的实际行驶速度也是影响设置限速值的一个重要参考因素。目前，国内外学者倾向于采用第 85%位车速作为限速值初始参考值，认为是 85%位车速作为运行速度是安全、合理的速度，能较好地符合大多数驾驶员的意愿。其中一个主要原因是：研究结果表明，驾驶员在一定程度上所选择的行车速度客观地反映了道路实际的交通通行条件。

四、特殊路段和路侧环境

公路上存在一些特殊路段，如隧道、窄桥、急弯、长下坡路段、穿村路段等；城市道路存在大量的交叉口、分流、合流汇合点等，这些点段较易发生事故，影响行车速度，限速值一般应小于其他地段。路侧较危险的路段行车速度也不应过高，过高的行车速度易造成车辆冲出路侧，发生严重交通事故。

五、交通流量

不同的交通流量影响驾驶员选择行车速度。在低流量条件下，行车速度普遍高，当不受其他因素影响时，限制速度一般会偏高。交通流量与事故发生的可能性也存在关系，在一定流量范围内，交通事故与流量呈非线性增长的函数关系。

六、天气、时段

同样的限速值，在不同天气条件下，会出现适合和不适合限制速度的情况。比如，天气条件良好时，一条道路视距通透，限速 120km/h 是完全可以的；但在阴雨天或者是路段上起雾时，道路能见度降低或路面变滑，这样的限速值就难以保障行车安全。一些路段在白天和夜间采取的限速数值也不一样，夜间驾驶员的视距、视野受到影响，速度过快会对危险情况判断不足，造成事故发生的可能性增高。

七、法律、政策

限速值的确定应遵守我国法律和相关政策的规定。《中华人民共和国道路交通安全法》及其实施条例关于限速有着明确的规定，限速值应该根据这些规定确定。我国道路最高限速值为120km/h。因而，不论是否设置了限速标志，在道路上行驶的小型汽车最高车速不得超过 120km/h。确定限速方案时，还应考虑运输安全与运输效率之间的平衡点、驾驶员的满足情况等。

八、居住环境的要求

机动车行驶产生的让人难以忍受的车辆噪声直接影响了路侧居民的生活质量。机动车行驶速度越高，噪声增加的幅度越强劲。所以，在居住区和对噪声敏感的学校、医院等区域必然应实行严格的速度管理。在这些区域，往往采取严格的限速措施并配合工程措施进行速度管理，限速值的确定主要以满足居民对居住环境的质量要求和保障交通安全为主。

第三节　国外速度管理技术发展现状

速度管理技术在欧美国家是最为成熟的，一方面，欧美国家 20 世纪 70 年代就已经进入后道路时代，建设任务已基本完成，将主要工作集中在道路运营安全管理上。另一方面，欧美国家深切认识到速度管理在减少交通事故上的重要作用。本节简要介绍欧美发达国家政府机构、研究机构与国际组织在速度管理技术方面所做的一些研究工作及成果。

一、美国联邦公路管理局

美国联邦公路管理局将速度管理作为重要的保障交通安全的工作职能，在其网站的主页上表述为以下 5 个研究方面：

(1)Policy(政策)；

(2)Engineering Speed Limits(工程速度限制)；

(3)Speed Management Workshops(速度管理工作组)；

(4)Variable Speed Limit Systems(可变限速系统)；

(5)Traffic Calming(交通宁静技术)。

二、美国运输研究局

TRB 是美国主要的公路科研组织机构，每一年都有众多研究报告发布。关于速度管理技术，比较有代表性的研究报告有以下 4 项：

(1)TRB special report 254 ：Review of Current Practice for Setting and Enforcing Speed Limits；

(2)NCHRP report 504：Design Speed，Operating Speed，and Posted Speed Practices；

(3)NCHRP Web-Only Document 90 (Project 17-23)：Safety Impacts and Other Implications of Raised Speed Limits on High-Speed Roads；

(4) NCHRP Web-Only Document 124：Guidelines for Selection of Speed Reduction Treatments at High-Speed Intersections。

速度管理技术在美国各州广泛使用，从事速度管理技术研究的机构也很多。

三、澳大利亚公路研究集团

澳大利亚公路研究集团是澳大利亚最大的公路交通安全研究机构，同样速度管理技术也是该集团重要的研究工作。速度管理技术研究内容包括以下几个方面：

(1)根据平纵线形条件、自然条件、建筑环境及交通条件，确定限速区及限速区适应的限速值，并实时监视限速状态；

(2)提供交通工程设计技术，控制车辆行驶速度；

(3)对限速区驾驶员进行公共教育及培训；

(4)强制执行速度限制；

(5)速度管理决策系统。

四、英国运输部

英国运输部将速度管理作为政府主抓保障车辆安全与行人安全的一项重要工作，在这项工作的基础上形成英国低等级公路限速标准，具体涉及的研究内容包括以下3个方面：

(1)交通宁静设计；

(2)低等级公路限速；

(3)限速教育与培训。

五、经济合作与发展组织

世界经济合作与发展组织于2006年出版了《速度管理技术》一书，其目的在于在全球范围内推广在限速过程中存在的工程、电子技术方法，以达到合理限制车辆行驶速度、保障行人及驾驶员安全的目的。该书内容包括：限速存在的问题；怎样解决限速问题；确定限制速度；交通标志与标线的使用；影响当期机动车速度的工艺；教育、培训；执法。

六、世界卫生组织

世界卫生组织于2007年出版了《公路管理手册》一书，其目的在于为政策制定者及交通工程从业者提供技术参考。该书的整体理念在于通过采用多种手段控制车辆行驶速度，以保障行人及驾驶员的安全。该书有5部分内容：为何关注速度；通过速度道路状况评价；速度管理方法；速度管理系统的设计与实施；速度管理项目的评价。

第四节　我国速度管理技术发展现状

近些年，伴随着我国机动化的快速发展，我国道路交通安全问题的严峻性也日渐显现，每年因道路交通事故死亡的人数数量连续几年都在十万人水平上下浮动。据《道路交通事故统计年报》(公安部2004年)中的事故主要原因统计数据，超速行驶所导致的道路交通事故占到总数的12.45%，导致死亡人数的比例高达17.19%。因此，对超速行驶的更深层次原因进行剖析，并结合我国当前速度管理现状，探索出一套行之有效的速度管理策略与方法，处理并平衡好机动化和交通安全的关系，是当前社会舆论普遍关注和亟待有关部门解决的问题。

一、我国速度管理现状

面对居高不下的道路交通事故，各有关部门采取了各种保障安全的措施，加强速度管理是所采取的重要手段之一，而限速又是速度管理中最为普遍和重要的方法。公路限速，其根本目的是保证交通安全。然而，由于我国目前尚无一整套全面、翔实的针对各类道路实施合理限速及设置限速标志的方法、指南或规范，加之道路交通多头管理的管理模式必然导致的管理主体不明确、权责不清的弊病，使得限速出现了较多问题，不仅背离了限速的初衷，也引起了社会各界人士的广泛争议和深层次探讨，可谓一石激起千层浪。存在的较为突出的问题如下。

1. 限速值过低，不能反映行车实际条件

以福建省三明—福州高速公路为例，200多公里的高速公路全线设置了80km/h的限速，虽然该路采用的是80km/h设计标准，但总体线形条件良好，交通量较小，良好的行车条件使得驾驶员超速的现象时有发生。而公安交通管理部门又安装了大量较为隐蔽的测速器，同时对违章采取了严厉的处罚措施，如今走这条路成了驾驶员们的一大烦心事，高速公路因此被一些驾驶员戏称为“罚款路”。

据调查，对限速90%以上的抱怨来自过低的限速值。具体来讲，限速未能如实反映道路几何线形、交通量、交通组成、事故记录等要素所构成的行车环境。我国采用设计速度作为公路设计各要素的控制指标，即设计速度一旦确定，平纵曲线、坡度、视距、车道宽等也随之确定，而设计、管理人员也习惯性地将设计速度值直接搬过来用于限制行车速度，并设置限速标志。实际上，设计速度控制的只是一个设计路段中线形技术指标最不利的地方，且能够确保设计车辆以设计速度行驶时，安全舒适地通过，而设计车辆通常采用载货汽车，因此，对于性能良好的小汽车而言，在一条路上的绝大部分路段是能够以超过限速的速度安全行驶的。

2. 标志位置不尽合理，不能显现人性化

这种现象在我国道路上较为普遍，最突出的就是限速标志的设置缺乏预见性或超前性，未能向驾驶员提前告知前方的限速情况。当驾驶员看到标志做出反应时已经来不及了，此时等待驾驶员的可能就是违章处罚。另外，有限速标志而未设定相应的取消限速标志的情况也较多，往往使驾驶员感到困惑，不知道自己应该在多长的距离内控制车速。此外，相邻路段采用差别较大的限速时，往往缺乏合理的过渡，这种情况在不同等级道路间及不同行车环境（如城市道路与公路衔接处）下较为严重，由于没有考虑到车辆的性能及驾驶的舒适性、安全性，通常会使驾驶员感到很不适应，也存在一定的安全隐患。

3. 隐蔽执法，不能体现法律的公信力

对超速违章者施以处罚，甚至是严厉的处罚，本身并没有问题，但罚款不是目的，只是手段，其目的是营造和维护更好的交通秩序，而非把摄像头当做罚款机。国内目前公安交通管理部门实行的暗中执法，也让驾驶员们感觉不满。

英国等发达国家的限速标志设置简单合理，所有雷达测速位置和摄像头位置全部设置相应提示标志，没有设立提示标志的摄像头和测速不作为交通管理部门处罚的依据，因为处罚要凭有效证据。执法是为了防止事故，而不是罚款。非现场处罚在发达国家很普遍，但一定要有明显的标志，没有明显提示标志的偷拍不能作为交通管理部门检控的有效证据。非现场执法必须通知到家，通常是用信件寄到车主登记的住址，也可以选择短信或Email通知等方式，或可采用往车上贴条的方式。总之，很少产生累计多次违章，车主却一无所知的情况。针对上述问题，我国现已着手或已出台了一些具体的对策和措施。

4. 法律法规偏向原则性，实际可操作性不强

总体上讲，我国虽然有相应的法律法规及地方性的条文对道路限速进行相关规定，但仍然缺乏系统、明确的限速标志设置规定，同时各个法律法规及条文之间存在着诸多矛盾和不协调的地方，缺乏实际可操作性。

例如,《中华人民共和国道路交通安全法实施条例》第四十五条规定:机动车在道路上行驶不得超过限速标志、标线标明的速度。在没有限速标志、标线的双车道公路上,机动车不得超过每小时 70km 最高行驶速度。但《公路工程技术标准》(JTG B01—2003)第 2.0.5 条规定:二级公路(双车道公路)的设计速度为 80km/h。

此外,虽然有些省份制订了有关限速的地方性法规,从已经出台的法规来看,这些法规对于解决当前限速问题的迫切性具有实际意义,但明显存在以设计速度作为限速值和全线以某一限速值控制车速的倾向。限速值的确定仍然更多地依赖设计速度,并结合特殊条件进行绝对数值的折减,这一思路在科学性、合理性方面存在疑问。可以肯定的是利用该思路实施限速操作简单,但与发达国家普遍采用的基于 85%位车速确定限速值不同,可能会导致限速值与实际道路条件不符,从而使驾驶员不愿遵守限速。

5.原因分析

因限速标志设置不当而引发社会强烈反响的根源在于目前缺乏明确的限速标志设置规定。更深层次的原因则是我国道路交通的多头管理、以罚代管。

虽然《中华人民共和国道路交通安全法》及其实施条例对车速及限速等内容有所规定,但多数规定原则性太强,在实际中难以操作实施。而地方性的法律、法规总体上处于起步阶段,个别省份出台了一些针对限速问题的专项措施或文告,但由于缺乏数据基础和科研投入,很多措施在方法上尚存在诸多不妥之处,效果也不得而知,暂为权宜之计,只是实现了从无到有的转变,还远未到由粗至精的过程。

限速标志应由哪个部门负责设置、设置程序是什么、如何确定设置地点和限速值等,在我国都没有明确的规定。长期以来,我国都是以公路设计速度作为确定路段限速标志限速值的依据,且公路、公安等部门都按照各自的规定或需求设置限速标志,因而限速标志设置混乱、设置不合理、限速值过低等现象比较严重。而限速值过低,则导致了道路使用者对限速标志的普遍不信任和“违抗”,因其与公路线形、路面状态和周边环境等实际情况严重背离,因而没有人会遵照执行。这也直接导致了有警察在现场大家都“守法”、警察不在场大家都“违规”的现象,在某些地点甚至出现“木偶假警察”吓唬使用者的“中国现象”。而公安交通管理部门设置隐蔽的测速设备,并据此处罚“违规”者,这种暗中执法实际上是对执法权的滥用。

长期以来,我国都是以道路设计速度作为确定路段限速值的依据并据,此全线以某一固定值进行限速的,但这显然是不合适的。这种方式既没有针对性,也不经济、不安全。设计车速和限制车速的适用对象不同:前者着眼于公路设计;后者着眼于公路的使用。前者受设计标准的制约,考虑地形地貌、投资等综合条件下的行车安全;后者则希望使用者合理地选择行驶车速,并从统计的观点加以确定。设计车速和限制车速的定义、适用范围不同,所以机械地用设计速度作为限制车速是不合理的,由此造成限速值采用设计速度与多数路况不吻合的情况。高速公路使用者几乎无一例外地认为,设计速度作为限速值过于保守,难以接受,机械地限速只能使安全与效率的矛盾更加激化。

综上所述,限速标志设置不当的现象在全国范围内普遍存在的根源在于,我国长期以来以设计速度作为限速值,缺乏对设计速度与运行速度的深入研究和明确的限速标志设置规定,这也是我国目前道路交通多头管理体制的一个缩影。管理主体不明确、职责交叉是我国现阶段行政管理体制的最大弊端,其典型反映是有利益全都一拥而上;出现问题或矛盾,个个后缩,避之唯恐不及，相互推诿甚至指责，从而使问题复杂化。

国内目前的技术发展现状主要集中在解决合理、科学的公路限速方法上，对于如何通过工程设计、教育、执法等手段控制车辆行驶速度、保障交通安全所进行的研究较少。

二、速度管理技术发展趋势

速度管理技术发展与社会发展及相应时期的科学技术发展密切相关。随着人类对于自身良性发展的认识以及社会发展的人性化，速度管理技术的发展主要目的应该在于最大限度地保障交通参与者的安全。随着对于污染及可再生能源消耗的深层次认识，通过速度管理来最大限度地降低车辆运行引起的能源消耗和污染也是该项技术的重要目的。

伴随着电子技术、无线技术、互联网技术、工程设计技术的发展，根据道路交通环境变化，实时提供道路限速信息，实时控制车辆行驶速度，通过车辆接收装置实时给予驾驶员避险的降速提示信息，开发相关设施强行控制车辆行驶速度等是速度管理技术的发展趋势。

三、国内交通发展对速度管理技术的需求

随着我国对民生的逐步重视，交通运输服务的人性化，应更加注重保障道路运输系统中的人员安全，而速度管理技术作为一项可以有效防止道路交通事故发生及人员死亡的技术，必然成为保障交通安全的主要发展趋势。近几年，交通运输部提出了建设节能减排的交通运输系统，其目的在于减少由车辆运输所带来的能源消耗和尾气排放，减轻对能源需求及环境污染的压力。速度管理技术也恰恰具有这项功能，在一定的道路线形上，可通过控制车辆的行驶速度，使车辆的能源消耗及尾气排放达到最低程度。因此，无论是从安全的角度，还是从国家倡导的节能与减排的角度，这项技术均是符合国家以及交通运输业和谐发展大需求的。

结合目前的国内交通发展形势，目前速度管理技术可以解决以下实际问题：

(1)由设计速度限速所造成的道路普遍限速过低这一问题，需要速度管理技术给予解决。

(2)政府主导的节能、服务性交通，也可通过这项技术得以实现。因为行车速度不同，所造成的能源消耗、污染不同，因此可以通过速度管理技术控制车辆速度，以实现节能、减排的目的。

(3)通过工程措施、速度管理措施控制车辆行驶速度，以达到减少交通事故发生的目的。这一点是速度控制技术的本质需求。

(4)速度管理技术中的交通宁静措施在今后的住宅区及村镇改造中有着巨大的需求。

四、速度管理技术需开展的研究内容

结合当前公路发展的实际需求，以及我国发展和谐交通、安全交通、节能减排交通的理念，需要开展 5 方面技术研究。

1. 基于多因素影响的安全、节能、减排行车速度分析技术研究

速度指标是道路运输系统最主要的变量，同时与运输效率、运输安全、能源消耗及尾气排放之间存在必然的关系。基于这些关系，定量研究速度对系统协调的影响及模型(包括道路线形对于速度影响与模型，速度对于驾驶员驾驶感知、操作时间及行驶距离的影响与模型，行车速度对路面超高、摩擦系数的影响与模型等)，研究不同类型车辆的速度对能源消耗与尾气排

放的影响及模型，最终形成受道路线形、路面、驾驶特性、车型等多因素影响的，实现安全、节能、减排不同目标的行车速度分析技术。

2.道路合理限速值确定技术及管理决策系统开发

速度管理技术的核心在于对不同功能、等级及类型的道路应采取的限速值作出合理、科学的判定，同时也应有面向管理者使用这项技术的辅助决策系统。研究不同等级城市道路限速值确定技术；研究不同功能、等级公路限速值确定技术；研究道路特殊路段（隧道、桥梁、长下坡、交叉口、建筑区路段等）限速值确定技术；研究体现安全、节能、减排不同目的的路段限速值确定技术；开发面向道路管理者与设计者的速度管理决策系统。

3.道路行车速度控制设计技术及标准规范

常用于控制行车速度的工程设施包括减速丘、减速标线、薄层铺装等，电子设施包括速度反馈系统、监控系统等。结合不同道路线形特征、交通条件，研究这些常用设施设置位置、设计尺寸规格及使用效果等，研究用于同一路段的多种速度控制设施的相互位置、尺寸的设计技术，形成单个设施的设计标准或规范以及多个设施综合应用的设计指南。

4.控制车辆速度的新装置与系统开发

基于土木工程、电子与通信技术，开发多种用于控制车辆速度的装置与系统，包括开发用于控制车辆速度的路面新装置路侧行车速度控制新装置、实时联动可变限速系统及装置与基于道路交通环境变化的区段速度控制系统等。

5.基于道路、交通、环境信息变化的道路行车速度监控技术

研究基于多点速度信息的路段运行速度分析技术；研究面向速度管理的道路、交通、环境多元信息融合技术；研究基于运行速度的道路安全运行状态评估技术；研究在线速度管理方案生成技术；研究速度管理多级预案；研究速度管理方案发布技术。

第二章　速度管理技术基础理论

第一节　相关速度的概念和定义

进行速度管理很自然会想到是因为车辆超速行驶导致交通事故产生，需要通过速度管理来满足行车安全要求。实际上，这只是速度管理的一个目的，速度管理的另一个重要目的是提高道路的运输效率。从目前的道路技术、车辆技术及驾驶技术看，车辆运输安全与车辆运输效率之间还存在矛盾。在高速行驶状况下，驾驶员的相对反应时间缩短，车辆操纵安全性能相对下降，道路交通事故发生的可能性及后果的严重性都会增加。而在低速行驶状况下，道路交通安全得到了保障，但道路的运输效率却下降了，对于那些与时间相关的运输品更是如此。所以，如何寻求保证交通安全与提高道路运输效率之间的平衡，是进行速度管理的重要内容。速度管理需通过法律、工程技术、管理等手段来平衡运输安全与运输效率之间的关系。此外，从心理学的角度来看，驾驶员本身遵守限速标志的意愿并不强，其往往会倾向于提高车辆的行驶速度，这种心理意识也给安全行车带来影响。因此，进行速度管理是必需的，是在保障交通安全的前提下，尽可能提高道路运输效率的手段之一。

在此，可给速度管理一个明确的定义：速度管理是指在法律法规的总体框架下，为实现保障交通安全，改善交通环境，提高道路运输效率的目的，规范驾驶行为和控制行车速度，给予驾驶员适宜的强制、警告、提示、建议等信息而采取的法律、监控管理和工程措施等的总称。

速度管理涉及的概念有：设计速度、运行速度、平均速度、85%位车速、限制速度、速度差、行驶速度、行程速度、期望速度、运营速度、建议速度。为了能更好地阐述限速管理技术，下面首先明确与限速管理相关的这些概念及定义。

一、设计速度

设计速度是一个理论上的技术指标，是指在公路设计时，在保证交通安全的前提下，受地形限制路段（如小半径弯道、陡坡、视距受限等）应遵循的相应最低技术指标的代表值。设计速度是在交通、气象环境等行车条件良好，车辆行驶只受公路本身条件影响时，在地形等受限制的路段，具有中等驾驶技术的人员能够安全且较舒适地驾驶车辆的速度。设计速度是道路设计时确定道路几何线形等基本要素的最主要技术指标，也是充分考虑了道路所处区域地形、地质、地理和工程造价等具体因素而采用的一个最低设计指标。设计速度是表征某一道路本身线形条件的最低技术指标，实际道路上的绝大部分路段的线形条件都高于该路段设计速度所代表的技术指标值。

二、运行速度

运行速度是一般条件下，85％的驾驶员依据具体的道路条件和行车环境，凭据自己的驾驶条件(主要指驾驶技术和车辆条件)和心理预期而采取的安全行车速度。它是表征道路交通流运行状况的一个技术指标，通常使用实际观测或预测的第85％位车速作为运行速度。运行速度表征了某一道路的实际交通运行情况，它与地形、公路线形条件、交通流量、交通组成、驾驶群体素质、驾驶员期望速度、交通管理设施、交通安全设施、路侧环境等多重因素相关。采用运行速度进行道路交通速度管理能接近实际的车辆运行状态。

三、平均速度

平均速度包括时间平均速度和区间平均速度两个概念。时间平均速度是指在单位时间内通过道路某断面各车辆的地点速度的算术平均值。区间平均速度是指在某一特定瞬间行驶于道路某一特定长度内的全部车辆的速度分布的平均值。

四、85％位车速

85％位车速是在某路段所有车辆统计分布曲线或统计表中占比例达85％的车辆行驶速度的一个表征值。它表明在该路段行驶的所有车辆中，占85％的车辆的行驶速度在此速度值以下，只有占15％的车辆的行驶速度高于此值。85％位车速常作为运行速度值。

五、限制速度

限制速度是指道路运营后，在保障车辆安全运行条件下，道路交通管理部门为发挥道路的运输效率，对道路上行驶车辆规定的管理车速，其包含最高行车速度限制和最低行车速度限制。限制速度具有法律效力，是交通警察执法的依据，也是分析交通事故原因常用的一个指标。我国道路交通安全法对道路限速有较明确的规定。

六、速度差

速度差的概念一般有以下3种：

(1)相邻路段85％位车速的差值，表征的是相邻路段的一致性和安全性，调查一般选取断面速度为调查变量。

(2)各个路段的85％位车速与设计速度的差值，表征的是整体道路指标的均衡性。

(3)速度调查样本的均方差，一般用来表征某一断面速度分布的均匀性。速度均匀性(速度方差)必须是在某种特定的服务水平下(如交通量)才具有意义。速度调查样本的速度可为地点速度、行驶速度。

在进行速度管理工作中，比较常用的是前两个概念。重要的一点是，在设计阶段的运行速度通常是指自由流状态下，即车速普遍较高的情况。因而，设计阶段的速度差也就是自由流状态下的速度差。运营阶段的安全评价会采用有一定交通量的速度分布，但是当交通量达到一定数值以后，速度差就不具备表征线形一致性的功能，而主要受交通量的影响。

七、行驶速度

行驶速度是车辆行驶在道路上某一区间的距离与行驶时间（即行程时间中扣除因阻滞而产生的停车时间）的比值。行驶速度是衡量道路服务质量、估算路段通行能力及延误的主要参数。

八、行程速度

行程速度也称区间速度，是车辆行驶在道路某一区间的距离与行程时间的比值。行程时间包括行驶时间和中途受阻时的停车时间。行程速度是评价道路行车通畅程度与分析车辆发生延误原因的重要指标。

九、期望速度

期望速度是车辆在不受或基本不受其他车辆约束的条件下，驾驶员所希望达到的最高安全车速。一般而言，期望车速与道路等级、交通条件、车辆性能、驾驶员的性格及技术水平、承运任务的缓急等相关。当驾驶员感觉行驶过程中的车辆速度低于期望车速一定数值时，便有改变车速的意图。

十、营运车速

营运车速指营运车辆在运输路线上的周转速度，即车辆行驶距离与运营时间的比值。例如，公共汽车的运营时间包括行驶时间、停车延误时间、停靠站等待时间、起终点掉头时间和发车间隔时间。营运车速是衡量运输企业管理水平和运输效率的重要指标。

十一、建议速度

建议速度指推荐的安全行驶速度，用来提醒驾驶员通过弯道或其他受限制的道路路段时最大的行驶速度。建议速度标志应与适当的警告标志配合使用。建议速度标志属于警告性标志，并非强制执行，在道路非危险路段但线形指标接近低限的点段（如小半径曲线路段），常设立相应的建议速度标志。

第二节　速度与交通安全

速度是交通流理论研究的重要指标，也是交通运行状况的基本量度。理清速度与交通安全之间的关系是进行速度管理工作的一项基础技术手段。就速度概念而言，既包含单车速度，又包含多车速度所形成的速度特点；既有断面速度，也有路段速度。从速度管理角度考虑，速度管理的对象是路段交通流量，所以这里的速度主要是指路段的交通流速度，即车辆的运行速度。

此外，从公路交通管理部门考虑，道路设施能提供多大的安全速度，是设置限速标志、进行速度管理首先要弄清楚的内容。从道路设施能提供多大的安全速度这方面看，速度概念又指单车速度。

因此，本节从运行速度、安全速度这两个速度概念角度阐述用于构成速度管理的基础理论—速度与交通安全之间的关系。

一、速度与交通安全之间的关系

1. 速度与事故率的关系

有关速度与事故率之间的关系学术界争论较大，一部分观点认为车辆的行驶速度加快，必然减少驾驶员处理紧急情况的时间，从而增加了驾驶员出现差错的概率以及事故发生的概率。另一部分观点是根据实际道路限速值改变后，运行速度特征变化后进行分析，发现两者在一定范围内是不存在正相关关系的。下面介绍一下国内外在这方面重要的研究成果。

1)Solomon 等事故率模型

Solomon 等事故率模型证明了运行速度差与事故率之间存在关系。

1964 年，Solomon 在 970km(600mile)的美国乡村公路上观测了 10 000 个驾驶员的车速与事故情况。通过对比发生事故车辆的速度与未发生事故车辆的速度，发现事故率与速度差(事故车辆速度与平均速度的差值)呈 U 形关系(图 2-1)：车速接近平均车速时，事故率最低；随着车速与平均车速的差值增大，事故率呈增加趋势。同时，针对双向四车道高速公路提出了速度差与交通事故率之间的关系模型：

$$I=10^{0.000\,606\,2(\Delta v)^2-0.006\,675\Delta v+2.23} \tag{2-1}$$

式中：I——道路路段事故率，次/(10^5 veh · km)；

Δv——道路断面的运行速度与平均车速的差值，km/h。

1993 年，Monash 大学(MUARC)事故研究中心针对澳大利亚的公路现状模拟出速度梯度与事故率的近似函数关系。Monash 近似函数如下：

$$I=500+0.8\Delta v^2+0.014\Delta v^3$$

式中：I——路段事故率，次/(10^5 veh · km)；

Δv——车辆速度的梯度，km/h。

MUARC 模型与 Solomon 模型一致，即速度梯度越大，交通事故率越高；当车辆运行速度小于路段平均车速时，MUARC 模型认为事故率增加的幅度比较小。

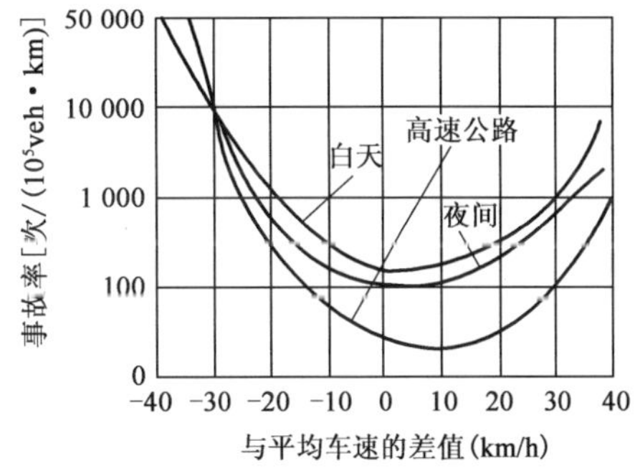

图 2-1　事故率与平均车速差的关系

Lia 和 Popoff 曾对平均速度以及 85%位速度和 15%位速度之差与伤亡率的关系进行过研究。结果表明，平均速度每降低 1km/h，伤亡率将降低 7%。

$$CR=190.7\bar{v}-17\,123.1 \tag{2-2}$$

$$CR=-0.002\,98\bar{v}+0.040\,5Diff-3.366 \tag{2-3}$$

式中：CR——百万车公里伤亡率，次/(10^6 veh · km)；

$\bar{v}$——平均速度，km/h；

Diff——85%位速度与 15%位速度之差，km/h。

2)数理统计事故率模型

运行速度是表征交通流运行状态的一个重要指标。在分析样本公路交通流、交通事故资料的基础上，以 85％位速度作为运行速度的衡量指标，分别对高速公路和双车道公路运行速度与事故数之间的关系进行研究。

根据高速公路设计速度的不同，分别对设计速度为 120km/h、80km/h 的样本高速公路的运行速度与事故数之间的关系进行分组讨论。

①设计速度为 120km/h。京津塘高速公路是连接北京、天津和塘沽的高速公路，全长 142.69km，其中北京段 35km，河北段 6.84km，天津段 100.85km。京津塘高速公路于 1987 年 12 月动工，1990 年 9 月北京至天津杨村段建成通车，1991 年 12 月杨村至宜兴埠段建成通车，1993 年 9 月 25 日全线贯通。北京段限速 90km/h，北京以外全线限速 110km/h。

京津塘高速公路 K26＋600 处在观测时段周一至周日大车、小车的 85％位速度和流量的变化如图 2-2 所示，大车、小车 85％位速度分布相对稳定，速度差保持在 20km/h 左右；周一至周四流量相对稳定，周五至周日，小车、大车的流量均呈现较大的波动。京津塘高速公路不同观测断面平均速度分布如图 2-3 所示。

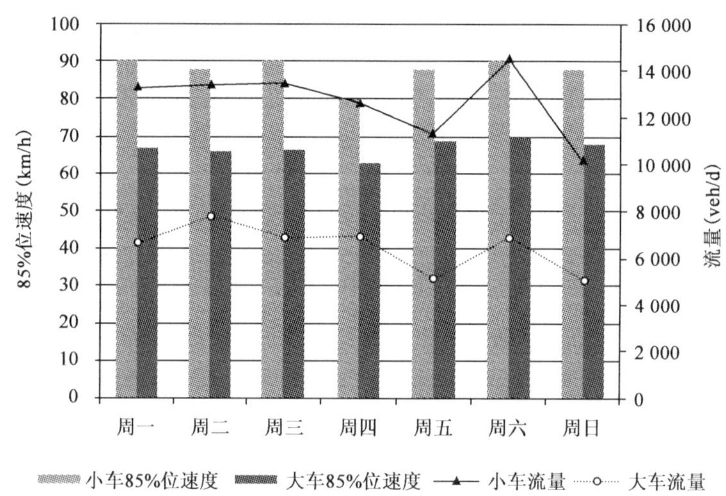

图 2-2 京津塘 K26＋600 处周一至周日 85％位速度和流量变化

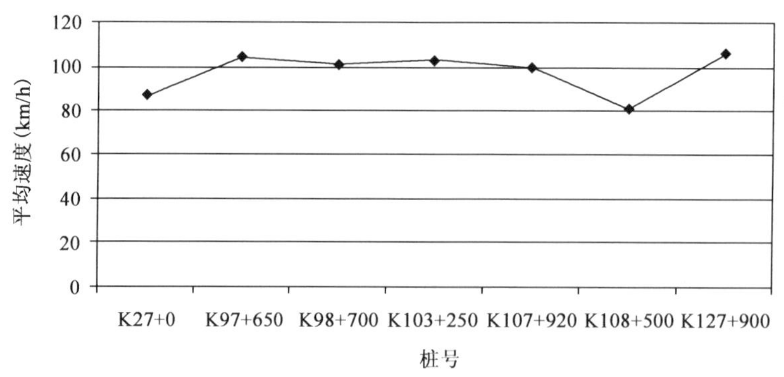

图 2-3 京津塘高速公路不同观测断面平均速度分布

以京津塘高速公路的交通流检测数据、历史事故记录为主要分析对象，以百万车公里事故率作为衡量事故数的指标，研究其与85％位速度之间的分布关系，如图2-4、图2-5所示。

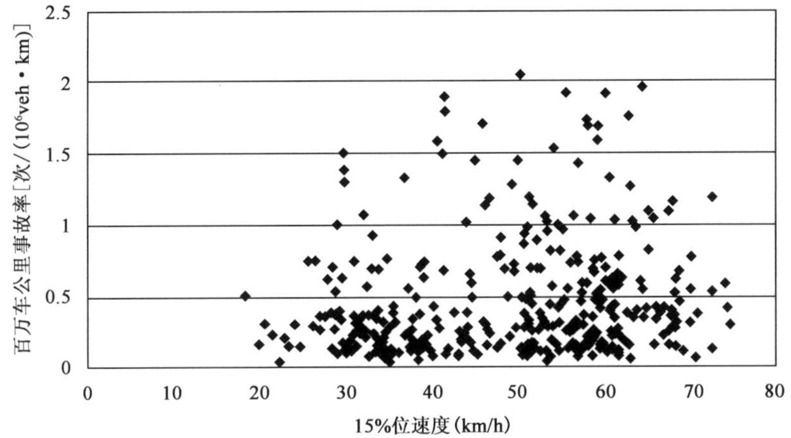

图2-4　设计速度为120km/h时，15％位速度与事故率的关系

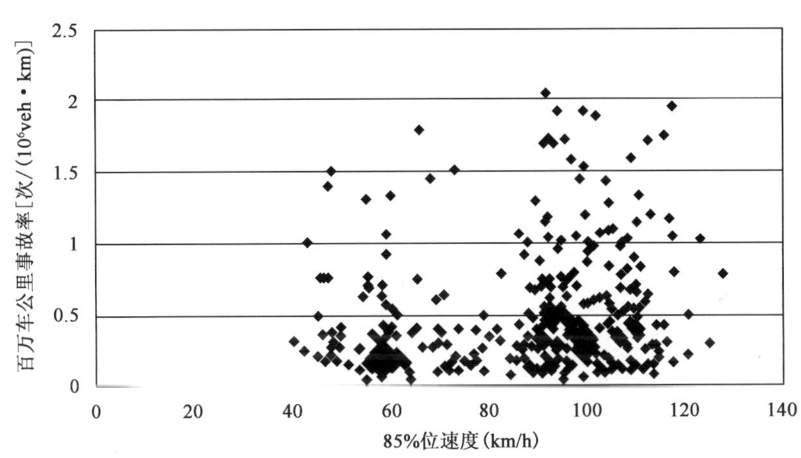

图2-5　设计速度为120km/h时，85％位速度与事故率的关系

从散点图可以发现，15％位速度或85％位速度所对应的百万车公里事故率均表现为：随着百万车公里事故率的增大，对应的样本点数逐渐减少；而不同的15％位速度或不同的85％位速度所对应的百万车公里事故率则没有表现出明显的规律性。

对运行速度与百万车公里事故率进行变量独立性检验，结果见表2-1、表2-2。

15％位速度与百万车公里事故率的独立性检验结果　　表2-1

项　目	值	自由度	双侧近似概率	双侧精确概率	单侧精确概率	点概率
卡方值	7.329	6	0.291	0.290		
似然比值	8.206	6	0.223	0.251		
精确概率法	7.085			0.294		
线性相关法	0.655b	1	0.218	0.220	0.124	0.027
有效样本数	328					

85%位速度与百万车公里事故率的独立性检验结果 表 2-2

项　目	值	自由度	双侧近似概率	双侧精确概率	单侧精确概率	点概率
卡方值	10.246a	7	0.175	0.175		
似然比值	11.254	7	0.128			
精确概率法	10.228			0.170		
线性相关法	4.986c	1	0.126	0.127	0.013	0.002
有效样本数	326					

从由表 2-1、表 2-2 可看出，15%位速度与事故数独立的指标 Sig. 为 0.291、0.223、0.218、0.294，都远大于 0.05，故接受原假设，即认为在设计速度为 120km/h 时，15%位速度与百万车公里事故率相互独立，两者没有关联关系；同样，85%位速度与百万车公里事故率独立的 Sig. 为 0.175、0.128、0.126、0.170，均大于 0.05，故接受原假设，即认为在设计速度为 120km/h 时，85%位速度与百万车公里事故率相互独立。

②设计速度为 80km/h。以重庆渝宜高速公路、陕西西汉高速公路以及广东清连高速公路等设计速度为 80km/h 的路段作为研究对象，对运行速度与事故数之间的关系分析如下。

以清连高速公路为例，K2229+788 检测断面处的车辆速度如图 2-6 所示。大车的平均速度约为 80km/h，而小车的平均速度约为 100km/h，大车、小车速度的分布存在显著的差异性。

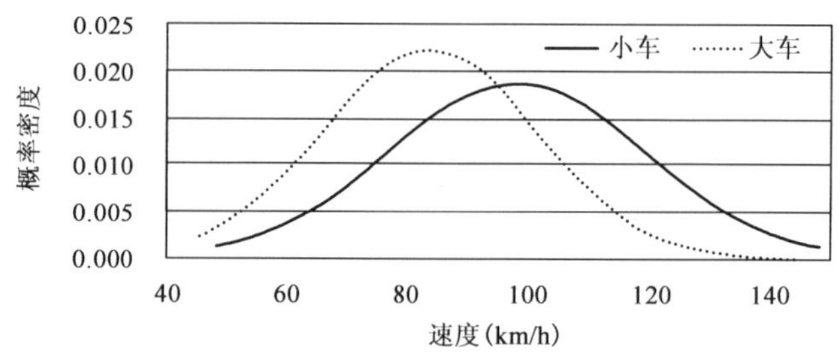

图 2-6　清连高速公路 K2229+788 检测断向处的车辆速度分布

选取样本路段的渝宜、西汉、清连高速公路的交通流检测数据、历史事故记录作为分析数据来源，以百万车公里事故率作为衡量事故数的指标，分别作 15%位速度及 85%位速度的散点图，如图 2-7 和图 2-8 所示。

当高速公路设计速度为 80km/h 时，百万车公里事故率与 15%、85%位速度的对应样本点表现出较大的均布性，没有明显的变化趋势。

对设计速度为 80km/h 高速公路的 15%位速度、85%位速度与百万车公里事故率进行独立性检验，结果见表 2-3、表 2-4。

15%位速度与百万车公里事故率的独立性检验结果 表 2-3

项　目	值	自由度	双侧近似概率	双侧精确概率	单侧精确概率	点概率
卡方值	3.240a	4	0.319	0.366		
似然比值	3.283	4	0.312	0.416		
精确概率法	3.310			0.345		
线性相关法	0.126b	1	0.223	0.262	0.122	0.054
有效样本数	40					

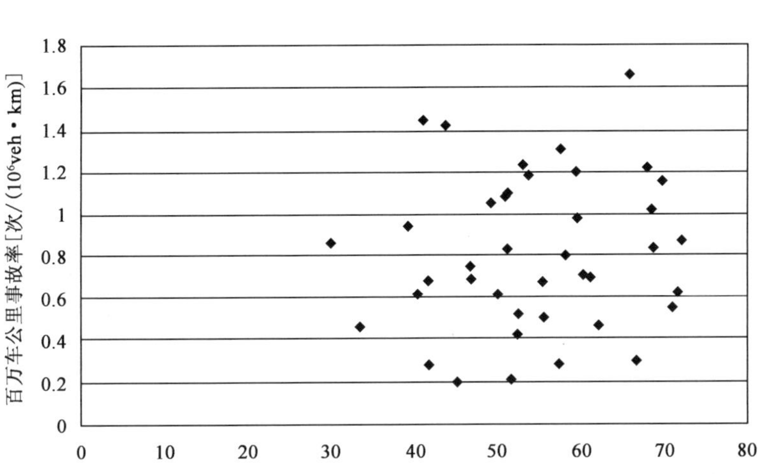

图 2-7　设计速度为 80km/h 时，15%位速度与百万车公里事故率的关系

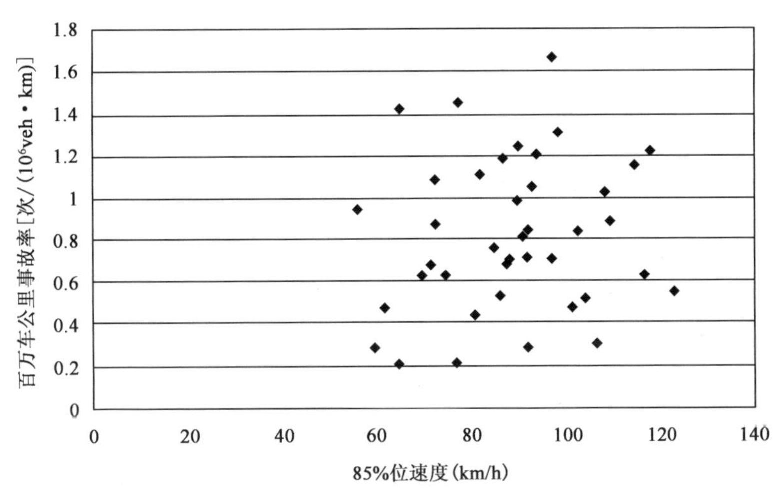

图 2-8　设计速度为 80km/h 时，85%位速度与百万车公里事故率的关系

85%位速度与事故数的独立性检验结果　　表 2-4

项　目	值	自由度	双侧近似概率	双侧精确概率	单侧精确概率	点概率
卡方值	5.786a	6	0.448	0.498		
似然比值	6.452	6	0.374	0.525		
精确概率	6.298			0.403		
线性相关法	0.780b	1	0.277	0.286	0.118	0.053
有效样本数	40					

由表 2-3、表 2-4 可看出，15%位速度与事故数独立的指标为等于 0.319、0.312、0.223、0.345，都远大于 0.05，故接受原假设，即认为在设计速度为 80km/h 时，15%位速度与百万车公里事故率相互独立，两者没有关联关系；同样 85%位速度与事故数独立的为 Sig. 为 0.448、

0.374、0.277、0.403，均远大于 0.05，故接受原假设，即认为在设计速度为 80km/h 时，85%位速度与百万车公里事故率相互独立。

基于以上分析，分别对设计速度为 120km/h、80km/h 高速公路百万车公里事故率和 15%、85%位速度等变量进行分析和相关性检验。结果表明运行速度与百万车公里事故率无显著的相关性，这与目前国际上同类研究的结果是相同的。因此，高速公路运行速度与百万车公里事故率没有显著的相关关系。

2. 速度与事故严重程度的关系

1)速度梯度与事故严重程度的关系

与速度与事故率的关系不同，速度与事故严重程度的关系基于物理学，事故发生的过程是一个能量转换的过程。动能是质量与速度平方的乘积，碰撞中消散的能量越多，乘员所受的伤害越大。因此，同一车辆的运行速度越高，能量转化也就越多，交通事故的后果也就越严重。

根据美国国家严重事故研究所(NCSS)的数据，交通事故死亡率与运行速度梯度(Δv)的四次方成正比。近似函数如下：

$$\text{Death} = \left(\frac{\Delta v}{114.24}\right)^4 \tag{2-4}$$

式中：Death——交通事故死亡率，%；

Δv——车辆运行速度梯度，km/h。

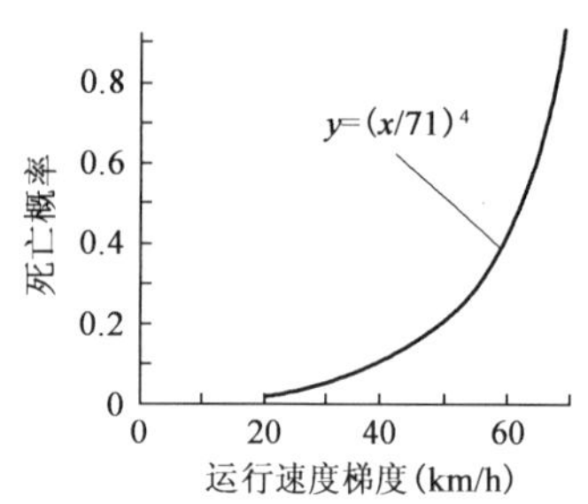

图 2-9 交通事故死亡率和运行速度梯度的关系

此函数表明，当运行速度梯度超过 115km/h 时，发生交通事故后致死的概率是 100%。交通事故死亡率与运行速度梯度的关系如图 2-9 所示。

车辆运行速度越高，发生交通事故时车辆的速度变化越大，则事故的严重程度越高。

加拿大 Liu 和 Popoff 曾对萨斯喀彻温省高速公路进行了为期 9 年的车速调查，收集了 26 年的交通事故数据。研究表明，平均运行速度每降低 1km/h，交通事故的伤亡率将降低 7%，并得出以下两个线性模型：

$$CR = 190.7\bar{v} - 17\,126.1 \tag{2-5}$$

$$CR = -0.00268\bar{v} + 0.040\,5\text{Diff} - 3.366 \tag{2-6}$$

式中：CR——百万车公里死亡率，次/(10^6veh・km)；

$\bar{v}$——平均车速，km/h；

Diff——85%位车速与 15%位车速之差，km/h。

2)速度与事故严重程度之间的关系

(1)运行速度与事故严重程度之间的关系

事故发生的过程是一个能量转换的过程，即动能在瞬间转换为内能。动能是其质量与速度平方的乘积，因此，同一车辆在事故前的速度越高，能量转化也就越多，交通事故的后果也就越严重，造成伤亡的可能性也就越大。研究表明，车速超过 96km/h 后，事故严重度随速度的增加而快速增加，车速超过 112km/h 后，致命伤亡的可能性迅速增加。

运行速度是交通流运行状态的一个重要表征，课题组在分析样本公路交通流、交通事故资料的基础上，以85%位速度作为运行速度的衡量指标，以百万车公里伤亡事故率作为事故严重性的衡量指标，对运行速度与事故严重性的关系进行了分析。

在分析过程中，根据85%位速度与百万车公里伤亡事故率的散点关系图所反映出的二者的变化关系，选择不同的模型形式（如指数模型、线性模型和幂增长模型等）进行拟合分析，并将拟合出来的结果进行比较筛选，最终确定最优的指数模型 $R_c = a \cdot e^{bv_{85}}$ 作为二者关系的模型形式，按高速公路和双车道公路两种情况分别对该指数模型分别进行了参数标定。

①高速公路。根据高速公路设计速度的不同，分别对设计速度为120km/h、80km/h的样本高速公路的运行速度与事故严重性之间的关系进行分组讨论。

a. 设计速度为120km/h。选取河南安新高速公路、京津塘高速公路的交通流检测数据、历史事故记录作为研究数据来源，以百万车车公里伤亡事故率为因变量，85%位速度为自变量，画出速度与伤亡事故率的散点关系图如图2-10所示。

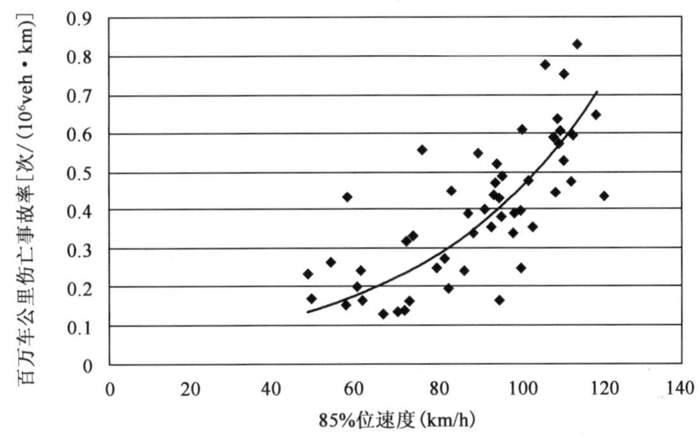

图2-10　设计速度为120km/h时，85%位速度与百万车公里伤亡事故率关系图

在设计速度为120km/h时，随着85%位速度的增加，百万车公里伤亡事故率也增大。对指数模型的参数进行标定，得到高速公路设计速度为120km/h时，运行速度与事故严重性之间的关系如下。

$$R_C = 0.045e^{0.023v_{85}} \tag{2-7}$$

式中：R_C——亿车公里伤亡事故率；

v_{85}——85%位速度，km/h。

对该模型进行拟合检验，结果如表2-5所示。

指数模型各指标值比较　　表2-5

模型统计					估计值	
R^2	F	df_1	df_2	Sig.	Constant	v_{85}
0.644	165.768	1	57	0.000	0.045	0.023

模型的相关系数 R^2 值为0.644，在设计速度为120km/h时，85%位速度与百万车公里伤亡事故率的关系模型能较好地拟合两者之间的关系；F 检验值为165.768，df_1 和 df_2 分别为 F 检验的两个自由度，Sig. 为 F 检验的统计显著性，在此处为0，说明在一定置信水平下，变量

均具有统计学意义。

模型残差值为实际百万车公里伤亡事故率减去模型预测的百万车公里伤亡事故率。从图2-11中可以看到，残差值随机分布在±0.15之间，说明回归模型对各个观测值的拟合情况良好且85％位速度与百万车公里伤亡事故率之间有显著的相关关系。

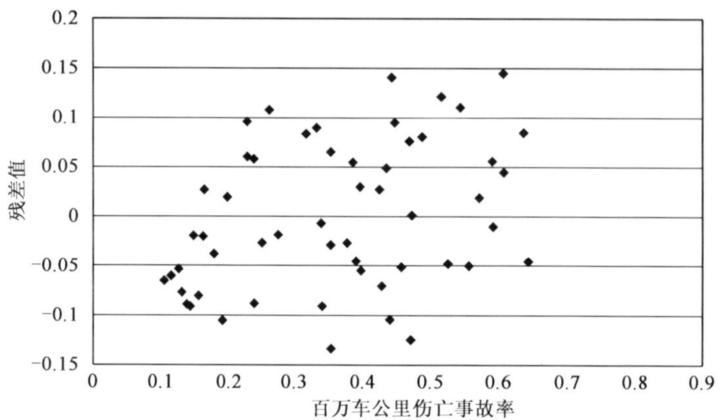

图2-11　设计速度为120km/h时，85％位速度与百万车公里伤亡事故率模型残差图

b. 设计速度为80km/h。选取设计速度为80km/h的重庆渝宜高速公路、陕西西汉高速公路以及广东清连高速公路交通流检测数据、历史事故记录作为研究数据来源，以百万车公里伤亡事故率为因变量，85％位速度为自变量，画出设计速度为80km/h时，速度与百万车公里伤亡事故率的散点关系图，如图2-12所示。

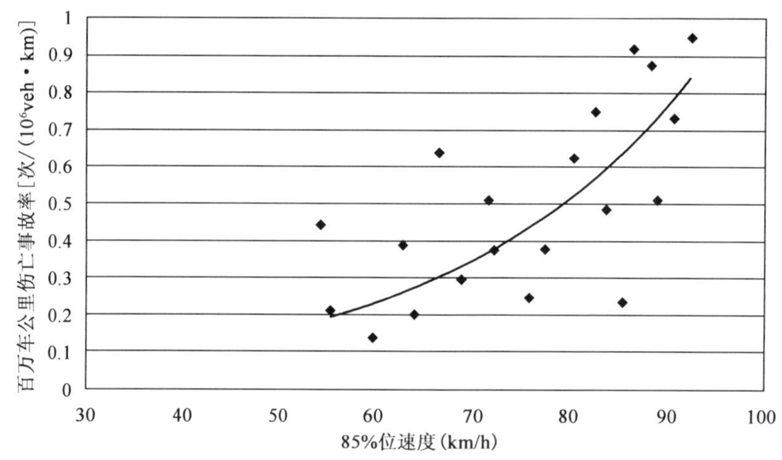

图2-12　设计速度为80km/h时，85％位速度与百万车公里伤亡事故率关系图

从散点图的变化趋势可以看出：当设计速度为80km/h时，随着85％位速度的增加，百万车公里伤亡事故率也增大。对指数模型的参数进行标定，得到高速公路在设计速度为80km/h时运行速度与事故严重性之间的关系如下：

$$R_C = 0.023e^{0.039v_{85}} \tag{2-8}$$

式中：R_C——亿车公里伤亡事故率；

v_{85}——85％位速度，km/h。

指数模型各指标值比较见表 2-6。

指数模型各指标值比较 表 2-6

模型统计					估计值	
R^2	F	df_1	df_2	Sig.	Constant	v_{85}
0.608	33.940	1	14	0.000	0.023	0.039

模型的相关系数 R^2 值为 0.608，在设计速度为 80km/h 时，85%位速度与百万车公里伤亡事故率的关系模型能较好地拟合两者之间的关系；F 检验值为 33.94，df_1 和 df_2 分别为 F 检验的两个自由度，Sig. 为 F 检验的统计显著性，在此处为 0，说明在一定的置信水平下，模型变量均具有统计学意义。

如图 2-13 所示，残差值随机分布在±0.25 之间，说明回归模型对各个观测值的拟合情况良好，85%位速度与百万车公里伤亡事故率之间有显著的相关关系。

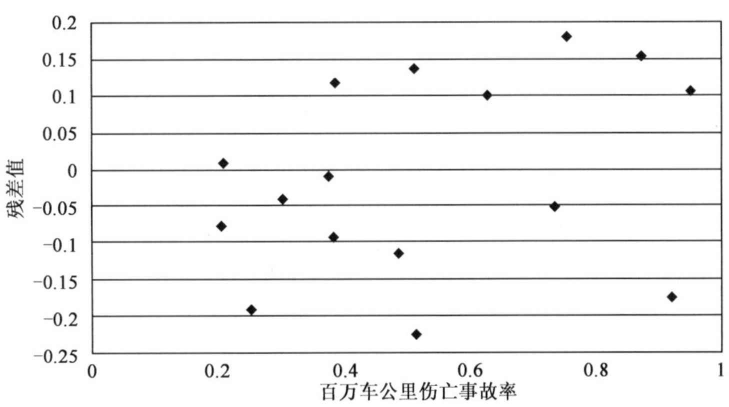

图 2-13 设计速度 80km/h 时，85%位速度与百万车公里伤亡事故率模型残差图

②双车道公路。在样本公路的实际调研过程中，课题组发现山区双车道公路交通流量一般不大；交通事故记录缺失严重，且获取难度很大。在数据样本难以保证精度的情况下，课题组借鉴国际上较为成熟的发展中国家的道路平均速度和伤亡数量的关系来表征速度与事故严重性之间的关系。

$$I_1/I_2 = (v_1/v_2)^3 \tag{2-9}$$

$$F_1/F_2 = (v_1/v_2)^4 \tag{2-10}$$

式中：v_1——状态 1 某路段平均速度；

v_2——状态 2 某路段平均速度；

I_1——状态 1 某路段的人员受伤人数；

I_2——状态 2 某路段的人员受伤人数；

F_1——状态 1 某路段的死亡人数；

F_2——状态 2 某路段的死亡人数。

该组公式表明，事故的受伤人数、死亡人数与平均速度分别呈 3 次方、4 次方的关系，即交通流平均速度较小范围增幅，将导致交通事故伤亡人数大幅度增加。因而，控制交通流车辆的运行速度，可有效地减少交通事故伤亡人数。

选取 G111 北京怀柔段的交通流检测数据、事故数据作为研究数据来源，以百万车公里伤亡事故率来衡量事故的严重性，取 85%位速度作为运行速度的衡量指标，两者的散点关系图如图 2-14 所示。

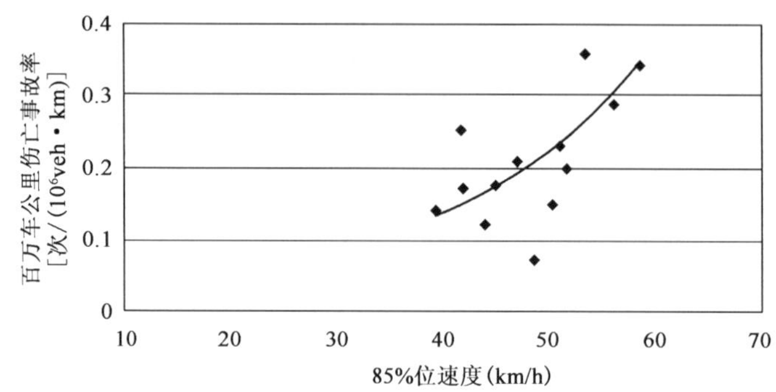

图 2-14　双车道公路 85%位速度与百万车公里伤亡事故关系图

从图中散点的趋势可以看出：在双车道公路上随着 85%位速度的增加，百万车公里伤亡事故率增大。按照高速公路速度与伤亡事故率的建模步骤，取百万车公里伤亡事故率、85%位速度进行回归分析，得到双车道公路运行速度与事故严重性之间的关系模型如下。

$$R_C = 0.019e^{0.050v_{85}} \tag{2-11}$$

式中：R_C——百万车公里伤亡事故率；

v_{85}——85%位速度，km/h。

指数回归模型各指标回归结果如表 2-7 所示。

指数回归模型各指标回归结果　　表 2-7

模型统计					估计值	
R^2	F	df_1	df_2	Sig.	Constant	v_{85}
0.675	27.609	1	8	0.001	0.019	0.050

模型的相关系数 R^2 值为 0.675，双车道公路 85%位速度与百万车公里伤亡事故率具有较好的拟合关系；F 检验值为 27.609，df_1 和 df_2 分别为 F 检验的两个自由度，Sig. 为 F 检验的统计显著性，在此处为 0.001，说明在一定置信水平下，模型变量均具有统计学意义。

如图 2-15 所示，残差值为实际百万车公里伤亡事故率减去模型预测的百万车公里伤亡事故率。从图中可以看到残差值随机分布在±0.06 之间，说明回归模型对各个观测值的拟合情况良好，双车道公路 85%位速度与百万车公里伤亡事故率之间有显著的相关关系。

(2)运行速度差与事故严重性的相关模型

在我国，由于受到地形条件及车辆性能的限制，大车在山区公路上的运行速度远远低于小车的速度，大车、小车之间存在的运行速度差成为导致山区公路安全水平下降的重要因素。以百万车公里伤亡事故率作为衡量事故严重性的指标，课题组分别对高速公路和双车道公路运行速度差与交通事故严重性的关系进行了分析。

①高速公路。高速公路小车、大车的运行速度存在明显的差异，如图 2-16 所示。

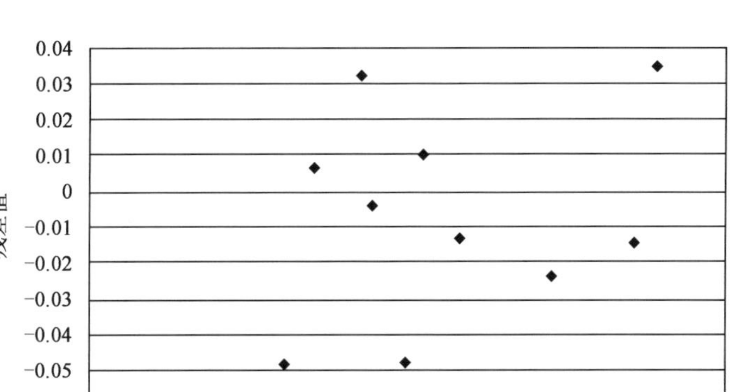

图 2-15　双车道公路 85%位速度与百万车公里伤亡事故率模型残差图

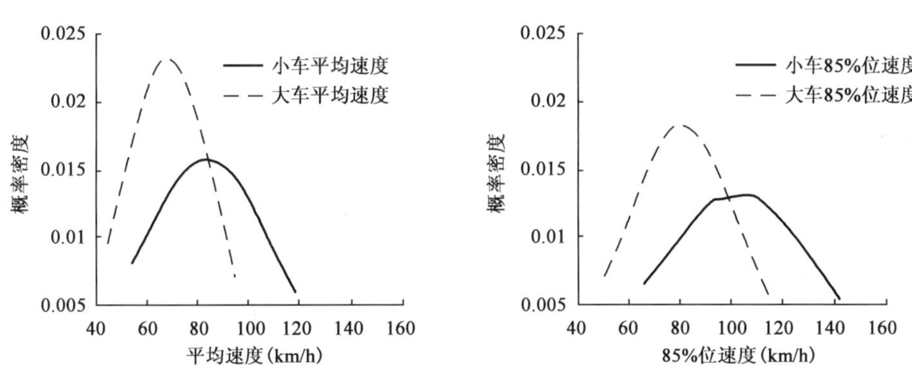

图 2-16　高速公路大车、小车平均速度和 85%位速度分布

小车、大车运行速度的差异对交通运行安全产生了一定的影响。选取京津塘高速公路，云南罗富高速公路，陕西西汉高速公路，重庆渝邻高速公路、渝黔高速公路、渝遂高速公路、渝宜高速公路，河南安新高速公路，广东清连高速公路等的交通流检测数据、历史事故记录作为建模数据来源，作百万车公里伤亡事故率与大车、小车 85%位速度差的散点关系图(图 2-17)。

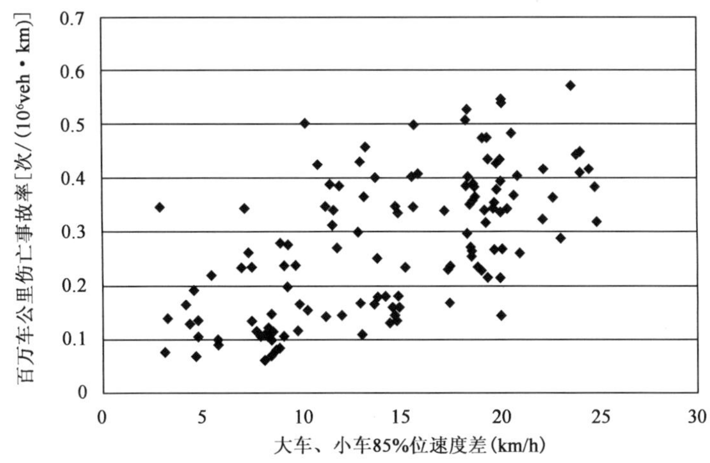

图 2-17　百万车公里伤亡事故率与大车、小车 85%位速度差的关系

从图中可以看出，随着大小车速度差的增加，百万车公里伤亡事故率也随之增加。同时，考虑交通组成以及大车、小车的速度标准差等指标，用统计软件 Stata 分别进行广义泊松回归和负二项回归，在 95% 的置信水平下剔除没有统计意义的自变量，重新对模型进行回归，直至获得最优的关系模型。该过程的流程图如图 2-18 所示。

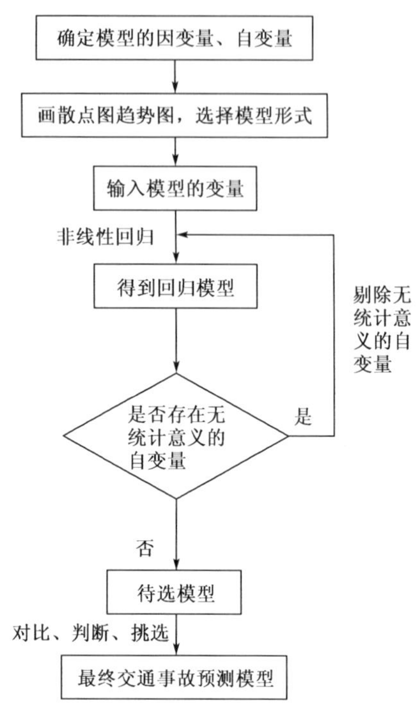

图 2-18　速度差与事故严重性模型的建模流程图

采用统计软件 Stata 分别进行广义泊松回归和负二项回归，回归结果如表 2-8 所示。

回归模型各指标值比较　　表 2-8

项　目	AIC	BIC	残差平方和
泊松回归	1.277 949	−3 265.927	57.495 75
负二项回归	1.137 978	−3 444.761	53.320 74

注：AIC 是指赤池信息准则；BIC 是指贝叶斯信息准则。

用 AIC、BIC 准则等考虑上述两种回归模型的拟合情况。其中，AIC 值和 BIC 值越小，则相对应的模型越好。对比两个待选的回归模型，发现负二项回归模型的上述两个指标值相对于泊松回归都要好且其残差平方和也相对较小，因此选用负二项回归进行运行速度差与百万车公里伤亡事故率关系模型的参数标定。负二项回归的结果如表 2-9 所示。

负二项回归模型回归结果　　表 2-9

广义线形模型			观察样本量=56		
最大似然估计			差值自由度=51		
			尺度参数=1		
偏差=258.1 377 716			(l/df)偏差=0.4 442 991		
相关系数=447 702.023 6			(l/df)相关系数=1.025 598		
方差函数：$v(u)=u(1)u^2$			负二项		
相关函数：$g(u)=\ln(u)$			[log]		
拟合系数=0.658			AIC=1.137 978		
对数似然估计=−328.4275345			BIC=−3444.761		
R_C	回归系数	标准数	z	$P>\|z\|$	95%置位区间
Δv	−0.0 342 415	0.0 156 355	−2.19	0.029	−0.0 648 864 −0.0 035 966
p_T	6.933 362	0.9 490 548	7.31	0.000	5.073 249 8.793 476
σ_T	0.0 901 032	0.0 293 393	3.07	0.002	0.0 325 992 0.1 476 072
σ_C	−0.1 131 792	0.0 220 103	−5.14	0.000	−0.1 563 187 −0.0 700 398
cons	−2.412 121	0.4 100 407	−5.88	0.000	−3.215 786 −1.608 456

表 2-9 分为两部分：第一部分是对整个模型的一个总体统计，包括样本量、相关系数 R^2 值为 0.658、卡方值及其检验等；第二部分包括常数在内的所有自变量回归系数 Coef、回归系数的标准误差 Std Err、各系数与 0 假设检验的 z 值及 P 值($P>|z|$)以及各系数的 95%置信区间。从各自变量的回归系数的假设检验可知，各变量的假设检验 P 值都很小(小于 0.05)，所以模型中每个变量的作用均有统计学意义，得到山区高速公路速度差与事故严重性的关系模型为：

$$R_C = e^{-2.412+6.933p_T-0.113\sigma_C+0.090\sigma_T-0.034\Delta v_{85}} \tag{2-12}$$

式中：R_C——百万车公里伤亡事故率；

p_T——大车比例，%；

σ_C——小车速度标准差；

σ_T——大车速度标准差；

Δv_{85}——大车、小车 85%位速度差，km/h。

如图 2-19 所示，残差值随机分布在±0.8 之间，说明回归模型对各个观测值的拟合情况良好，且大车、小车 85%位速度差、速度均方差、大车比例与百万车公里伤亡事故率之间有较为显著的相关关系。

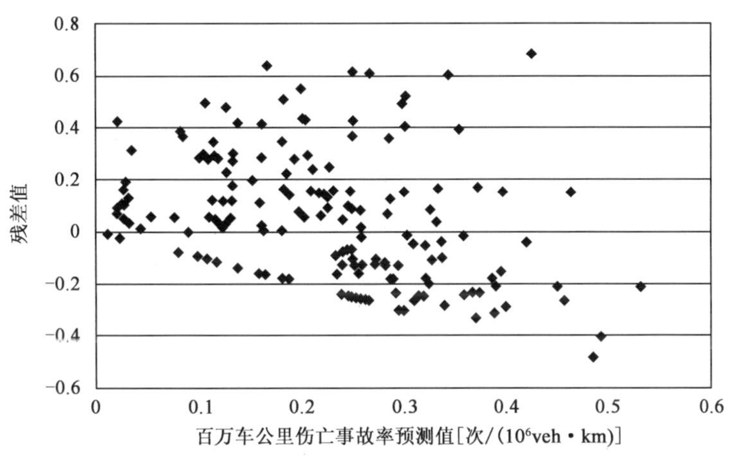

图 2-19　大车、小车 85%位速度差与百万车公里伤亡事故率模型残差图

②双车道公路。双车道公路交通运行特征与高速公路相比具有很大的差异。对于双车道公路运行速度差与事故严重程度的关系研究，选取怀柔区 G111 部分路段的交通流检测数据及事故数据作为数据来源，以路段的百万公里伤亡事故率作为因变量，大车、小车的 85%位速度差作为自变量作散点图，如图 2-20 所示。从散点的趋势可以看到：在双车道公路上，随着大车、小车速度差的增加，百万车公里伤亡事故率也随之增加。

采用统计软件 SPSS 对速度差与伤亡事故率之间的关系模型进行拟合，得到双车道公路 85%位速度差与事故严重性之间的关系模型如下：

$$R_C = 0.094e^{0.069\Delta v_{85}} \tag{2-13}$$

式中：R_C——百万车公里伤亡事故率；

Δv_{85}——85%位速度，km/h。

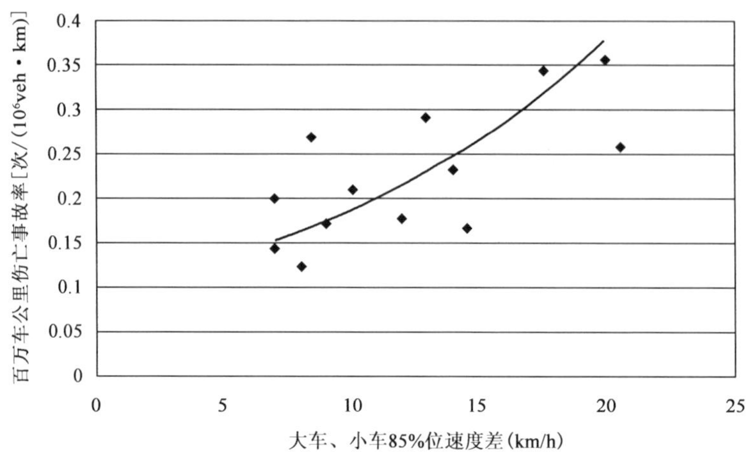

图 2-20 双车道公路大车、小车 85%位速度差与百万车公里伤亡事故关系图

指数回归模型各指标值回归结果如表 2-10 所示。

指数回归模型各指标值回归结果 表 2-10

模型统计					估计值	
R^2	F	df_1	df_2	Sig.	Constant	Δv_{85}
0.765	26.060	1	8	0.001	0.094	0.069

模型的相关系数 R^2 值为 0.765，双车道公路大车、小车 85%位速度差与百万车公里伤亡事故率的关系模型具有较好的拟合性；F 检验值为 26.06，df_1 和 df_2 分别为 F 检验的两个自由度，Sig. 为 F 检验的统计显著性，在此处为 0.001，说明在一定置信水平下，自变量均具有统计学意义。

如图 2-21 所示，残差值为实际百万车公里伤亡事故率减去模型预测的百万车公里伤亡事故率。从图中可以看到残差值随机分布在±0.08 之间，说明回归模型对各个观测值的拟合情况良好且大车、小车 85%位速度差与百万车公里伤亡事故率之间有较为显著的相关关系。

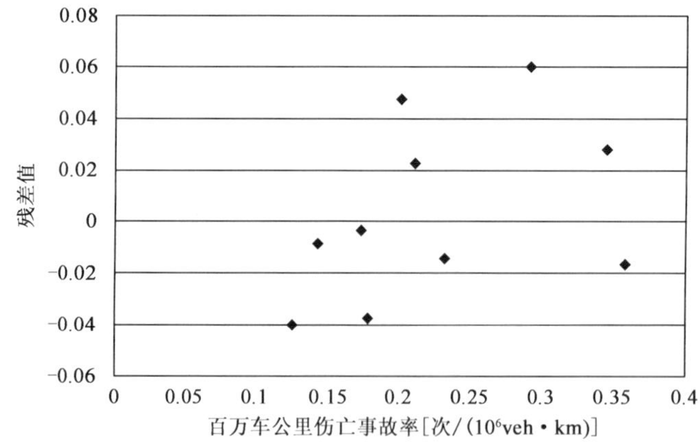

图 2-21 双车道公路大车、小车 85%位速度差与百万车公里伤亡事故模型残差图

二、单车速度与设施之间的安全关系

车辆与公路设施之间是通过物理关系、动力学原理来实现车辆在公路上运行的，它们之间存在的关系在公路设计原理中就已经体现。从安全角度考虑，车辆速度与设施之间存在以下几方面的关系。

①车辆行驶速度与路段平曲线线形之间的关系。车辆行驶速度与路段平曲线之间的关系主要表现在两个方面。一方面是车辆在曲线之间的动力学关系，车辆以一定行驶速度行驶在曲线段，车辆轮胎与路面之间产生横向摩擦来抵消侧向离心力。这种关系可由平曲线线形设计基础公式得到：

$$R = \frac{v^2}{127(\mu + i)} \tag{2-14}$$

式中：R——曲线半径，m；

v——车辆速度，km/h；

μ——横向力系数，极限值为路面与轮胎之间的横向摩阻系数；

i——路面的横向坡度。

上述公式体现了曲线段处的车辆行驶速度与曲线半径、路面横向坡度及横向摩阻系数之间的关系。当公路的横向坡度、轮胎与路面之间的摩阻系数、曲线半径确定后，车辆在曲线段可安全通过的行驶速度也可确定。

另一方面是在平曲线段处车辆的视距，通常小半径曲线处是视距受路侧或中央分隔物影响的路段。由于公路设施都已经建造完成，在既定的设施下所给驾驶员提供的安全视距一定，反算驾驶员的行驶速度也不可超过安全视距所允许的界值。

②车辆行驶速度与路段竖曲线线形之间的关系。从安全角度考虑速度与曲线之间的关系，严格讲只有速度与竖曲线视距之间存在关系，车辆的行驶速度不受坡度的限制。比如一条直线，无法确定车辆可以行驶的最高行驶速度，原则上对车辆的行驶速度是无限制的。在凸曲线处车辆的安全行驶速度受到限制，曲线半径越小，曲线越长，凸曲线可提供的安全视距越短，要求车辆的安全行驶速度越低。

③车辆行驶速度与路段横断面之间的关系。从物理关系考虑，只要满足车辆行驶的横向宽度，车辆的行驶速度是不受横断面宽度限制的，因此从物理关系考虑，车辆的行驶速度不受横断面宽度的影响。

下面从平纵曲线方面进一步分析行驶速度与公路设施之间的安全关系。

1.基于动力学的平曲线处车辆行驶速度安全性分析模型

据道路交通事故统计，60%以上的交通事故发生在曲线处。其中，与货车，尤其是大型货车相关的事故又占到了90%以上，货车交通事故形态以侧翻、侧滑为主。由此可知，货车成为道路曲线段处易引发的交通事故车型。相对于小型车辆而言，货车具有轴距长、载质量大、机动性能差等特征。在相同行驶速度下，由于车辆离心力、路面反作用力的作用，货车驾驶员在转弯时的操作难度要远大于小型车辆，车辆行驶速度越快，所带来的行车危险性越大。因此，结合车型特征，分析车辆在曲线处的受力状况，以对车辆在平曲线处最大安全行车速度作出合理的分析与推算，对计算车辆在平曲线处适合的行驶速度、进行适当的速度控制以及保障行车安全有着重要的意义。

(1)平曲线与安全行车速度的关系

道路设计中,平曲线半径、超高设计指标是通过分析平曲线半径、超高与车辆行驶速度之间关系来获取的。我国道路勘测教材、公路工程技术标准,依据公式(2-15)来确定最大行驶速度对应的最小平曲线半径、超高以及最小平曲线半径对应的最大行驶速度。

$$R \geqslant \frac{v^2}{127(\varphi_h + i_h)} \tag{2-15}$$

式中:R——平曲线半径,m;

v——行驶速度,km/h;

φ_h——横向力系数;

i_h——路侧超高。

从式(2-15)中可看出,推算平曲线与行驶速度之间的关系时,公式将车辆简化成一个质点。而实际上对车辆而言,车辆自身存在着机动性,前车轴部分与后车轴部分质量不相同,大型货车这一点更为明显,一般前轴部分质量小,后轴部分质量大。车辆行驶过程中,由于前后部分质量的差异,造成车辆前后部分受力不均衡,形成车辆内力差异,从而影响了车辆自身的机动性,在一定的条件下,也连同平曲线半径、超高一起,成为交通事故发生的因素。因此,在分析平曲线半径与车辆行驶速度之间关系时,需要将车辆自身质量分布因素考虑进去。

(2)基于车、路多因素的曲线段车辆平衡分析模型

①车辆受力质点分析。按照目前的客车车型及货车车型,都可以将车辆简化成两个质点:前排轴部分车辆质量所形成的质点 m_1,及后排轴部分车辆质量所形成的质点 m_2。在车辆运动过程中,前排轴部分代表了车辆运动方向牵导部分,后排轴部分代表了车辆运动的跟随及制约部分,车辆前排轴部分和后排轴部分质点分布见图 2-22。

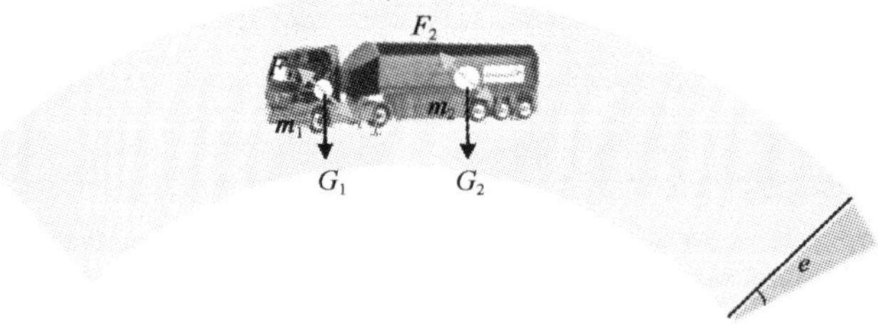

图 2-22 车辆在曲线段行驶的前后质点分布图

②分析模型推算。设车辆转弯过程中,路面超高为 e,路面横向摩擦系数为 f,车辆恒定行驶速度为 v,前车轴转弯半径为 R_1,后车轴转弯半径为 R_2,前车轴承载的质量是 m_1,后车轴承载的质量 m_2,前车轴与后车轴之间距离为 l,则车辆前轴质点 m_1 所受到的重力、离心力、摩擦力及后车轴对前车轴产生的作用力的平衡公式为:

$$\frac{m_1 v^2}{R_1} = m_1 g \sin e + m_1 g \cos e \cdot f + \delta \tag{2-16}$$

在上述公式中,δ 为车辆后轴质量传递给车辆前轴质量的作用力,该作用力包括以下两部分:

a. 车辆后轴部分转弯半径相对前轴部分转弯半径要小,离心力要大,在运动中车辆后轴部

分向车辆前轴部分转弯半径过渡，前轴和后轴部分又通过悬架连接到一起，但由于前轴部分的引导作用，车辆前轴部分让后轴部分始终保持原有的转弯半径。这需要车辆前轴部分平衡分担一部分离心力，该力具体大小为：

$$F_1 = \frac{m_2 v^2}{R_2} - \frac{m_2 v^2}{R_1} \tag{2-17}$$

b. 车辆前轴部分受到车辆后轴 m_2 传递过来的压力及由其形成的路面摩擦力，该数值为：

$$F_2 = (m_2 g\cos e \cdot f + m_2 g\sin e)\beta \tag{2-18}$$

式中：β——车辆后轴部分承载质量所形成的重力分配给前轴部分的比率，该数值与装载货物位置、质量相关。

式(2-17)和式(2-18)带入式(2-16)中后，获得式(2-19)：

$$\frac{m_1 v^2}{R_1} = m_1 g\sin e + m_1 g\cos e \cdot f + \frac{m_2 v^2}{R_1} - \frac{m_2 v^2}{R_2} + (m_2 g\cos e \cdot f + m_2 g\sin e)\beta \tag{2-19}$$

式(2-19)两边同除以 m_1，令 $\frac{m_2}{m_1}$ 为 θ，则有：

$$\frac{m_1 v^2}{R_1} = m_1 g\sin e + m_1 g\cos e \cdot f + \frac{m_2 v^2}{R_1} - \frac{m_2 v^2}{R_2} + (m_2 g\cos e \cdot f + m_2 g\sin e)\beta$$

$$\frac{v^2}{R_1} = g\sin e + g\cos e \cdot f + \theta[\frac{v^2}{R_1} - \frac{v^2}{R_2} + (g\cos e \cdot f + g\sin e)\beta]$$

$$\frac{v^2}{R_1} = ge + gf + \theta[\frac{v^2}{R_1} - \frac{v^2}{R_2} + (gf + ge)\beta]$$

$$\frac{v^2}{R_1} = ge + gf + \theta[\frac{v^2}{R_1} - \frac{v^2}{R_2} + (gf + ge)\beta]$$

$$\frac{v^2}{R_1} = ge + gf + \theta\frac{v^2}{R_1} - \theta\frac{v^2}{R_2} + (gf + ge)\beta\theta$$

$$\frac{v^2}{R_1} - g(e + f)(\beta\theta + 1) + \theta\frac{v^2}{R_1} - \theta\frac{v^2}{R_2}$$

$$\left(\frac{1-\theta}{R_1} + \frac{\theta}{R_2}\right)v^2 = g(e + f)(\beta\theta + 1)$$

$$\frac{R_2 + \theta(R_1 - R_2)}{R_1 R_2}v^2 = g(e + f)(\beta\theta + 1)$$

$$v = \sqrt{\frac{127(e + f)(\beta\theta + 1)R_1 R_2}{R_2 + \theta(R_1 - R_2)}} \quad (\text{km/h}) \tag{2-20}$$

车辆在转弯运动过程中，前轴部分与后轴部分做同心圆运动，车辆的转向盘转角 α、前轴部分半径 R_1、后轴部分半径 R_2、前轴后轴部分间距 l 之间存在的关系为：

$$R_1^2 = R_2^2 + l^2$$

$$R_2 = R_1\cos\alpha$$

$$l = R_1\sin\alpha \tag{2-21}$$

将式(2-21)带入式(2-20)获得：

$$v = \sqrt{\frac{127(e + f)(\beta\theta + 1)R_1 R_1\cos\alpha}{R_1\cos\alpha + \theta(R_1 - R_1\cos\alpha)}}$$

$$v = \sqrt{\frac{127(e+f)(\beta\theta+1)R_1\cos\alpha}{\cos\alpha+\theta(1-\cos\alpha)}} \tag{2-22}$$

从式(2-22)推导过程可以看出，车辆在曲线段处的行驶速度与 e、f、β、θ、R_1、α 因素相关，其中 e、f、R_1 代表公路自身的因素条件，β、θ 代表车辆自身因素，α 代表车辆与路线之间共同作用的因素。由此可以看出，公式较全面地考虑了道路因素和车辆因素，计算出的最大安全行驶速度更符合公路实际通车条件与实际车辆条件。在获得车辆、行驶速度、道路线形相关信息后，应用该公式即可推算出车辆在平曲线处最大的安全行驶速度。

(3)模型参数分析及线形设计建议

①模型相关参数确定。对式(2-22)中相关参数进一步分析，确定参数的取值范围。

β 表示车辆后轴部分承载质量所形成的重力分配给前轴部分的比率，该参数取值范围为 0～50%，通常为 0～10%。可通过目前的计重系统测得该数值。考虑极端最不利情况，车辆后轴质量由后轴来承担，分配的比率值为 0。

θ 表示车辆后轴部分质量与前轴部分质量之间的比值，取值范围在 0.5～6，通常为 3～5。该值同样可通过计重系统测量获取。

l 表示前轴与后轴距离，对于小客车而言，长度约 2m；对于大型货车而言，长度约 12m。所以，取值范围应在 2～12m。

②模型测算。依据该分析模型，在取值参数不同下，分析平曲线半径与车辆行驶速度之间关系，考虑实际道路线形中，超高要比实际设计值低。因此，在相同平曲线半径下，不同设计速度，超高不同；在相同半径、相同设计速度下，考虑使用年限，超高也不同。下面按照表 2-11 所列的道路与车辆因素，计算车辆的行驶速度，同时也使用式(2-15)计算车辆的最大行驶速度，加以对比。分析结果见表 2-11 和图 2-23。

不同平曲线处最大车辆行驶速度分析表 表 2-11

道路因素			车辆因素					式(2-22)车辆最大行驶速度(km/h)		式(2-15)车辆最大行驶速度(km/h)
平曲线半径(m)	超高	路面摩擦系数	β	θ		l				
				小客车	货车	小客车	货车	小客车	货车	
150	1%～3%	0.2～0.8	0	1	3	2	8	46～67	34～48	63～91
110	2%～4%	0.2～0.8	0	1	3	2	8	41～58	30～42	55～78
80	3%～5%	0.2～0.8	0	1	3	2	8	36～50	26～36	48～68
60	4%～6%	0.2～0.8	0	1	3	2	8	31～44	23～32	43～59
50	5%～7%	0.2～0.8	0	1	3	2	8	29～40	21～29	40～55
30	6%～8%	0.2～0.8	0	1	3	2	8	23～31	17～24	31～43
20	7%～9%	0.2～0.8	0	1	3	2	8	19～26	15～21	26～35
15	8%～10%	0.2～0.8	0	1	3	2	8	17～23	15～19	23～31

从表 2-11 和图 2-23 中可以看出，式(2-15)在推算车辆安全行驶速度时是不分车型的，式(2-22)则按照小型车辆与货车车辆参数的不同考虑。从推算的数值上也可以看出，式(2-22)计算的小客车与货车的最大安全行驶速度都较式(2-15)小。这说明在实际车辆的运行过程中，由于车辆自身的载质量及结构因素造成车辆自身最大安全运行速度降低。小客车与货车

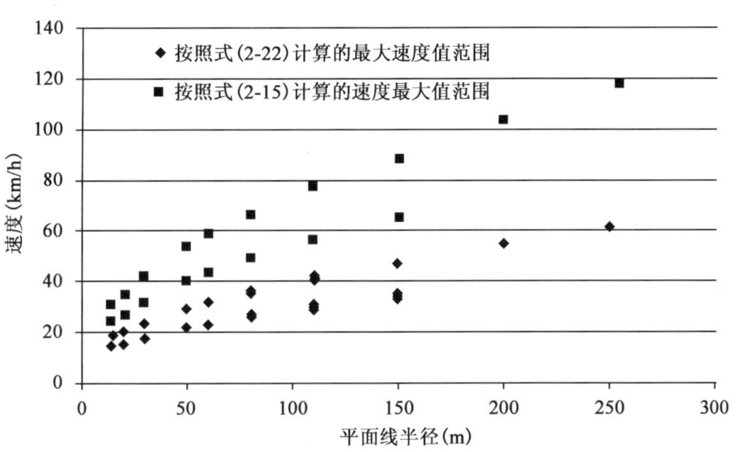

图 2-23　按照式(2-15)和式(2-22)计算获得的车辆最大行驶速度区间图

相比较而言,在相同的平曲线行驶条件下,货车的最大安全行驶速度要低于小客车。这些也跟实际平曲线处发生的交通事故情况相吻合,货车事故率高,安全行驶速度低,小客车的机动性能好,最大安全行驶速度相对货车而言要高。

③线形设计建议。按照我国公路线形设计规范的规定,最小设计速度为 20km/h,相对应的最小平曲线半径为 15m。按照式(2-22)的计算分析方法,取最不利行车条件(冰雪条件),当车辆行驶速度为 20km/h 时,平曲线半径应不低于 50m;当行驶速度为 30km/h 时,平曲线半径不低于 110m。在通常条件下,车辆行驶速度 20km/h 时,平曲线半径不应低于 20m;行驶速度为 30km/h 时,平曲线半径不低于 50m;车辆行驶速度为 40km/h 时,不应低于 110m;行驶速度为 50km/h 时,不应低于 150m。由上述分析可以,式(2-22)计算的平曲线半径与设计速度之间的关系与我国公路线形设计规范规定还不相一致。从保障安全考虑,考虑车辆自身载质量问题,计算值要更为安全、可靠。因此,建议在进行小半径曲线设计时,按照式(2-22)提供的计算方法,对平曲线半径、超高、车辆类型加以核实,进而明确一定设计速度前提下,保障行车安全所需要的最小平曲线半径、超高等公路设计参数值。

通过车辆自身质点及在平曲线处受力分析,获得用于计算不同类型车辆在平曲线处最大安全行驶速度的模型。该模型综合考虑了车辆载重与轴距因素、道路平曲线半径与超高因素,将车辆因素与路线线形因素结合到一个整体。应用相关数据对模型进行测算得到,在相同平曲线半径下,模型所要求的行驶速度要低,符合目前货车在平曲线路段事故易发的特征,也符合车辆在平曲线路段实际运行状况。该模型可以作为分析线形安全性及线形设计的参考分析模型。

2. 凸曲线视距分析模型

经过分析研究,确定检查车辆在竖曲线处的安全性主要是考虑车辆在凸曲线处的停车视距是否受到影响及车辆离心力是否满足安全要求。计算车辆在凸曲线处停车视距公式为:

$$L=\left[\cos^{-1}\left(\frac{R}{R+H_1}\right)+\cos^{-1}\left(\frac{R}{R+H_2}\right)\right]R \tag{2-23}$$

式中:L——推算停车视距,m;

R——凸曲线半径,m;

H_1——目高，取值为 1.2m；

H_2——物高，取 0.1m。

按照该公式计算凸曲线处的停车视距，可检查其满足设计速度标准水平。

计算车辆在凸曲线处车辆离心力公式为：

$$F = \frac{Mv^2}{R} \tag{2-24}$$

式中：F——产生的离心力；

R——凸曲线半径，m；

v——车辆速度，m/s；

M——车辆质量。

按照该公式计算凸曲线处的车辆离心力，比较其与重力的大小。如果离心力小于重力，则车辆处在安全行驶状态；如果离心力大于重力，则车辆在该凸曲线处会发生飞出的危险。

3. 交叉口视距分析模型

交叉口范围内路段是道路中重要的特征路段，而交叉口也往往是道路交通事故多发的路段。由于交叉通行的干扰，交叉口处的行驶速度往往要求比较低，另外交叉口三角区域又是视距不良的区域，往往成为限制车辆行驶速度的重点部位。因此，分析交叉口的视距通行条件，确定车辆的行驶速度，对合理控制交叉口车辆的行驶速度、保障通过交叉口处的车辆的行车安全至关重要。

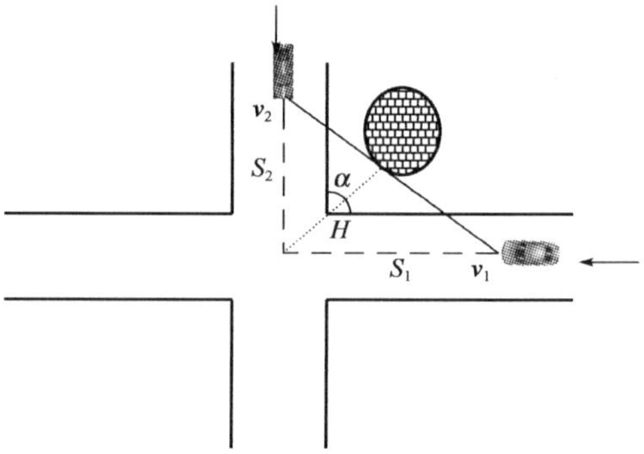

图 2-24　交叉口视距分析

设交叉口相交的角度为 α，如图 2-24 所示。

车辆 1 的行驶速度为 v_1，行驶到冲突点处的距离为 S_1，车辆 2 行驶速度为 v_2，行驶到冲突点的行驶距离为 S_2，两条公路相交的夹角为 α。三角区内，影响车辆视距的障碍物距离冲突点的距离为 H，车辆行驶的道路为主干道，车辆可保持不变速度行驶设车辆的减速度为∂，驾驶员看见车辆反映时间为 T，两辆车之间的视距为 L，则可以获得以下关系模型：

$$S_2 = v_2(t_2 + T) - 0.5\partial t_2^2$$

$$S_1 = v_1 t_1$$

由于 $S_1 = v_1 t_1$，进一步转化，则 $t_1 = \dfrac{S_1}{v_1}$。若为了避免发生碰撞事故，车辆 1 行驶的时间必须小于车辆 2 行驶的时间，即 $t_1 < t_2 + T$，由此将上述公式带入到公式，得到以下公式：

$$S_2 > v_2\left(\frac{S_1}{v_1}\right) - 0.5\partial\left(\frac{S_1}{v_1} - T\right)\left(\frac{S_1}{v_1} - T\right) \tag{2-25}$$

经过变换，获得以下公式：

$$S_2 + 0.5\partial\left(\frac{S_1}{v_1} - T\right)\left(\frac{S_1}{v_1} - T\right) > v_2\left(\frac{S_1}{v_1}\right)$$

$$v_2 < S_2\frac{v_1}{S_1} + 0.5\partial\left(1 - T\frac{v_1}{S_1}\right)\left(1 - T\frac{v_1}{S_1}\right) \tag{2-26}$$

所以，假设以A路为主要干线，B路为次要干线，应适当控制B路车辆的行驶速度。考虑交叉口的行驶视距对车行驶速度的要求，需要控制B路车辆的行驶速度满足上述公式的要求。上述公式中，v_1 为A路应该控制的车辆行驶速度，同时还要考虑在该点处的速度分布特征，以95%速度作为该点的速度控制值。车辆之间的行驶时间距离要大于4s，之间的差值要大于4s。

4. 平曲线视距分析模型

平曲线处停车视距采用下式计算：

$$S = 2R\sin^{-1}\frac{R-b}{R} \tag{2-27}$$

式中：R——行车轨迹处的平曲线半径，通常选择曲线设计半径值；

b——驾驶员位置点距离路侧阻碍行车视线的净距，如图2-25所示。

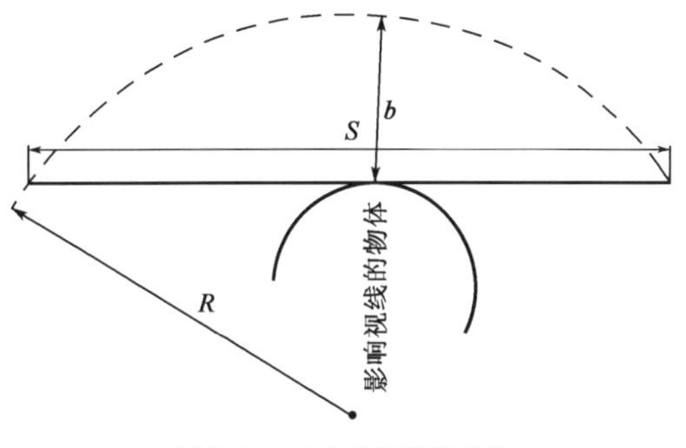

图2-25　平曲线视距检验图

第三节　速度与尾气排放、能源消耗

机动车尾气包含各种类型的污染物。这些污染物是在不同的速度下产生的，主要包括一氧化碳(CO)、氢氮化合物(HC)、氮氧化物(NO_x)、颗粒。

机动车尾气产生的过程是复杂的，随着机动车类别、发动机技术的不同，排放也有差异。NO_x 是在更高发动机运行温度下产生的，速度越高，产生的量越多。HC的排放量也随着速度的减少而降低。CO和颗粒在适当速度、中间速度时排放量最低。

CO_2 是全球空气变暖的温室气体，它主要是燃料消耗的结果。

最优速度，如排放最小的速度，根据排放类型的不同而变化，较为典型的是，污染排放的最优速度在40～90km/h范围内。根据研究，对于货车和大巴最优速度在50～70km/h。CO和 CO_2 的排放在速度为15km/h或更低时排放量最高。

驾驶行为也是一个重要的因素，因为较快的加速度会明显增加燃料的消耗和尾气的排放。在非增加条件下，燃料消耗随着速度的增加而增加。在一些条件下，减少速度将导致燃料消耗的减少和较低的资源成本。例如，在一定条件下，90km/h的行驶速度比110km/h的行驶速度将节省23%的燃料消耗。然而，在更为低速的水平，减少速度不一定会减少燃料消耗。比如在速度低于20km/h时，燃料的消耗会显著增加。

车辆行驶速度与汽车尾气排放和能源消耗也存在关系。从国内外研究成果看，总体上存在U形的曲线性关系，车辆在适当的行驶速度下行驶可以达到尾气排放和能源消耗最低。速度与车辆尾气排放、能源消耗之间的关系也是决策公路限速值的重要的参考条件。美国在公路限速时，就曾两次考虑车辆对能源的消耗而统一将车辆的行驶速度限定在最为经济的行驶速度下。

一、幂函数分析模型

1. 二次函数能源消耗模型

机动车速度与燃料消耗之间存在类似凹形或是凸形曲线关系。

Vincen(1980)提出下式模型：

$$f_c = a + bv_c + cv_c^2 \tag{2-28}$$

式中：v_c——稳定的巡航速度，km/h；

f_c——在稳定巡航速度下，每千米消耗汽油量，mL/km；

a、b、c——模型参数。

美国学者 Akcelik 于 1983 年标定模型参数为：a=170mL/km；b=−4.55(mL·h)/km^2；c=0.049(mL·h)^2/km^3。

2. 三次函数能源消耗模型

Post 等人于 1981 年提出以下模型：

$$f_c = b_1 + b_2/v_c + b_3 v_c^2 \tag{2-29}$$

式中符号意义同前。

经过标定，b_1=15.9mL/km；b_2 =2 520mL/h；b_3 =0.007 92(mL·h^2)/km。

3. 排放分析模型

随着机动车设计水平的提高，整体上车辆的经济速度在逐渐提高，但模型机构和形式基本上没有变化。

机动车速度与机动车尾气排放有着直接的关系，这在全世界各大都市表现得尤为显著。根据当前的研究模型，VOCs、影响臭氧物质和 CO 等污染物质的排放量在机动车高速行驶的条件下，比慢速行驶要多。机动车速度增加，能源消耗增大，CO 和 VOC 的排放量也增加。但是具体在某一速度值时能排放多少污染物，目前还没有清晰的研究定论。当行车速度低于自由流速度时，NO_x 和影响臭氧的物质会增加，但对于具体在速度多少时开始增加及增加的幅度有多大，尚不能确定。式(2-30)为英国道路交通实验室使用的计算路网汽车尾气排放的公式。

$$\begin{aligned} HC(\text{ppm}^{❶}) &= 1.8CO(\text{ppm}) \cdot R + 4.0 \\ NO_x(\text{ppm}) &= CO(\text{ppm}) \cdot R + 0.1 \end{aligned} \tag{2-30}$$

式中：R——在既定平均机动车速度下，污染物排放量与一氧化碳的比率，R 取值见表 2-12。

不同平均速度下 *R* 取值 表 2-12

平 均 速 度	NO_x(ppm)	HC(ppm)	平 均 速 度	NO_x(ppm)	HC(ppm)
20	0.035	0.205	50	0.085	0.28
30	0.05	0.24	60	0.105	0.29
40	0.07	0.26	70	0.12	0.305

二、推理模型

HDD 尾气排放模型是三个模块的运算结果。完整的 HDD 模型由 6 个部分组成，图 2-26

❶ 1ppm=10^{-6}。

描述了 6 个模块组成：发动机动力需求；发动机速度；油耗率；发动机控制单元；发动机排放量；燃油成分。

这个模型作为一个整体，需要两组输入：第一组是运行变量；第二组是模型参数。模型的输出是尾气排放量和油耗。

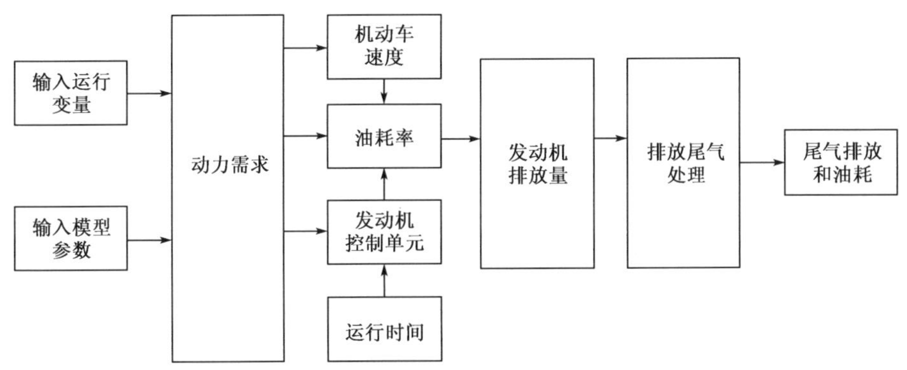

图 2-26　机动车尾气排放和油耗产生过程逻辑图

1. 消耗模型

机动车动力要求是由运行变量和具体的机动车参数及两因素决定，输入模型的参数除机动车参数外还有道路参数，通过核查可计算出机动车动力要求。机动车的动力需求由模型计算得到。

模型的核心是燃油率的计算，它取决于动力需求能力和机动车速度。发动机速度则基于机动车的速度、转向速度和动力需求。

(1)机动车能量需求模型

每个发动机的能量需求是可直接计算得出的，牵引力动力需求可通过下面的公式计算。

$$P_{\text{tract}} = (ma + mg\sin\theta + 0.5C_{\text{d}}A\rho v + mgC_{\text{r}}\cos\theta)v/1\,000 \tag{2-31}$$

式中：m——旋转和往复惯性部件适当的修正货车质量，kg；

v——速度，m/s；

a——加速度，$\mathrm{m/s^2}$；

G——引力常数，$\mathrm{m/s^2}$；

θ——阻力系数；

A——锋面面积，$\mathrm{m^2}$；

ρ——空气密度，$\mathrm{kg/m^3}$；

C_{r}——滚动阻力系数。

牵引力动力需求转换成发动机动力需求见下面的关系公式：

$$P = \frac{P_{\text{tract}}}{\varepsilon} + P_{\text{acc}} \tag{2-32}$$

式中：P——发动机功率输出；

ε——汽车动力系统的效率；

P_{acc}——发动机和电力需求与运行损失相关的能量，如空调的使用。

(2)机动车速度模块

发动机转速与汽车速度之间的换算关系如下：

$$N(t)=S\cdot\frac{R(L)}{R(L_g)}\cdot v(t) \tag{2-33}$$

式中：$N(t)$——t 时发动机的转速，r/s；

S——齿速比（N/v），r/mile；

$R(L)$——在第 L 个齿轮半径，$L=1,\cdots,L_g$。

齿轮比和 $v(t)$ 表示机动车速率。转动速率由可选择的挡位来决定。

在确定的环境下，尤其是高功率事件，向下挂挡要求通过 WOT 扭矩曲线来实现。扭矩和发动机的输出功率之间的关系为：

$$Q(t)=\frac{P(t)\cdot 5\,252}{N(t)} \tag{2-34}$$

式中：$Q(t)$——在发动机在 t 和 $P(t)$ 下的扭矩，为发动机马力功率，ft・lb。

该引擎在任何发动机转速扭矩不得超过 WOT 的扭矩，即 QWOT(t)。后者是根据制造商提供的扭矩曲线。当 $Q(t)$ 大于 QWOT(t)时，车辆降挡到下一个较低的齿轮。发动机转速、扭矩和 WOT 值从上述公式计算得出。如有必要，重复这一过程，以满足运行条件。

（3）发动机速度变量

当开发形成模型后，再次通过实际检测来完成中间变量的验证。这促进了发动机转速模式的发展。准确地预测发动机转速几乎是不可能的，因为它在某种程度上取决于驾驶行为。然而，利用发动机速度模型得到的计算结果从统计意义上来讲显然是满足实际需求的。

（4）燃油率模块

油燃料消耗量的基本模块如下：

$$\mathrm{FR}\approx\frac{1}{43.2}\left(KNV+\frac{p}{\eta}\right)\left[1+b_1(N+N_0)^2\right] \tag{2-35}$$

$$K=K_0\left[1+C(N+N_0)\right] \tag{2-36}$$

$$N_0\approx 30\sqrt{\frac{3.0}{V}} \tag{2-37}$$

式中：FR——燃油率，g/s；

p——发动机输出功率，kW；

K——引擎摩擦系数；

N——发动机转速，r/s；

V——发动机排量，L；

η——一个燃油发动机指示效率的测量值，$\eta\approx 0.45$；

b_1、C——$b_1\approx 10^{-4}$，$C\approx 0.001\,25$；

43.2——一个典型的油燃料最低值，kJ/g。

更改燃料喷射时间的策略已被用来提高燃油经济性。目前提出了燃料的使用减少的因素替代了燃料喷射时序策略。燃料使用方式进行以下修改：

$$\mathrm{FR}_{\mathrm{off}}=\mathrm{FR}\cdot(1-f_{\mathrm{Red}}) \tag{2-38}$$

式中：FR——在外环周期燃料比，s；

f_{Red}——减少使用的燃料因素与关闭循环喷油定时策略。

2. 排放模型

在这里描述发动机的 CO、HC 和 NO_x 排放模型。

(1)发动机 CO 排放量

CO 是不完全燃烧的产物，总体上取决于整个燃烧期的空气燃油比，它可用以下公式计算：

$$E_{CO}=a_{CO}\cdot FR+r_{CO} \tag{2-39}$$

式中：E_{CO}——发动机排放率，g/s；

a_{CO}、r_{CO}——一氧化碳排放系数。

(2)HC 排放量

HC 是燃料未充分燃烧的碳氢化合物。该排放物主要由燃料燃烧率低下造成，燃料在燃烧室内的空气混合，比例不合适，造成燃烧不充分。下面的公式为计算模型：

$$E_{HC}=a_{HC}\cdot FR+r_{HC} \tag{2-40}$$

式中：E_{HC}——HC 排放量，g/s；

a_{HC}、r_{HC}——HC 排放指标系数。

(3)发动机氮氧化物排放

基本 NO_x 排放建模如下：

$$NO_x=a_{NO_x}\cdot FR+r_{NO_x} \tag{2-41}$$

式中：FR——燃料比；

a_{NO_x}——氮氧化物排放系数；

r_{NO_x}——最小值。

摘要模型参数和变量如前所述，机动车排放模型的每一个模块都已经创建。这些模型都有类似的结构，主要是参数上的不同。

每一个模型都有三个输入的运行参数，这些参数包括机动车速度、加速度、坡度、空气状况。在很多情况下，坡度和空气环境具体作为统计输入参数。除了这些运行参数外，每一个子模型都用统计参数来计算机动车的排放。

三、我国车辆能源消耗与排放模型

通过充分吸收和借鉴国际上在这方面的研究成果，采用幂函数模型作为分析我国公路车辆能源消耗的分析模型。

1. 能源消耗模型

经过充分吸收国内外先进的资料，获得车辆行驶速度与能源消耗之间的关系模型如下。

$$FC=a_0+\frac{a_1}{S}+a_2s^2+a_3RISE+a_4FALL+a_5IRI \tag{2-42}$$

式中： FC——燃料消耗，L/1 000km；

s——机动车速度，km/h；

IRI——路面粗糙度，m/km；

RISE——道路升高，m/km；

FALL——道路降低,m/km;

a_0、a_1、…、a_5——系数,见表2-13。

系 数 表 表2-13

机动车类型	燃料消耗模型系数					
	a_0	a_1	a_2	a_3	a_4	a_5
小客车	10.3	1676	0.0133	1.39	−1.03	0.43
轻型商用车	30.8	2258	0.0242	1.28	−0.56	0.86
公交	33.0	3905	0.0207	3.33	−1.78	0.86
货车	44.1	3905	0.0207	3.33	−1.78	0.86

2. 尾气排放模型

车辆行驶速度与尾气排放之间的关系模型如上。

$$\mathrm{EOE_{CO}} = a_{\mathrm{CO}}\mathrm{FC} \tag{2-43}$$

式中:$\mathrm{EOE_{CO}}$——机动车CO排放量,g/km;

a_{CO}——常数。

其他排放物的表示方式:

$$\mathrm{EOE_{HC}} = a_{\mathrm{hc}}\mathrm{FC} + \frac{r_{\mathrm{HC}}}{v}1\,000 \tag{2-44}$$

式中:$\mathrm{EOE_{HC}}$——机动车HC排放量,g/km;

a_{HC}——常数;

r_{HC}——常数,与速度相关的常数。

$$\mathrm{EOE_{NO_x}} = \max\left[a_{\mathrm{NO}_x}\left(\mathrm{FC} - \frac{FR_{\mathrm{NO}_x}}{v}1\,000\right),0\right] \tag{2-45}$$

式中:$\mathrm{EOE_{NO_x}}$——机动车排放NO_x的量,g/km;

a_{NO_x}——常数。

不同发动机类型下的排放指标值见表2-14。

表2-14

排气量(L)	2.4	2.8	1.6
质量(kg)	1 361	1 531	1 247
最大功率(kW)	78	84	76
a_{CO}	0.16	0.11	0.10
a_{HC}	0.013	0.013	0.012
r_{HC}	0.006	0.008	0
a_{NO_x}	0.03	0.016	0.055
F_{NO_x}	0.39	0.49	0.17

关于排气量的计算如下：

$$排气量=a_0+a_1\mathrm{IFC} \tag{2-46}$$

式中：IFC——瞬时油耗，mL/s；

a_0、a_1——排放系数，见表 2-15。

排放系数表　　表 2-15

类型	区域	HC			CO			NO_x			微粒		
		a_0	a_1	R^2	a_0	a_1	R^2	a_0	a_1	R^2	a_0	a_1	R^2
小客车	乡村	−0.000 113	0.000 436	0.877	−0.002 00	0.005 12	0.655	−0.001 82	0.003 40	0.992			
	城市	0.000 034 9	0.000 357	0.622	−0.002 06	0.004 67	0.200	−0.001 50	0.002 4	0.580			
	总体	−0.000 272	0.000 394	0.847	−0.002 91	0.005 54	0.658	−0.003 14	0.004 00	0.895	-1.48×10^{-5}	3.92×10^{-5}	0.758
轻型货车	乡村	−0.006 91	0.000 866	0.949	−0.008 86	0.014 5	0.620	−0.000 839	0.002 51	0.835			
	城市	0.000 150	0.000 235	0.470	−0.007 28	0.012 6	0.687	−0.000 269	0.001 52	0.417			
	总体	−0.005 33	0.000 780	0.913	−0.009 68	0.014 8	0.713	−0.001 66	0.002 83	0.838	-2.16×10^{-5}	6.85×10^{-5}	0.560
中型货车	乡村	0.015 6	0.000 808	0.140	0.021 5	0.006 23	0.830	0.018 5	0.018 5	0.886			
	城市	0.026 1	−0.000 977	0.063	0.045 4	0.001 86	0.051	−0.012 6	0.033 2	0.961			
	总体	0.023 3	−0.000 785	0.038	0.038 3	0.002 75	0.106	0.020 5	0.018 7	0.842	-5.25×10^{-5}	1.40×10^{-5}	0.862
重型货车	乡村	0.010 6	0.001 29	0.484	−0.001 65	0.009 21	0.982	0.086 0	0.017 8	0.974			
	城市	0.015 6	0.002 08	0.592	0.022 5	0.005 73	0.365	0.034 0	0.030 6	0.971			
	总体	0.024 4	0.000 345	0.189	0.007 76	0.008 14	0.838	0.100	0.017 5	0.783	-2.81×10^{-5}	2.10×10^{-5}	0.164

第三章　运行速度特征值预测模型

以往的国内外有关运行速度模型的研究表明:线形指标是影响驾驶员选择车辆行驶速度、形成运行速度特征最为重要的指标,所以在构建运行速度与设施、路况、环境关系模型中主要考虑的因素就是线形指标。从速度管理角度考虑,在线形指标基础上形成的车辆运行速度特征代表了驾驶员的期望车辆行驶速度。因此,在课题研究的基础上,形成了面向公路速度管理需求的速度与线形指标之间的关系——运行速度特征值关系预测模型。

第一节　公路运行速度基准状态模型

一、高速公路运行速度基准状态模型

1.运行速度分析路段的划分

根据曲线半径和纵坡坡度将整条路线划分为直线段、纵坡段、平曲线段和弯坡组合段等若干个分析单元。每个独立单元分别进行运行速度测算,单元的起点、终点为预测运行速度的线形特征点,计算各路段的最低速度和最高速度。

小半径曲线段——半径小于 1 000m、纵坡坡度小于 3%的路段。

弯坡组合段——应与驾驶员期望值和车辆动力性能相匹配。

短直线——长度小于 300m 的路段。

直线段——半径大于或等于 1 000m、纵坡坡度小于 3%、长度大于或等于 300m 的路段。

纵坡段——纵坡坡度大于或等于 3%、半径大于或等于 1 000m、坡长大于或等于 300m 的路段。纵坡坡度大于或等于 3%、半径小于 1 000m 的路段。

隧道路段——从距离隧道前方 200m 左右开始至隧道出口后 100m 的路段。

2.运行速度的计算公式

(1)速度初值和极值

通过现场观测或参照表估算各种设计速度对应的小客车和大型货车的运行速度,作为预测路段的初始运行速度 v_0、最低速度和最高速度。设计速度与初始运行速度 v_0 间的关系见表 3-1。

设计速度与初始运行速度 v_0 间的对应关系表　　表 3-1

设计速度(km/h)		60	80	100	120
初始运行速度 v_0	小客车	80	95	110	120
	大型货车	55	65	75	75

(2)直线段

当初始运行速度 v_0 小于期望运行速度时，车辆行驶为变加速过程，直至达到稳定的期望车速后，车辆匀速行驶。对于平直路段上车辆的加速过程，按式(3-1)和表 3-2 测算车辆在直线上的运行速度。

$$v_s=\sqrt{v_0^2+2aS} \tag{3-1}$$

式中：v_s——直线段上的期望速度，m/s；

v_0——驶出曲线后的运行速度，m/s；

a——车辆的加速度，m/s²；

S——直线段长度，m。

平直路段上推荐加速度值见表 3-2。

平直路段上期望运行速度和推荐加速度值　　表 3-2

项　　目	小　客　车	大　型　货　车
期望运行车速 v_e(km/h)	120	75
推荐加速度值 a_0(m/s²)	0.15～0.50	0.20～0.25

当直线段位于两小半径曲线之间且长度小于临界值 300m 时，则将该直线视为短直线，车辆在此路段上的运行速度保持不变。

(3)小半径曲线段运行速度

对于平曲线半径小于 1 000m 的路段，分别对曲线中部和曲线出口处的运行速度进行预测。根据曲线入口速度 v_{in}、当前路段的曲线半径 R_{now} 和前接曲线的半径 R_{front}，预测曲线中部速度 v_{middle}；然后，根据曲线中部速度 v_{middle}、当前路段的曲线半径 R_{now} 和后续路段的曲线半径 R_{back}，预测曲线出口处的运行速度 v_{out}。

曲线中部速度 v_{middle} 和曲线出口处的运行速度 v_{out} 分别按表 3-3 中的速度预测模型进行计算。

平曲线上速度预测模型　　表 3-3

曲线连接形式		平曲线模型
入口直线—曲线	小客车	$v_{middle}=-24.212+0.834v_{in}+5.729\ln R_{now}$
	大型货车	$v_{middle}=-9.432+0.963v_{in}+1.522\ln R_{now}$
入口曲线—曲线	小客车	$v_{middle}=1.277+0.942v_{in}+6.19\ln R_{now}-5.959\ln R_{back}$
	大型货车	$v_{middle}=-24.472+0.990v_{in}+3.629\ln R_{now}$
出口曲线—直线	小客车	$v_{out}=11.946+0.908v_{middle}$
	大型货车	$v_{out}=5.217+0.926v_{middle}$
出口曲线—曲线	小客车	$v_{out}=-11.299+0.936v_{middle}-2.060\ln R_{now}+5.203\ln R_{front}$
	大型货车	$v_{out}=5.899+0.925v_{middle}-1.005\ln R_{now}+0.329\ln R_{front}$

(4)纵坡路段

当纵坡坡度大于或等于 3%时，可参考表 3-4 对小客车和大型货车的运行速度 v_{85} 进行修正。

特殊纵坡下各车型的运行速度修正 表 3-4

纵坡坡度		速度调整值	
		小客车	大型货车
上坡	坡度≤4%	降低 5km(h·1 000m)	按图 3-1 所示速度折减量与坡长关系曲线进行调整
	坡度>4%	降低 8km(h·1 000m)	
下坡	坡度≤4%	增加 10km(h·500m)至期望运行速度	
	坡度>4%	增加 10km(h·500m)至期望运行速度	

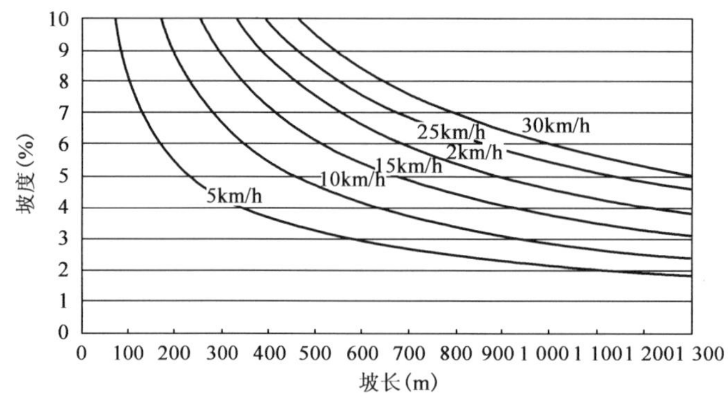

图 3-1 速度折减量与坡长关系曲线图

(5)弯坡组合路段

根据划分路段的曲线前入口速度、曲线半径和纵坡坡度,按表 3-5 计算小客车和大型货车在弯坡组合线形中点的运行速度 v_{85}。

弯坡组合线形下的运行速度预测值 表 3-5

曲线连接形式		弯坡组合运行速度预测值
入口直线—曲线	小客车	$v_{middle}=-31.67+0.547v_{in}+11.71\ln R_{now}-0.2i_{now1}$
	大型货车	$v_{middle}=1.782+0.859v_{in}-0.51i_{now1}+1.196\ln R_{now}$
入口曲线—曲线	小客车	$v_{middle}=0.750+0.802v_{in}+2.717\ln R_{now}-0.281i_{now1}$
	大型货车	$v_{middle}=-1.798+0.248\ln R_{now}+0.977v_{in}-0.133i_{now1}+0.23\ln R_{back}$
出口曲线—直线	小客车	$v_{out}=27.294+0.720v_{middle}-1.444i_{now2}$
	大型货车	$v_{out}=13.490+0.797\mathrm{v}_{middle}-0.697i_{now2}$
出口曲线—曲线	小客车	$v_{out}=1.819+0.839v_{middle}+1.427\ln R_{now}+0.782\ln R_{front}-0.48i_{now2}$
	大型货车	$v_{out}=26.837+0.109\ln R_{front}-3.039\ln R_{now}-0.594i_{now2}+0.830v_{middle}$

注:$R\in[125,1000)\cup[3\%,6\%]$;

v_{in}、v_{middle}、v_{out}分别为驶入曲线速度、曲中或变坡点前的速度、驶出曲线速度;

R_{back}、R_{now}、R_{front}分别为驶入曲线前、所在曲线、前方曲线的半径;

i_{now1}、i_{now2}分别为曲线前后两段的不同坡度。

二、双车道公路运行速度模型

为了研究几何线形对运行速度的影响,对从试验得到的包含各种线形下的运行速度从以下两个方面进行分析：

一方面，首先总体试验数据初始分析不考虑平曲线半径，仅分析坡度与速度间的关系，得出不同坡度对运行速度造成影响的程度，并确定影响运行速度的坡度临界值。然后，从总体试验数据中挑出运行速度受坡度影响较小或未受影响的数据，分析平曲线半径与速度间的关系，确定平曲线半径对运行速度的影响临界值。

另一方面，总体试验数据先不考虑纵坡坡度，仅对平曲线半径与速度的关系进行分析，确定平曲线半径对运行速度的影响临界值，挑出试验数据中运行速度受平曲线半径影响较小或未受影响的部分，依此对纵坡坡度与速度间的关系作分析，从而确定纵坡坡度对运行速度的影响临界值。

最后，综合考虑以上两方面分析的结果，得到半径、坡度对运行速度的影响临界值。

1. 坡度对运行速度的影响

1)上坡

(1)首先对实测数据进行筛选，用坡度为 0～13%的数据绘制坡度—速度散点图(未考虑半径对速度的影响)，如图 3-2 所示。从图中可以发现路段坡度大于或等于 7%时，速度基本不发生变化或变化很少。这是因为当坡度大于 7%后，由于受动力性能的影响，车辆只能以爬坡挡匀速前进，而且速度基本维持在一挡、二挡的最高速度。

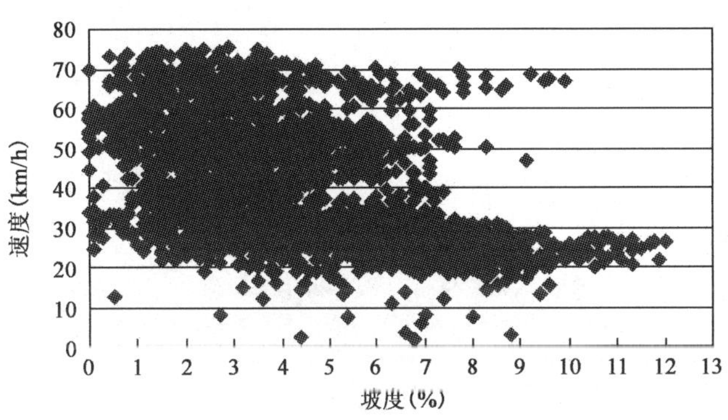

图 3-2　坡度为 0～13%时的坡度—速度散点图

(2)对坡度小于或等于 7%的数据进行分析，结果如图 3-3 所示。图中表明当坡度为 0～2%时，速度变化比较缓慢，也就是说坡度为 0～2%时对速度影响较小；当坡度超过 2%后，速度随坡度的增大而降低，变化趋势比较明显。

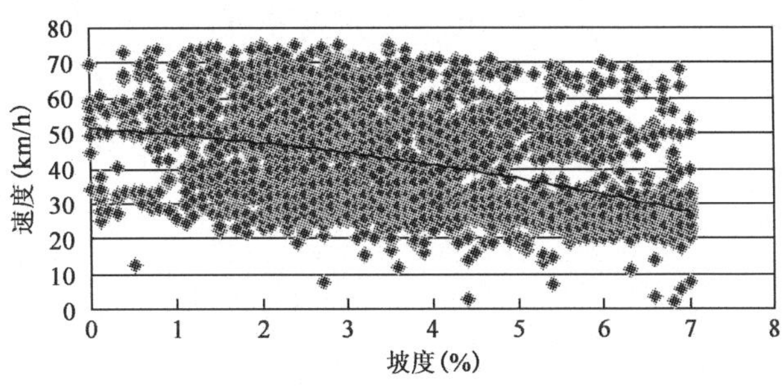

图 3-3　坡度为 0～7%时的坡度—速度关系图

(3)对坡度为0～2%的数据进行分析,如图3-4所示。当坡度在0～2%时,速度基本不随坡度变化而变化。因此,可以认为坡度0～2%为平坡路段。

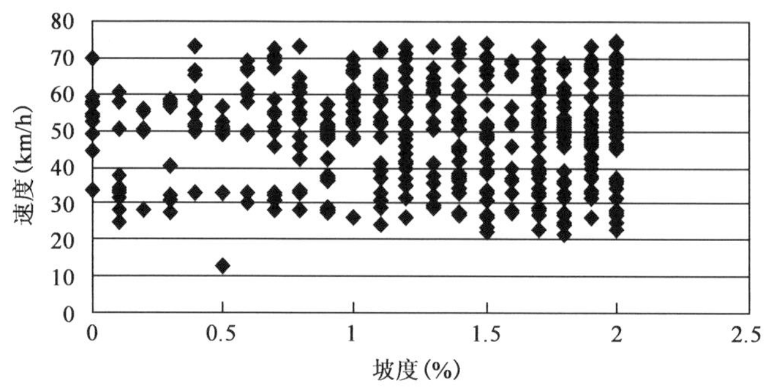

图3-4　坡度为0～2%时的坡度—速度散点图

(4)通过研究把坡度值 i 小初步分为以下3类:

①$0<i\leqslant 2\%$:坡度对速度影响很小。

②$2\%<i\leqslant 7\%$:坡度对速度有影响。

③$i>7\%$:车辆以稳爬坡速度行驶。

(5)在以上坡度分类的基础上对平曲线半径进行讨论。取坡度为0～2%的数据进行分析,如图3-5所示。从图中可以看出当半径大于600m时,速度基本不随平曲线半径的变化而变化,所以认为坡度为0～2%、平曲线半径大于600m的路段为平直路段。

所谓平直路段就是指路段上平曲线半径大于某一值、路段坡度小于某一值时,车辆的运行速度不受道路线形变化的影响,在运行速度分析时把这类路段作直线路段处理。

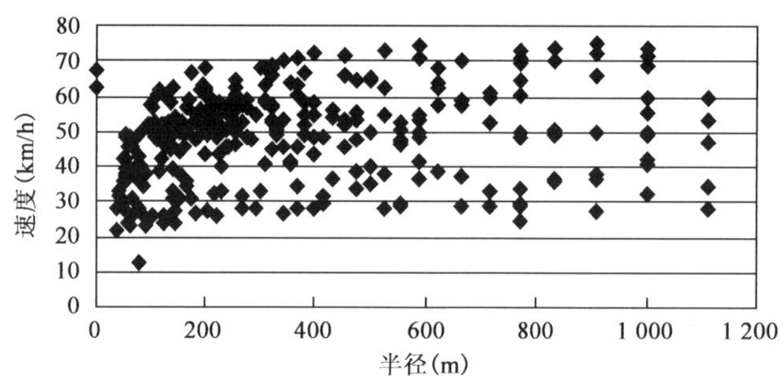

图3-5　坡度为0～2%时的平曲线半径—速度散点图

(6)对平曲线半径小于或等于600m的数据进行分析,如图3-6所示,总体趋势是速度随平曲线半径的增加而增加。

通过分析得到,在上坡路段,坡度大于2%、平曲线半径小于或等于600m时,线形对运行速度影响明显。

2)下坡

(1)在不考虑平曲线半径影响的情况下,对下坡速度数据进行分析,如图3-7所示。

从图3-7所示坡度与速度的关系可以发现,当下坡坡度为−2.5～0.5%时,速度基本不随坡度变化;当坡度陡于−2.5%时,速度随坡度而变化。

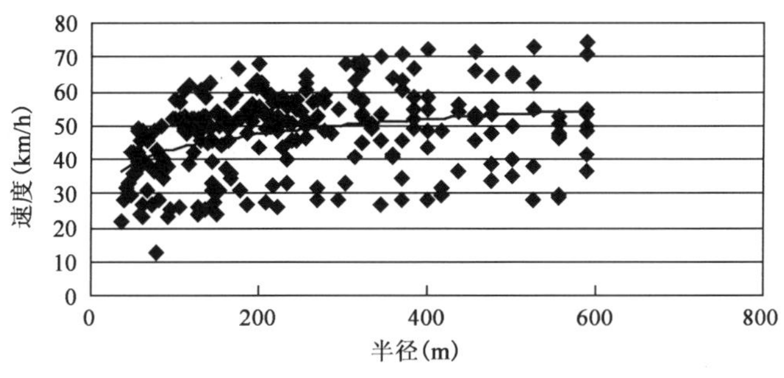

图 3-6　坡度为 0～2%时的平曲线半径—速度关系图

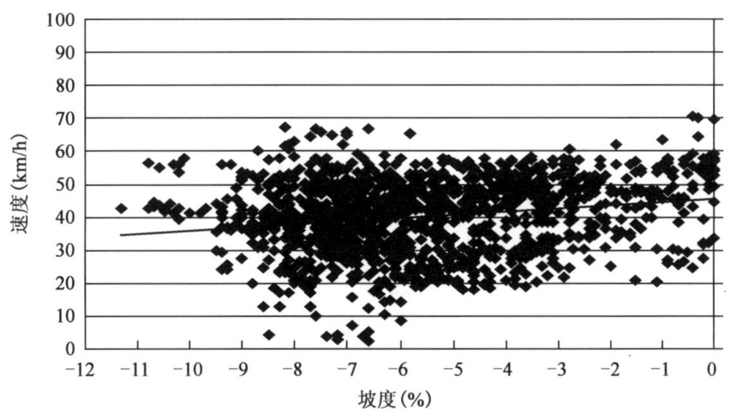

图 3-7　下坡路段坡度—速度的关系图

(2)在坡度分析基础上，分析平曲线半径对速度的影响：对坡度为 0～2.5%的平曲线半径和速度关系进行分析，如图 3-8 所示。当平曲线半径大于 600m 时，速度基本不随半径变化。

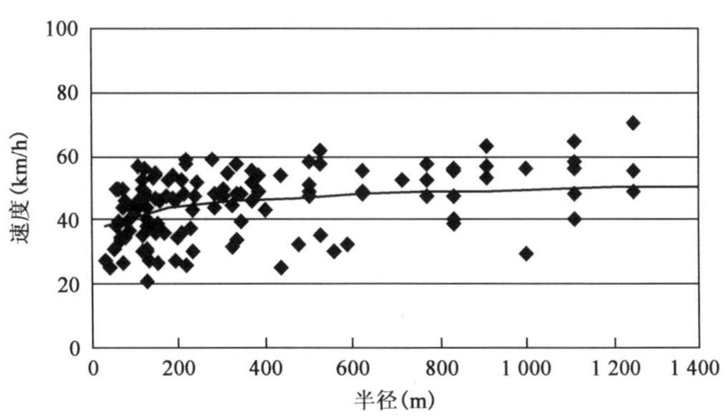

图 3-8　下坡路段平曲线半径与速度曲线图

通过分析得到，在下坡路段，坡度为−2.5%～0.5%、平曲线半径大于 600m 时，线形对运行速度没有影响。

2.平曲线半径对运行速度的影响

为了保证数据分析的可靠性，同时考虑坡度、平曲线半径对速度的影响，采用两步骤分析法来研究平曲线半径、坡度对运行速度的影响，即先考虑平曲线半径对速度的影响，在此筛选基础上，再分析坡度对速度的影响。

(1)在平曲线半径划分区间上对速度数据进行双因素回归。当平曲线半径的系数出现数量级上的较大变化时，可以认为该点是半径对速度影响作用发生变化的点。表 3-6 为不同半径区间上的回归系数。

坡度与平曲线半径对速度影响回归系数 表 3-6

R(m)	坡度系数	半径系数	常数	R(m)	坡度系数	半径系数	常数
0～20	−0.18	−0.16	24.43	350～400	−0.77	−0.04	57.94
20～40	−0.13	−0.25	16.12	400～450	−0.95	−0.01	27.90
40～60	−0.23	−0.33	13.53	450～500	−1.00	−0.05	56.62
60～80	−0.25	−0.03	29.17	500～550	−1.31	−0.03	44.38
80～100	−0.42	−0.03	21.11	550～600	−0.18	−0.01	60.75
100～120	−0.45	−0.03	34.45	600～650	−0.93	忽略	45.59
120～150	−0.47	−0.01	36.96	650～700	−0.13	忽略	47.08
150～200	−0.43	−0.03	34.16	700～750	−0.54	忽略	43.40
200～250	−0.49	−0.08	60.50	750～800	−0.57	忽略	44.95
250～300	−0.53	−0.06	58.03	800 以上	−0.68	忽略	43.42
300～350	−0.45	−0.09	53.26				

注：R 为平曲线半径，m。

从表 3-6 的系数对比可以看到，当平曲线半径大于 600m 时，平曲线半径的影响就可忽略不记了。因此，根据系数的变化，可以把平曲线半径 600m 作为对运行速度的影响临界点。

(2)在平曲线半径对速度影响分析的基础上对坡度进行分析，对平曲线半径大于 600m 的数据进行分析，上坡、下坡对速度的影响分别如图 3-9、图 3-10 所示。从图中看到数据点比较多，数据的离散程度很大。因此，用坡度对应速度关系图来分析，如图 3-11 所示。

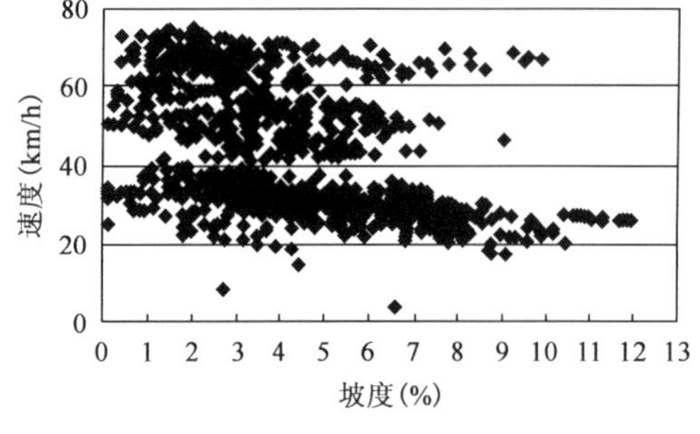

图 3-9 上坡坡度与速度的散点图

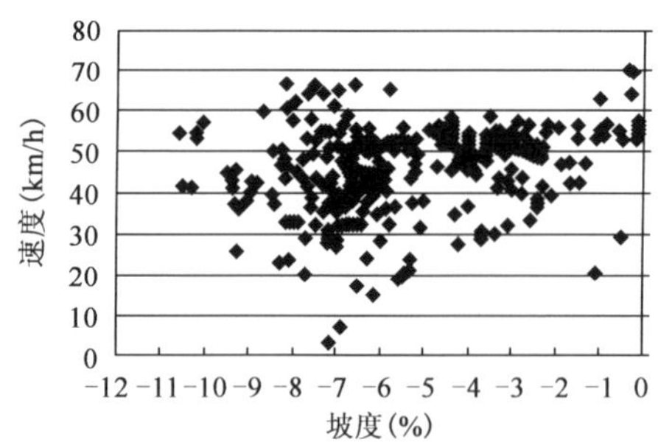

图 3-10 下坡路段坡度与速度的散点图

分析发现，坡度为－2.5%～＋2.5%时，速度基本不变，区间外速度随坡度的变化而变化。

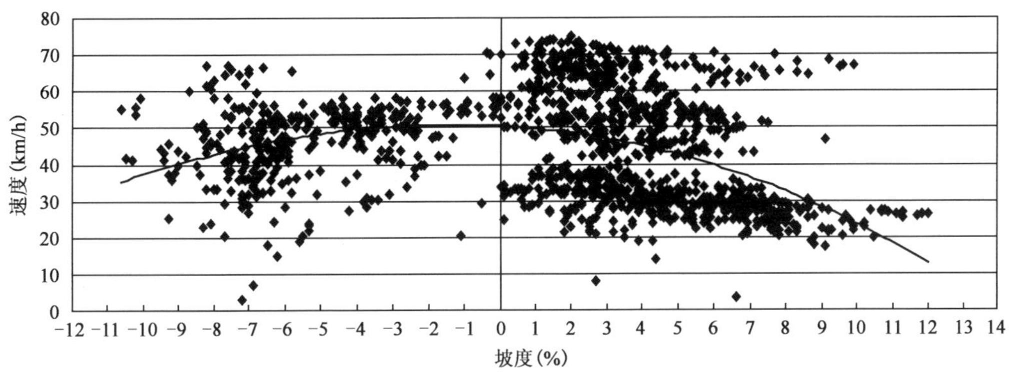

图 3-11　上坡、下坡路段坡度与速度的关系图

把坡度为－2.5%～＋2.5%的数据提取出来，如图 3-12、图 3-13 所示。从图中的数据可以看出，速度不随着坡度的变化而变化，基本是一条直线。因此，当坡度小于或等于 2.5%时，可以不考虑坡度对速度的影响；当坡度大于 2.5%时，需要考虑坡度对速度的影响。

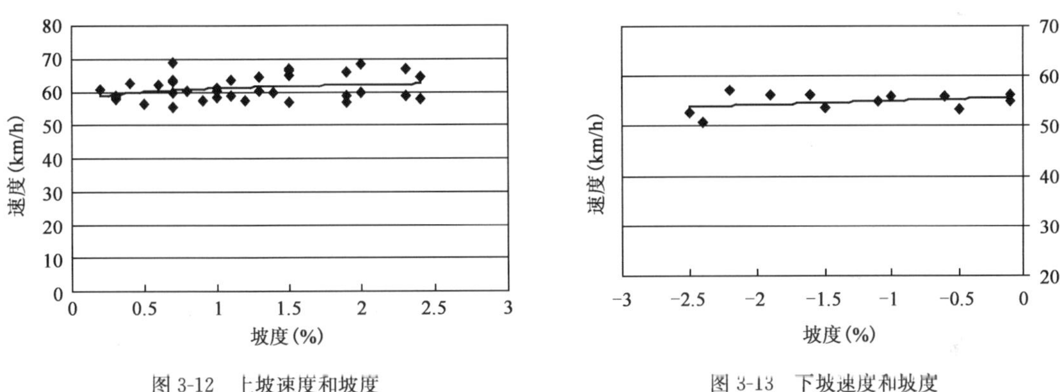

图 3-12　上坡速度和坡度　　　　图 3-13　下坡速度和坡度

综合以上结果，半径大于 600m、坡度大于 2%（大型货车）或坡度大于 3%（小客车）的上坡、下坡路段，对运行速度有影响。由此得出路段划分标准，见表 3-7。

双车道公路划分分析路段标准　　　　表 3-7

纵断面 \ 平面		半径大于 600m	半径小于或等于 600m
小客车	坡度＜3%	直线段（小于 100m 短直线段）	平曲线段（视距受限路段）
	坡度≥3%	纵坡段（视距受限路段）	弯坡组合段
大型货车	坡度＜2%	直线段（小于 100m 短直线段）	平曲线段（视距受限路段）
	坡度≥2%	纵坡段（视距受限路段）	弯坡组合段

3. 直线路段加减速模型

直线段速度取决于直线段长度、直线尽头接平曲线半径的大小以及驾驶员的期望。假定直线段两端接平曲线，车辆在曲线上行驶时速度保持匀速，车辆加速、减速发生在直线段。

直线段加速、减速情况一共有以下几种：

(1)直线段长度大于加速到期望速度长度与从期望速度减速到曲线速度的长度之和。此时，车辆能够加速到期望速度，并保持一段距离。

(2)直线段长度小于加速到期望速度长度与从期望速度减速到曲线速度的长度之和，而且直线段长度大于从出口曲线到入口曲线间的减速段长度。此时，车辆不能加速到期望速度。

(3)直线段长度等于从出口曲线到入口曲线间的长度。此时，车辆出曲线就开始减速直至进入下一曲线。

(4)直线段长度小于从出口曲线到入口曲线间的减速段长度。此时，车辆减速度大于情况(3)。

(5)直线段长度大于或等于从出口曲线到入口曲线间的加速段长度。当直线段长度等于加速段长度时，车辆出曲线就开始加速直至进入下一曲线；当直线段长度大于加速段长度时，同情况(1)或情况(2)。

(6)直线段长度小于从出口曲线到入口曲线间的加速段长度。此时，车辆进入曲线的速度由加速度决定。

为了简化分析，假定上述过程为匀加减速过程，即加速度、减速度保持不变。通常，加速度、减速度保持在 $1.0 \sim -2.0 \mathrm{m/s^2}$。根据运动学公式，可以得出各加速、减速路段的长度。

研究表明，车辆加速度与车辆速度、期望速度及车辆的最大加速性能有关，即：

$$a = a_0\left(1 - \frac{v}{v_s}\right) \tag{3-2}$$

式中：a——加速度，$\mathrm{m/s^2}$；

a_0——车辆的最大加速度，$\mathrm{m/s^2}$；

v——速度，m/s；

v_s——期望速度 m/s，小客车取 100km/h，大型货车取 70km/h。

4. 平曲线路段运行速度模型

根据对圆曲线运行速度特征分析，取平曲线路段运行速度取圆曲线入口处速度 v_1、圆曲线中点速度 v_2、圆曲线出口速度 v_3 三个点为特征点。通过回归分析，建立三者之间的关系如下：

小客车：

$$v_2 = 5.25 - \frac{820}{R} + 0.021L + 0.85v_1 \tag{3-3}$$

$$v_3 = 19.19 - \frac{41}{R} + 0.00047L + 0.75v_2 \tag{3-4}$$

大型货车：

$$v_2 = -1.41 - \frac{453}{R} + 0.00585L + 1.04v_1, R^2 = 0.79 \tag{3-5}$$

$$v_3 = 7.14 - \frac{506}{R} + 0.105\sqrt{L} + 0.83v_2, R^2 = 0.76 \tag{3-6}$$

式中：R——所在路段平曲线半径，m；

L——曲线长，m；

其余符号含义同前。

受视距影响路段模型如下：

$$v_2 = 97.27 - 0.034v_1 - \frac{2\,398.69}{R} - \frac{775.78}{\text{ASD}}, R^2 = 0.76 \tag{3-7}$$

其中，视距 ASD 可按下面的方法计算：

当圆曲线长度大于视距时：$\text{ASD} = 2\sqrt{BR}$

当圆曲线长度小于视距时：$\text{ASD} = L_C + \frac{B - 2R[1 - \cos(\alpha_C/2)]}{\sin(\alpha_C/2)}$

式中：L_C——圆曲线的长度，m；

B——路基宽度，m；

R——圆曲线半径，m；

α_C——圆曲线中心角，(°)。

5. 纵坡路段运行速度模型

根据车辆在纵坡上行驶的运动学方程分析得到：上陡坡时，车辆速度主要受车辆当前使用的功率及扭矩的综合影响；下陡坡时，车辆速度主要受制动能力限制；缓坡至中等坡度时，车辆速度主要受驾驶员的意愿影响。

纵坡上车辆的力平衡方程为：

$$(f+i)gvm + KFv^3 + \delta vma - \overline{P}_U = 0$$

$$a = \frac{\overline{P}_U}{\delta vm} - \frac{(f+i)g}{\delta} - \frac{KFv^2}{\delta m} \tag{3-8}$$

假定车辆从初速度到稳定速度为均匀的加减速过程，若预测出车辆在纵坡上的稳定速度，则可计算出加速度值。

车辆在纵坡上任一点的速度，则可以用式(3-9)求解出：

$$\frac{\overline{P}_U}{m} - \left(\frac{v_1 + v_0}{2}\right)\left[(f+i)g + \frac{KF\left(\frac{v_1+v_0}{2}\right)^2}{m} + (1+\delta)\left(\frac{v_1^2 - v_0^2}{2S}\right)\right] = 0 \tag{3-9}$$

式中：f——摩阻系数；

i——坡度，%；

m——汽车质量，kg；

K——风阻系数；

F——迎风面积，m^2；

$\overline{P}_U$——平均功率，W；

δ——车辆回转质量换算系数。

该模型适用于不受视距影响的直坡路段。

6. 弯坡组合路段运行速度模型

根据对试验数据的分析，车辆行驶在弯坡组合路段，其速度受平曲线和纵坡的共同影响。其影响为二者的线性组合，如当平曲线半径很小而坡度平缓或适中时，平曲线为主要因素，纵坡为次要因素；当纵坡很大、平曲线半径也很大时，纵坡为主要因素，而平曲线则为次要因素。

可见，在弯坡组合条件下，平曲线和纵坡的因素都对运行速度产生影响，只是组合条件不同，各自影响的程度也有所不同。本研究综合考虑了平曲线半径、纵坡坡度、竖曲线前后坡度差等因素，建立平纵组合路段的运行速度模型如下：

小客车：

$$v_2=-27.093+0.533v_1+10.161\ln R+1.040A+0.324G_2, R^2=0.98 \tag{3-10}$$

$$v_3=13.817+0.551v_1+1.457\ln R+9.674A-1.002G_3, R^2=0.97 \tag{3-11}$$

大型货车：

$$v_2=3.614+0.233v_1+8.171\ln R+1.369A-0.106G_2, R^2=0.813 \tag{3-12}$$

$$v_3=9.072+0.710v_1-0.078\ln R+10.058A-1.518G_3, R^2=0.906 \tag{3-13}$$

式中：R——所在路段平曲线半径，m；

A——前、后纵坡差值，%；

G_2、G_3——该特征点所在纵坡坡度，%；

其余符号含义同前。

第二节　基准状态修正模型

一、高速公路修正模型

1. 长大下坡模型修正

纵坡模型对于单独的纵坡是基本适用的，但是由于原有的路段划分方法，长大下坡路段往往可以分解为多个纵坡路段或弯坡组合路段，在一定程度上弱化了衔接关系非常强的长大下纵坡整段线形对运行速度的影响，现以万州—梁平高速公路大型货车运行速度计算为例进行说明。

K205+610～K217+350 在上行方向(梁平—万州)为连续长陡下坡，坡长 11.76km，平均纵坡 3.06%，大型货车预测运行速度基本在 75km/h 左右，而实际大型货车运行速度在 55～60km/h。K193+780～K203+770 段位于亭子垭与兴隆坝之间，在下行方向(万州—梁平)为连续下坡路段，平均纵坡 3.06%，大型货车预测运行速度基本在 75km/h 左右，而实际大型货车运行速度在 55～65km/h。纵坡运行速度模型对连续下坡的预测存在一定的偏差。

为了更加深入描述连续长大下坡纵坡大型货车运行速度特点，本次研究选择了四台高速连续 33.6km 的长下坡路段、西汉高速连续 22km、清连高速石潭连续 5km 长下坡作为样本，研究分析其运行速度变化趋势。

(1)当车辆在进入长下坡过程中，车辆是加速还是减速，与进入下坡前的速度有关。当开始进入下坡前速度相对于其期望的安全速度低时，驾驶员虽有在长大下坡路况的警示，但是由于长大下坡通常与长大上坡联系在一起，驾驶员在前一阶段经过长上坡，车速已经非常低了。为了在保证安全的前提下减少通行时间，在开始下坡时驾驶员会谨慎加速。相反，当开始进入下坡前速度相对于其期望的安全速度高时，驾驶员在长大下坡路况的警示下为了确保安全会逐渐减速。

(2)当车辆在长下坡过程中,车辆运行速度是个波动的过程,车辆会在重力作用下不断加速。当速度超过相对驾驶员希望的安全速度时,驾驶员适时踩制动踏板以不断控制速度,使车速基本平稳,避免车速过高。可以看出,速度曲线为波动曲线,并且最终接近平衡。

(3)由于货车的荷载不同,相对稳定速度有差别。通常车载越重,在连续长下坡过程中驾驶员的警惕性越高,速度越低。一般情况下,连续下坡路段速度值与累积坡长和坡度均有关系。据初步测定,通常平均速度为 40～50km/h,85%位速度为 45～60km/h。但是由于现有的数据采集手段和获取的数据还不足以支持各种荷载条件的建模工作,需要将来继续研究。

2. *互通立交运行速度模型*

1)互通立交区主线运行速度模型

互通区主线车辆受进出匝道的车辆干扰,运行速度有所波动。根据试验的结果,以互通前 1km、出口匝道、互通中心点、入口匝道、互通后 1km 共 5 个点作为特征点,利用测速仪进行速度调查。

对各观测点的调查速度进行处理,取各点 85%位车速,调查结果如表 3-8～表 3-10 所示。互通主线小客车、大型货车运行速度变化分别如图 3-14、图 3-15 所示。

调查互通概况　　表 3-8

序　号	互 通 名 称	互 通 形 式	主线半径(m)	互通区长度(m)
1	和云互通	单喇叭	1 500	1 190
2	浸潭互通	单喇叭	直线	1 045
3	石潭互通	单喇叭	直线	1 000
4	阳山互通	单喇叭	直线	1 120
5	宾县互通	单喇叭	直线	1 100
6	洋县互通	单喇叭	直线	1 100
7	勉县互通	单喇叭	4 690	1 000
8	汉中互通	单喇叭	5 600	1 200
9	城固立交	单喇叭	6 400	1 100
10	上元观互通	单喇叭	2 000	1 000

互通主线小客车运行速度调查表　　表 3-9

互通序号	方向	互通前 1km	出口匝道	中心点	入口匝道	互通后 1km	max(Δv_{85})
1	1	123	119	122	120	122	4
	0	117	115	117	113	112	4
2	1	122	120	121	119	117	2
	0	115	112	113	112	114	3
3	1	119	116	118	117	119	3
	0	118	117	119	118	119	2
4	1	111	109	110	108	112	4
	0	117	114	116	113	114	3

续上表

互通序号	方向	互通前 1km	出口匝道	中心点	入口匝道	互通后 1km	max(Δv_{85})
5	1	111	100	101	106	111	11
	0	99	91	90	93	95	8
6	1	118	115	117	114	117	4
	0	122	119	122	117	117	5
7	1	122	118	120	119	120	4
	0	121	118	119	118	120	3
8	1	125	122	124	124	124	3
	0	124	122	125	122	124	3
9	1	117	115	117	114	116	3
	0	116	114	114	113	114	3
10	1	112	110	111	108	114	3
	0	115	113	113	112	113	

注：Δv_{85}为相邻特征点之间的运行速度差。

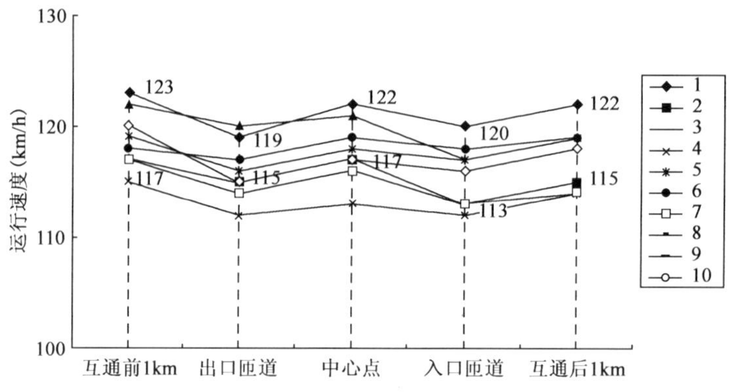

图 3-14　互通主线小客车运行速度变化趋势图

互通主线大型货车运行速度调查表　　表 3-10

互通序号	方向	互通前 1km	出口匝道	中心点	入口匝道	互通后 1km	max(Δv_{85})
1	1	76	75	75	74	75	2
	0	70	69	70	68	69	2
2	1	76	74	74	75	75	2
	0	69	68	67	68	68	2
3	1	73	72	72	74	72	2
	0	72	72	73	72	72	1
4	1	65	65	65	64	64	1
	0	64	64	62	63	62	2
5	1	75	68	64	64	70	7
	0	76	70	72	73	74	4

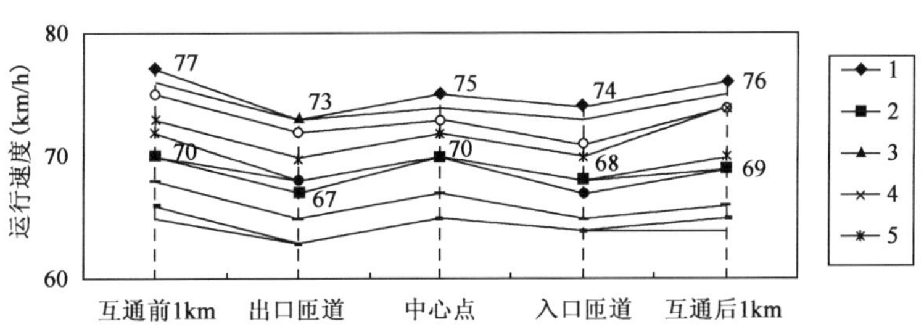

图 3-15　互通主线大型货车运行速度变化趋势图

由以上 4 个表格可以看出，对于小客车，相邻特征点之间的运行速度差最大值为 11km/h，其余均小于或等于 8km/h；对于大型货车，运行速度差最大值为 7km/h，其余均小于 5km/h。因此，可以认为，互通立交主线路段的运行速度受匝道进出车辆影响。从安全方面考虑，互通立交区运行速度在线形单元运行速度测算基础上，以互通立交中心点为特征点，根据表 3-11 进行修正。

互通立交主线运行速度修正　　表 3-11

小客车(km/h)	大型货车(km/h)
−8	−5

2)互通立交区匝道运行速度模型

图 3-16 为试验观测中的匝道车辆运行速度变化图。由调查数据可以看出，车辆在匝道上行驶速度根据变化规律可分为三段：减速段、匀速段、加速段。

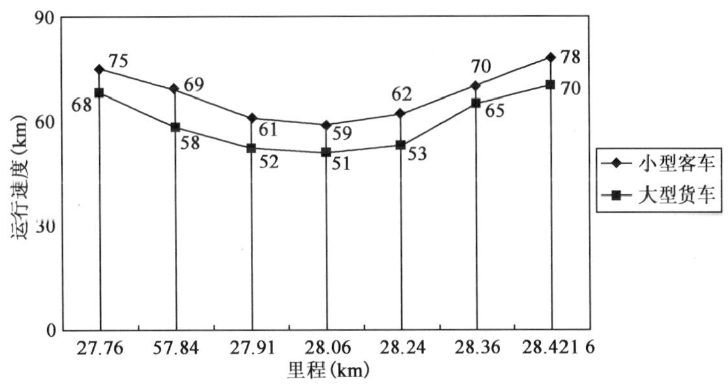

图 3-16　匝道车辆运行速度变化图

(1)减速段运行速度模型

在匝道减速段，匝道纵坡坡度对运行速度虽然有一定的影响，呈正相关关系，但影响程度有限；而曲率变化率对运行速度有较大的影响，呈负相关关系。

根据调查数据，利用 SPSS 数据处理软件进行回归分析，得到小客车、大型货车在匝道减速段的运行速度预测模型：

小客车：

$$v_{85}=74.195-4.651CCRS-1.826i, R^2=0.846 \tag{3-14}$$

式中：v_{85}——运行速度，km/h；

CCRS——曲率变化率，rad/km；

i——坡度，%。

大型货车：

$$v_{85}=65.857-3.587\text{CCRS}-0.413i, R^2=0.876 \tag{3-15}$$

式中：v_{85}——运行速度，km/h；

CCRS——曲率变化率，rad/km；

i——坡度，%。

(2)匀速段运行速度模型

根据对匝道匀速段运行速度各个影响因素的相关性分析可以得知，平曲线曲率对运行速度的相关性影响较大，选择平曲线曲率作为影响因素，对运行速度进行回归分析。

根据调查数据，利用 SPSS 数据处理软件进行回归分析，得到小客车、大型货车在匝道匀速段的运行速度预测模型：

小客车：

$$v_{85}=65.521-0.314\frac{1}{R}-0.737i, R^2=0.756 \tag{3-16}$$

式中：$\frac{1}{R}$——圆曲线曲率，1/km。

大型货车：

$$v_{85}=55.800-0.301\frac{1}{R}-0.394i, R^2=0.776 \tag{3-17}$$

式中符号意义同前。

(3)加速段运行速度模型

根据对匝道加速段运行速度各个影响因素的相关性分析可以得知，曲率变化率 CCRS 与超高两个线形指标对运行速度的相关性影响较大，因此选择 CCRS 与超高两个影响因素，对运行速度进行回归分析。

根据调查数据，利用 SPSS 数据处理软件进行回归分析，得到小客车、大型货车在匝道加速段的运行速度预测模型。

小客车：

$$v_{85}=81.706-4.523\text{CCRS}-0.381i, R^2=0.818 \tag{3-18}$$

大型货车：

$$v_{85}=75.659-4.040\text{CCRS}-0.339i, R^2=0.865 \tag{3-19}$$

3. 隧道运行速度模型

1)隧道运行速度特征点的确定

隧道具有的封闭环境对驾驶员的驾驶行为影响很大：隧道内的环境较为单调，容易造成驾驶员的视觉疲劳而放松警惕，隧道特殊的内部环境造成驾驶员的视野很小，在长大隧道路段驾驶员总有一种压抑感与烦躁心理，具体体现在行车速度的变化上。本文首先对隧道路段的速度变化规律进行了研究。

根据《公路路线设计规范》(JTG D20—2006)对于道路线形的规定，隧道洞口外连接线应与隧道洞口内线形相协调，隧道洞口外侧不小于 3s 设计速度行程长度与洞口内侧不小于 3s 设计速度行程长度范围内的平面线形应保持一致，纵面线形则要求 5s。按 100km 的时速，3s 的行程长度大约为 83m，5s 行程大约为 143m。从视距方面考虑，时速为 100km 停车视距为 160m。因此，本次试验把研究范围确定为隧道进口外 200m 到隧道出口外 100m 之间的路段。试验结束后，将隧道进口外 200m(简称 JW200)到隧道出口外 100m(简称 CW100)的车辆速度数据分别摘取出来，研究驾驶员的行车规律。本次试验的目的是找到整个隧道路段的车速变化规律。为了方便分析，首先对数据进行预处理，将每秒钟产生的十组数据分别进行加权平均，然后取平均值进行分析，结果如图 3-17～图 3-20 所示。

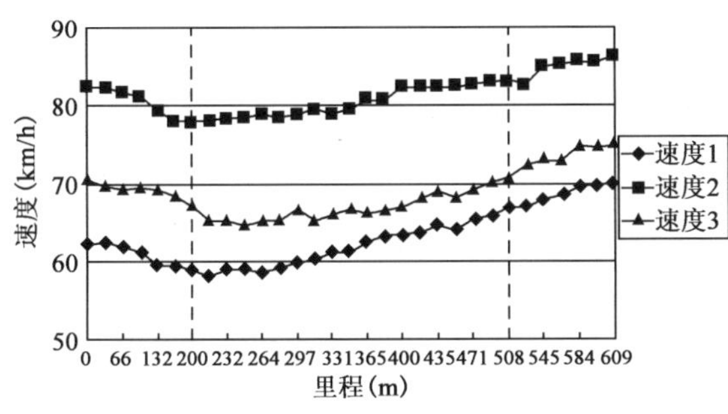

图 3-17　短隧道(310m)车速变化

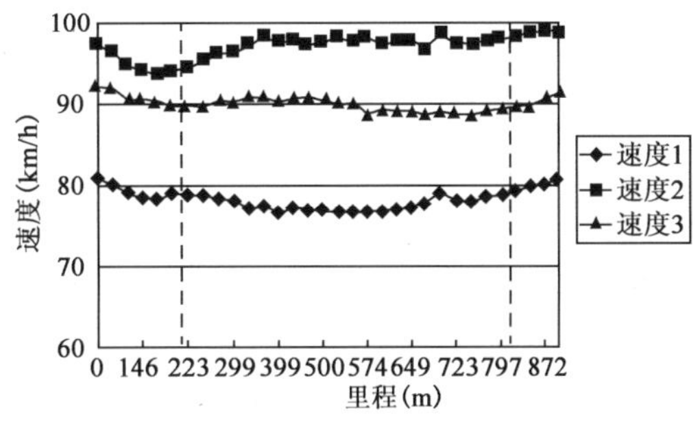

图 3-18　中隧道(597m)车速变化

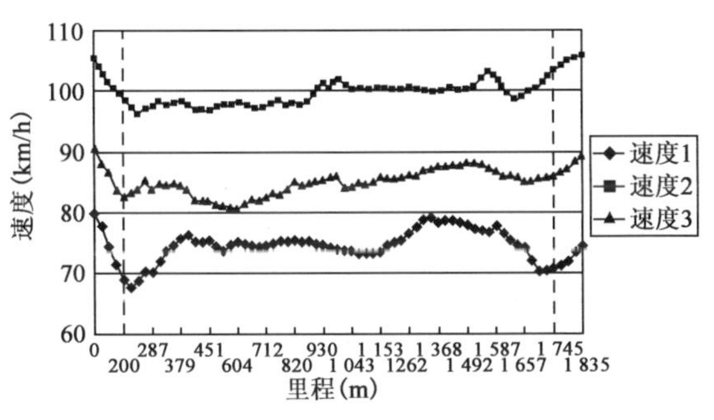

图 3-19　长隧道(1 535m)车速变化

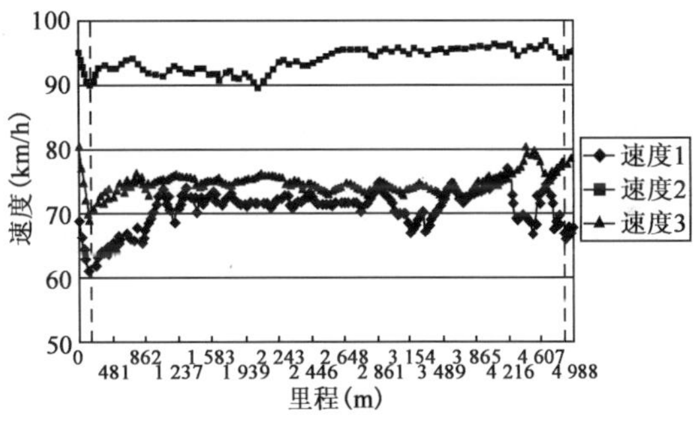

图 3-20　特长隧道(4 888m)车速变化

注：图 3-19～图 3-22 中速度 1 是驾驶员驾龄为 1 年的数据，速度 2 是驾驶员驾龄为 5 年的数据，速度 3 是驾驶员驾龄为 10 年的数据；图中两道竖线分别对应隧道进口与出口；试验时天气均为晴天，可见性良好。

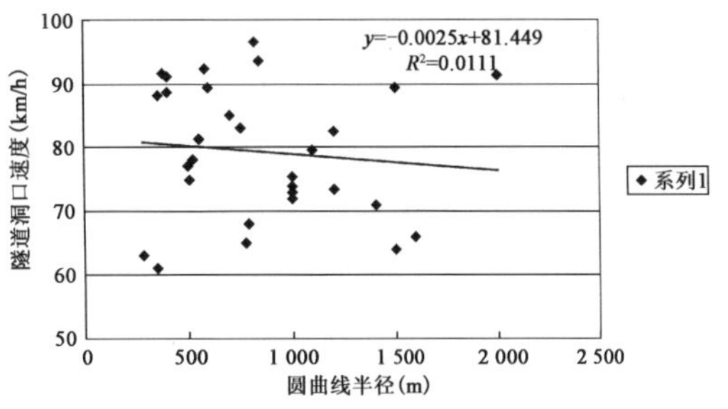

图 3-21　隧道进口速度—平曲线半径散点图

由以上 4 个车速变化图可以看出，试验车在从 JW200 到 CW100 的整个区段内，车速变化有以下特征：

(1)对于长度小于 500m 的短隧道，试验车由 JW200 到进口一直在减速，减速幅度在 7km/h 左右，然后由进口直到 CW200 点，试验车一直处于缓慢加速状态。可以说，短隧道除在进口处对试验车的速度有影响外，基本不影响试验车的速度。同时，由于 7km/h 左右的速度差小于 10km/h，因此从公路路线设计一致性方面来讲，短隧道对车辆运行速度没有显著的影响，可以考虑并入其他路段单元处理。其他短隧道运行速度的调查数据见表3-12。

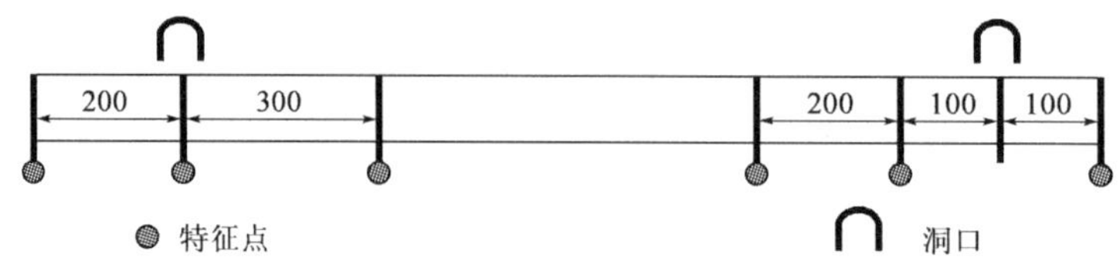

图 3-22 隧道运行速度特征点（尺寸单位：m）

短隧道运行速度调查（单位：km/h） 表 3-12

隧道序号	长度(m)	进口前200m	进口	出口	出口外200m	隧道序号	长度(m)	进口前200m	进口	出口	出口外200m
1	291	74	72	70	71	15	350	106	104	98	99
2	195	80	80	79	76	16	480	97	94	98	99
3	157	66	64	64	67	17	480	81	79	79	81
4	122	64	62	65	68	18	480	92	90	90	91
5	122	79	75	75	77	19	380	93	89	96	98
6	280	70	67	72	75	20	380	92	93	95	93
7	280	62	59	67	70	21	208	77	72	68	72
8	280	82	78	83	86	22	208	77	74	74	75
9	390	83	81	90	91	23	248	79	80	83	84
10	270	90	90	87	89	24	248	79	80	77	79
11	270	96	94	99	100	25	427	79	79	82	79
12	460	92	87	80	83	26	427	66	63	75	75
13	460	78	75	76	79	27	470	89	87	82	83
14	350	92	91	93	93	28	470	91	89	85	81

(2)对于中长隧道，试验车由 JW100 到进口速度剧烈下降；在进入隧道后，车速逐渐上升，直到隧道进口内 300m 左右达到相对稳定；然后试验车以稳定速度行驶，直到隧道出口前 200m 左右，试验车的速度开始较快下降，到隧道出口前 100m 左右达到速度最低点；随后试验车加速行驶出隧道。进出口的车速变化与文献中描述车辆在隧道入口处表现明显的减速，而在隧道出口一般表现为加速的过程相一致。

(3)对于特长隧道，试验车由 JW100 到进口速度急剧下降，隧道进口处速度降到最低值；进入隧道后，试验车速度缓慢上升直到进入隧道 300m 左右达到相对稳定；然后试验车速度以稳定速度行驶，直到出口前 300m 处，试验车速度突然升高，接着速度急剧下降，到隧道出口前 100m 试验车速度降到了最低；随后试验车加速行驶出隧道。

(4)将长隧道与特长隧道相对比，可以发现，试验车在特长隧道里面速度变化幅度较大，特别是隧道出口前 300m 左右这一路段。分析其原因，经过隧道里面长时间的行驶，驾驶员希望尽快驶出隧道，在隧道出口前 300m，驾驶员可以看见隧道出口的亮光，因此有加速驶出的冲动，但是加速之后感觉有安全隐患而急剧减速，然后以较低速度驶出隧道。车速的变化在一定程度上反映了驾驶员的心理变化。

(5)无论是长隧道还是特长隧道，进口处速度下降都很多，车辆在进入隧道一段距离后，都达到了一个相对稳定的车速，并会以这个速度行驶，直到接近隧道出口。因此，可以将行车过程分为三个阶段：调整阶段(400m)、稳定阶段、恢复阶段(400m)。

对于隧道进口处的速度与线形之间的关系，项目组也进行了分析研究。将五轮仪中的速度与录像相对照，选取隧道进口处的速度，并与进口的线形相对照，做出隧道进口处的速度与平曲线半径之间的散点图(图 3-21)。

分析可得，隧道进口处的速度与线形关系不大。从趋势图上看，相关系数仅 0.01 左右，可以认为，隧道的进口速度与道路线形相关性较小，在建立模型过程中不作为独立因素考虑。

通过以上分析可以得出结论，短隧道对车速的影响有限，在路线设计安全性评价时可以按分段方法将其并入其他路段单元。除短隧道外，其余隧道车速变化幅度较大。根据试验结果，初步选择速度趋势明显变化的 JW200(对应速度 v_0)、进口(JK，v_1)、进口内 300m(VJN300，v_2)、出口前 300m(CN300，v_3)、出口前 100m(CN100，v_4)、CW100(v_5)共 6 个特征点进行研究，如图 3-22 所示。因为车速连续变化，6 个特征点前后互为因果关系。

2)隧道路段运行速度模型

(1)小客车

根据采集数据对 v_0、v_1、v_2、v_3、v_4、v_5 采用 SPSS16.0 统计软件进行回归分析。在 v_2 的建立过程中，注意检验 Durbin-Watson 要小于 2，保证相邻两点的残差相互独立，并检验其残差，应符合正态分布。最终得到以下关系式：

$$v_1 = 9.99v_0 - 11.07, R^2 = 0.98$$

$$v_2 = 0.82v_1 + 17.30 = 0.81v_0 + 8.22, R^2 = 0.90$$

$$v_3 = 0.88v_2 + 12.61 = 0.71v_0 + 19.84, R^2 = 0.96$$

$$v_4 = 1.07v_3 - 3.25 = 0.76v_0 + 17.98, R^2 = 0.84$$

$$v_5 = 0.71v_4 + 27.61 = 0.54v_0 + 40.38, R^2 = 0.85$$

进口速度 v_1 与 v_0 成正比关系，降低了约 10km/h。以上所有关系式最终的因变量只有一个(v_0)。根据对初速度 v_0 的调查统计，小客车 v_0 的范围为 70～100km/h。将其带入以上各式，可以得到所有研究点的取值范围，见表 3-13。

研究点运行速度取值范围 表 3-13

研究点	v_0(km/h)	v_1(km/h)	v_2(km/h)	v_3(km/h)	v_4(km/h)	v_5(km/h)
最小值	70	58.23	64.92	69.54	71.18	78.18
最大值	100	87.93	89.22	90.84	93.98	94.38

可以看出，假设将相邻两个研究点之间的路段划分为不同的路段单元，以 10km/h 的速度差为临界值，只有 v_1 与 v_0 之差超过了标准，达到 12.7km/h，其他相邻路段才满足要求。根据隧道内运行速度的特征分析，v_2 是一个相对稳定的数值，隧道进出口 300m 以内，车辆一直以 v_2 近似匀速行驶，v_2 应作为一个特征点存在。因此，在不影响判断结论的前提下，考虑去除研究点 v_3。然后，对 v_4 重新进行回归，得到：

$$v_4=1.01v_2-5.13=0.82v_0+4.06, R^2=0.75 \tag{3-20}$$

也就是说，隧道接近出口的速度比隧道内的稳定速度低近 5km/h，不影响路线协调性的判断。为方便应用，特征点 v_4 可以考虑除去。同样，对 v_5 与 v_2 进行回归：

$$v_5=0.91v_2+14.77=0.74v_0+22.25, R^2=0.91 \tag{3-21}$$

最终确定取 v_1、v_2、v_5 三个点作为长大隧道运行速度特征点，因变量取 v_0：

$$v_1=0.99v_0-11.07, R^2=0.98$$

$$v_2=0.81v_0+8.22, R^2=0.90$$

$$v_5=0.74v_0+16.43, R^2=0.91$$

式中：v_1——隧道进口速度；

v_2——隧道内稳定速度；

v_5——离开隧道路段的速度；

v_0——前一路段单元终点的速度。

(2)大型货车

同理，根据采集数据对大型货车的 v_0、v_1、v_2、v_3、v_4、v_5 采用 SPSS16.0 统计软件进行回归分析。最终得到以下关系式：

$$v_1=0.98v_0-6.56, R^2=0.95$$

$$v_2=0.87v_1+10.35=0.85v_0+3.89, R^2=0.71$$

$$v_3=0.91v_2+10.74=0.77v_0+14.28, R^2=0.91$$

$$v_4=1.17v_3-21.85=0.90v_0+5.14, R^2=0.72$$

$$v_5=0.51v_4+37.99=0.45v_0+42.61, R^2=0.55$$

进口速度 v_1 与 v_0 成正比关系，降低了约 7.5km/h。以上所有关系式最终的自变量只有一个 v_0。根据对初速度 v_0 的调查统计，大型货车 v_0 的范围为 60～90km/h。将其带入以上各式，可以得到所有研究点的取值范围，见表 3-14。

研究点运行速度取值范围 表 3-14

研究点	v_0(km/h)	v_1(km/h)	v_2(km/h)	v_3(km/h)	v_4(km/h)	v_5(km/h)
最小值	60	52.24	54.89	60.48	59.14	69.61
最大值	90	81.64	80.39	83.58	86.14	83.11

可以看出,假设将相邻两个研究点之间的路段划分为不同的路段单元,按照 10km/h 的速度差为临界值,v_1、v_2、v_5 与 v_0 之差接近标准,其他相邻路段均满足要求。根据隧道内运行速度的特征分析,v_2 是一个相对稳定的数值,隧道中间路段车辆一直以 v_2 近似匀速行驶。因此,在不影响判断结论的前提下,因为 v_2 与 v_3 之间差值较小(小于 5km/h),可以考虑去除研究点 v_3。然后,对 v_4 重新进行回归,得到:

$$v_4 = 0.85v_2 + 7.01 = 0.37v_0 + 43.63, R^2 = 0.75 \tag{3-22}$$

将 v_0 取值范围带入其中,与稳定速度 v_2 相比,速度差值也是小于 5km/h。同样,可以考虑去除 v_4。隧道出口外速度变化较大可能是隧道外的线形变化较大的缘故。因此,可以得出结论,隧道出口的安全性要大于隧道入口,是因为视觉的暗适应比明适应对驾驶员的影响更大一些。最终确定取 v_1、v_2 两个点作为长大隧道运行速度特征点,自变量取 v_0:

$$v_1 = 0.98v_0 - 6.56, R^2 = 0.95$$

$$v_2 = 0.85v_0 + 3.89, R^2 = 0.71$$

$$v_5 = 0.45v_0 + 42.61, R^2 = 0.55$$

式中:v_1——进口处运行速度;

v_2——隧道内的稳定运行速度;

v_5——离开隧道的运行速度;

v_0——前一路段单元终点的速度。

二、一级公路修正模型

一级公路是一类比较特殊的公路,国外没有一级公路概念,相似的公路称为多车道公路。在我国公路分类体系中,一级公路是介于双车道公路和高速公路之间的,供汽车分方向、分车道行驶,并可根据需要控制出入的多车道公路。

一级公路与高速公路相比,在线形指标要求和设计速度方面的差异并不显著,线元对运行速度的影响与高速公路基本一致,但一级公路由于部分控制出入,具有与高速公路不同的运行规律。本项目研究参考了国外对多车道公路的研究,对比了一级公路与高速公路的差异情况,考虑了我国特有的一些特点,将一级路速度预测模型的思路确定为:路段划分和线形影响模型仍然采用高速公路模型,出入口和路侧干扰等作为影响因素,对路段的运行速度进行折减或修正。

1.路侧干扰对运行速度的影响

我国的公路交通与西方发达国家相比,突出的问题是路侧交通问题。西方发达国家的机动化程度非常高,很少有自行车、农用车在路肩行驶,而这种现象在我国是非常普遍的。我国一级公路勘测设计的原则规定公路一般都不穿越城镇,而是通过修建连接线实现服务城镇的功能。很多地区的一级公路在修建时路侧开发都非常低,设计时多没有采用封闭措施。随着地区经济的发展，当地政府和居民在“路通财旺”的指导思想下，使公路两侧的土地联片开发，路边产业迅速发展，公路两侧的生产、生活、服务设施大量聚集，行人、自行车、慢速车辆等交通对道路设施的需求大量增加。这些交通对主线车流的干扰严重影响了公路的运行速度与服务质量。

主路外侧车道车辆受摩托车、农用车等慢速车辆和辅路（硬路肩）交通的影响相对较大。这些慢速交通多数都在路肩上行驶，少数进入外侧行车道行驶，其速度与主线交通的速度存在很大的差异。这里将它们对于主线机动车交通产生的影响看作一种路侧干扰，而不作为机动车交通类型。一级公路与高速公路相比，差异之一是更加复杂的交通组成和路侧开发造成的影响。因此，为将这两种因素造成的影响进行具体的量化，特综合这两种因素提出路侧干扰的定义。

一级公路的路侧干扰是指：在主路与辅路（硬路肩）为非物理分割条件下，行人、自行车、农用车等高速公路上禁止的交通方式，对一级公路其他车辆在外侧车道行驶过程中造成的影响。

在实际分析中，为了方便应用，构造了路侧干扰变量 FRIC，计算公式如下：

$$FRIC = 0.129bic + 0.164psv + 0.185tra + 0.148ped + 0.171smv + 0.202mot \tag{3-23}$$

式中：FRIC——路侧干扰变量；

bic——自行车数量；

psv——路侧停车数量；

tra——慢行车辆数量；

ped——行人数量数量；

smv——非机动车数量；

mot——摩托车数量。

路侧干扰变量，代表单位时间内观测断面内 200m 范围内发生的路侧干扰的加权频数，公式中的每一项干扰是指在观测时段内实际发生的干扰数量。在高速公路与一级公路的理想条件下，平直路段的运行速度认为是 120km/h，对应的停车视距为 210m；一级公路的最高设计速度为 100km/h，对应的停车视距为 160m。综合这两个方面的因素，将路侧干扰的试验范围设置为 200m。同时，为了方便应用，表 3-15 给出了不同的路侧干扰等级的定性分级及其对应的公路两侧用地性质。

路侧干扰等级分级表 表 3-15

路侧干扰等级	路侧干扰因素加权值	公路两侧用地性质
0	0～50	两侧为农田或山体峡谷等
1	50～100	有稀稀落落的农舍，少量行人出入
2	100～150	有少量行人、车辆出入，有加油站、小店铺等
3	>150	路侧街道化严重，存在居民区、商业中心等，出入行人和车辆较多

为了验证干扰强度等级划分的合理性，特选择 7 条一级公路路段作为研究对象。将不同等级路侧干扰对运行速度的影响情况进行分析（干扰强度涵盖所有范围），观测点的具体情况见表 3-16。

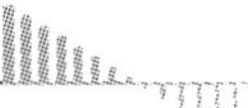

路侧干扰强度影响分析观测点道路交通情况　　表 3-16

观测地点编号	路况说明	路侧干扰强度等级
SEC-3	干线公路乡村地区无干扰	0
SEC-4	干线公路乡村地区无干扰	0
SEC-5	干线公路乡村地区少干扰	1
SEC-6	集散道路轻微干扰	1
SEC-7	集散道路中等干扰	2
SEC-8	集散道路中等严重	2
SEC-9	集散道路干扰严重	3

路侧干扰强度对主线运行质量的影响主要体现在其对主线外侧车道运行速度的干扰。通常，路侧干扰强度不同，其对主线交通的影响也是不同的。干扰强度等级越高，影响也越大。为了证明这一点，选择 4 个不同路侧干扰强度等级的路段进行速度方差分析，如表 3-17、表 3-18所示。

不同路侧干扰强度等级的交通流运行速度的方差分析　　表 3-17

组	干扰等级	均值	数量	标准偏差	最小值	最大值
1	0	84.5	781	15.0	18.3	129.5
2	1	82.8	275	15.1	26.7	111.8
3	2	77.3	302	13.2	12.7	111.8
4	3	71.7	417	13.9	11.1	82.6
综合	—	79.0	1775	15.3	11.1	129.5

方差分析结果　　表 3-18

项　目	平　方　和	自　由　度	均　　方	*F*	Sig.
组间	49 193.1	3	16 397.7	78.1	0
组内	371 503.7	1 771	209.7		
综合	420 696.9	1 774			

方差分析的结果显著性为 0。这证明了先前的假设，即不同路侧干扰强度等级的自由流速度均值是不同的。然而，由于车辆、驾驶员等因素的不同，运行速度的分布也是不同的，为了研究自由行车速度的变化趋势，对运行速度进行速度累积频率变化分析。

图 3-23 是所有路段的外侧车道运行速度累积曲线图。从上述不同路侧干扰强度等级的运行速度均值差异性分析可知，在干扰强度等级较低的情况下，运行速度均值差异非常小。但是当路侧干扰强度等级较高时，运行速度的均值差异性是非常明显的。

对试验数据分析，得出不同路侧干扰对运行速度影响的关系曲线，如图 3-24 所示。

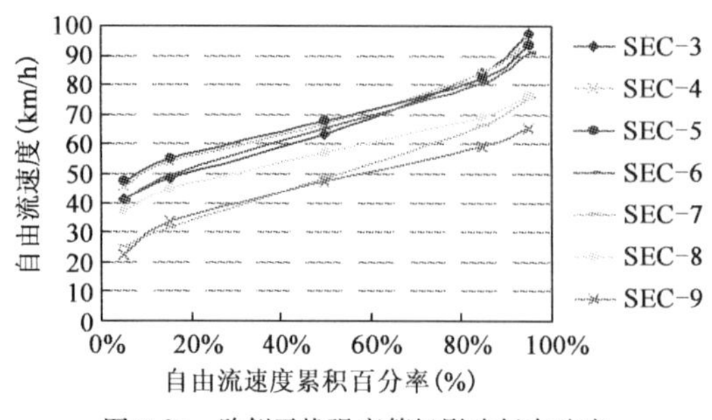

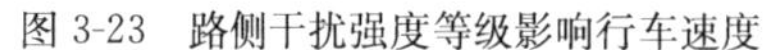

图 3-23　路侧干扰强度等级影响行车速度

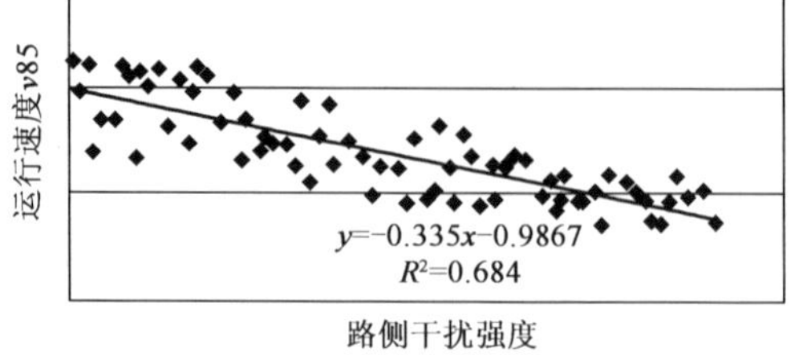

图 3-26　路侧干扰与运行速度关系图

根据关系曲线，回归得出运行速度模型：

$$v=-9.2264x+87.555, R^2=0.9261 \tag{3-24}$$

式中：x——路侧干扰等级，取 0～3。

表 3-19 为不同路侧干扰等级对应的运行速度折减。

路侧干扰强度对应的运行速度折减　　表 3-19

路侧干扰强度等级	运行速度折减 v(km/h)	路侧干扰强度等级	运行速度折减 v(km/h)
0	0	2	18.0
1	9.0	3	27.0

2. 出入口密度对运行速度的影响

出入口是公认的一级公路与高速公路的主要区别。我国一级公路的出入口控制采取的是部分控制出入，在一级公路中平交口的出现，对主线运行速度造成的影响是不容忽视的。平交口分为很多种，包括十字形交叉、T 形交叉、路侧接入口。运行速度研究的主要对象是连续流车辆，而十字形交叉等在一定程度上阻断了连续流，甚至造成间断流，因此本课题中出入口的概念是指在一级公路上，除十字形交叉和 T 形交叉以外，处于运行方向右侧，供所有交通方式自由驶进、驶出的公路开口。

出入口是一级公路上对运行速度的影响比较大的一个因素，而运行速度主要是指自由流条件下的速度累积百分率，因此这里对本研究的范围进行以下界定：首先本项目的研究对象是自由流，因此这里所提到的出入口交通的影响主要是指车辆存在于支路，在准备进入主线而又没进入主线时对主线交通造成的影响，这种影响属于潜在的冲突影响。支路交通强行进入主线，或者主线交通进入支路过程中对后续车辆造成的影响，看作非自由流条件下的影响，这里不予以考虑。其次，针对视距问题进行说明，出入口的视距问题，是影响主线运行速度的一个比较主要的因素，然而本研究的开展是建立在出入口满足视距要求的基础上进行的。

根据资料的查阅及现场观测、实地考察，初步确定本项目研究的出入口影响因素包括：出入口之间距、出入口的物理特性、出入口的交通量三个主要影响因素。将这三种影响因素进行综合，引入出入口当量化的概念。

所谓出入口的当量化是指以小于某交通量的出入口作为基准值，将大于这个基准交通量的出入口进行折减。密度是指每公里内有效出入口的当量数，本报告主要关注当量出入口密度的对运行速度的影响。

出入口对主线车流影响最大的是机动车，因为机动车辆是允许在外侧车道行驶的，因此将摩托车、拖拉机、机动车等统一考虑，从而考虑单位小时内机动车的数量对主线交通流的影响。以此为依据，根据影响情况不同，将出入口进行当量化。这里需要重点强调的是，在出入口范围内，摩托车、拖拉机按照机动车来考虑，其他非机动车交通统一按照路侧干扰来考虑，同时进行相应的运行速度折减。

每个出入口以交通量作为当量化的标准，按表3-20中的数值进行当量化，其中交通量指机动车交通量。

出入口当量化换算系数　　表3-20

出入口交通量(veh/h)	出入口当量推荐值	出入口交通量(veh/h)	出入口当量推荐值
<30	0.5	70～150	2.00
30～70	1.00	>150	3.00

对分析路段，采用当量化后的出入口数量计算出入口密度，按表3-21对运行速度进行折算。

出入口间距与速度降低比例　　表3-21

出入口密度(个/km)	运行速度降低比例(%)		
	≥100km/h	80～100km/h	60～80km/h
5.0	9.9	8.3	6.1
2.5	5.1	4.4	3.0
1.0	2.1	1.8	1.1
0.5	1.0	1.0	0.5

三、二级及二级以下公路修正模型

1.竖曲线运行速度模型

在纵断面线形设计中，车辆在变坡点附近路段的行驶过程是不顺适的，将发生冲击、颠簸，甚至阻碍视距，在转坡点处必须将前后两条相邻纵坡线用圆曲线或二次抛物线顺适地连接起来，使之适应行车的需要。这条连接两相邻坡度线的曲线叫作竖曲线。竖曲线分为凸形竖曲线和凹形竖曲线两种形式。凸形竖曲线是影响线形视觉的主要因素，常因半径取值较小而引起通视距离不足。车辆在凸形竖曲线行车时，由于竖曲线向上凸起，使驾驶员的视线会受到影响，从而对运行速度产生影响，见图3-25。

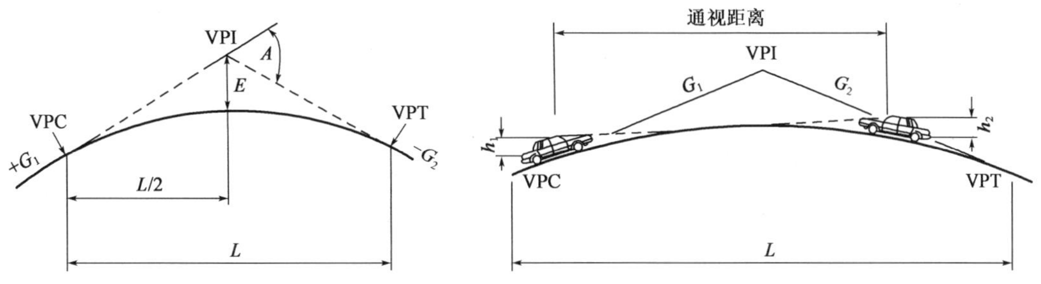

图3-25　竖曲线形视觉示意图

在公路线形设计中，竖曲线曲率 K 代表纵坡变化 1%所需的距离。

$$K = L/A \tag{3-25}$$

式中：K——竖曲线曲率，m/%；

L——竖曲线长度，m；

A——前后坡度差，%，等于前后坡度绝对值之和。

凸形竖曲线最小半径由停车视距决定，坡差和半径决定了竖曲线长度，因此，曲率 K 能够很好地代表竖曲线的几何特征。将视距与坡度关联起来，选定竖曲线曲率 K 作为主要影响因素，建立运行速度影响模型。

通过对试验数据的回归分析后，综合考虑视距、竖曲线半径、长度、坡差的运行速度模型，得到凸形竖曲线路段的运行速度模型如下：

小客车：

$$v_{crest} = -3.276 + 0.132K + 0.865v_0, R^2 = 0.94 \tag{3-26}$$

大型货车：

$$v_{crest} = -1.686 + 0.103K + 0.759v_0, R^2 = 0.94 \tag{3-27}$$

2.路侧环境对运行速度影响的关系模型

车辆在非封闭的公路环境中行驶，不仅受到几何线形影响，而且还受到路侧环境如路侧净空、街道化、路侧干扰等的影响。本项目通过研究，建立了路侧环境对运行速度的影响关系模型。

1)路侧净空对运行速度的影响

路侧净空也称路侧(安全)净区，是指由行车道外边缘到障碍物之间的区域范围。此处，障碍物指沟、渠、陡边坡、建筑物等车辆无法越过且无法返回到行车道的构筑物。路侧净空的存在一般是基于安全性考虑而设置的，在这个区域内，失控车辆可以重新返回正常行驶路线，如图 3-26 所示。

路侧净空

行车道　路肩　可恢复行车区域

1:4边坡或者更缓

图 3-26　路侧净空

基于我国人多地少的基本国情，我国的路侧净空一般只有 2m 左右，更低的甚至只有 1.5m。图 3-27a)所示为我国中西部典型双车道公路路况，边坡坡度大于 1∶2，路侧净空只有 1.5m。而在图 3-27b)所示的广袤的西部平原地区，路侧净空就显得足够宽。在这两种路况条件下，路侧净空对运行速度的影响很大。

a)

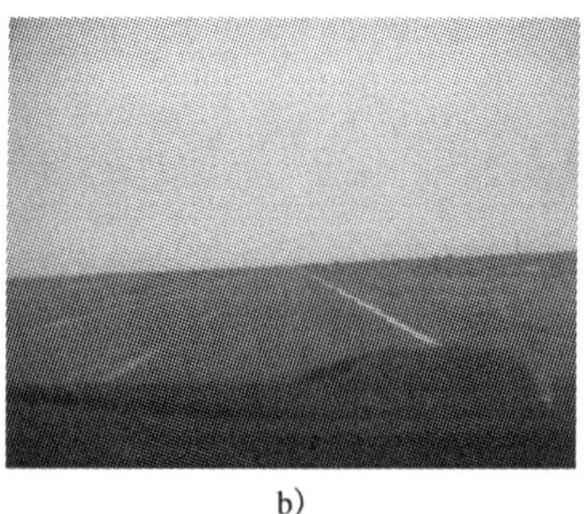

b)

图 3-27　我国典型双车道公路路况

试验中为了排除其他线形因素的干扰，研究路段均要求为长直线路段，全路段无限速措施，运行速度取自由流下的小客车 v_{85} 速度。根据要求选取了 22 条直线路段进行调查，将所调查路段路侧净空与车辆行驶速度做出散点图，见图 3-28。

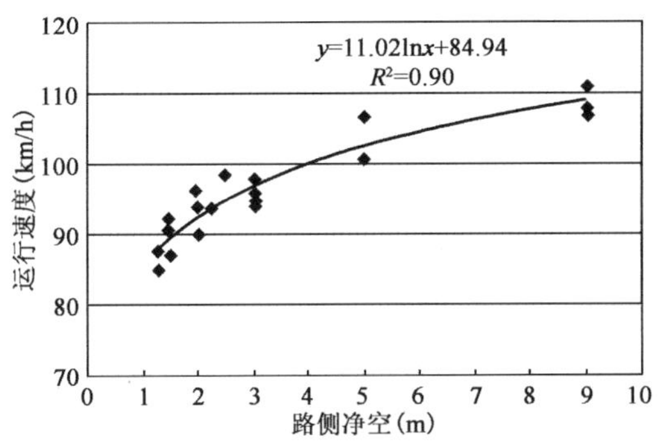

图 3-28　路侧净空与运行速度关系

注：1. 图中所选路段均为长直线路段；

2. 某些试验路段路侧平坦开阔，路侧净空统一选取为 9m

从图 3-28 中可以看出，运行速度与路侧净空之间存在对数关系。以基准道路条件(路基宽 10m，路侧净空为 0.75+0.5=1.25m)为准，路侧净空对运行速度的影响系数计算结果见表 3-22。

路侧净空对运行速度的影响系数表　　表 3-22

净空(m)	0.5	0.75	1.00	1.25	1.5	1.75	2	2.5	3	4	5	6	7	8	9
影响系数	0.88	0.93	0.97	1.00	1.02	1.04	1.06	1.09	1.11	1.15	1.17	1.20	1.22	1.23	1.25

2)出入口对运行速度的影响

出入口是车辆进入和离开道路系统的通道。出入口密度越大，出入公路越方便，反之亦然。但是，出入口的设置会将交通冲突、摩擦引入交通流，出入口处往往是交通流产生紊流的位置，出入口间距不合理，视距不足都容易诱发交通事故。另外，由于交通摩擦的存在，出入口的设置会或多或少地对正常交通流产生一定的影响，增加了行程时间，加大了延误，降低了道路的区间运行速度。图 3-29 为试验车经过 T 形交叉口时的速度变化图。

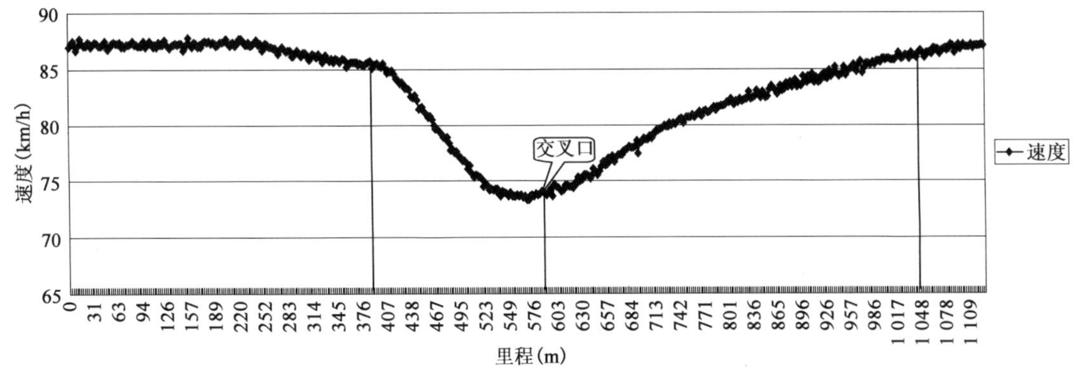

图 3-29　试验车经过 T 形交叉口时的速度变化图

为了获得由于出入口的存在而引起的延误，在试验中需要记下所研究的车辆的车牌号，对比该车经过试验路段时的速度变化。试验地点选择在路侧干扰较少的路段进行。路段道路交通情况如表3-23所示。表3-24是根据车辆在出入口处运行速度变化反算得到的延误时间结果。这些延误数据是在出入口处没有强行驶入和穿行交通的情况下得到的。

出入口延误调查试验路段概况 表3-23

观测地点编号	车道宽度(m)	小时交通量(veh/h)
SEC15	3.75	1120
SEC16	3.75	962
SEC17	3.75	762
SEC18	3.75	674

出入口引起的延误统计 表3-24

交叉口编号	平均速度(m/s)	延误时间(s)	交叉口情况
1	20.7	0.78	等外路
2	14.4	1.00	等外路
3	22.3	1.52	二级路
4	18.3	0.83	等外路
5	14.5	0.92	等外路
6	20	0.86	二级路
平均值		0.99	

从表中的数据看，出入口引起的延误相对信号交叉口引起的延误而言很小。根据表中延误数据可知，不同类型出入口对运行速度的影响差别不显著。这是由于主要道路的交通具有优先通过权，如前所述，这种延误主要是由于驾驶员的戒备心理而引起的延误。

图3-30为出入口间距与自由流速度的关系。表3-25为出入口间距与运行速度降低比例。

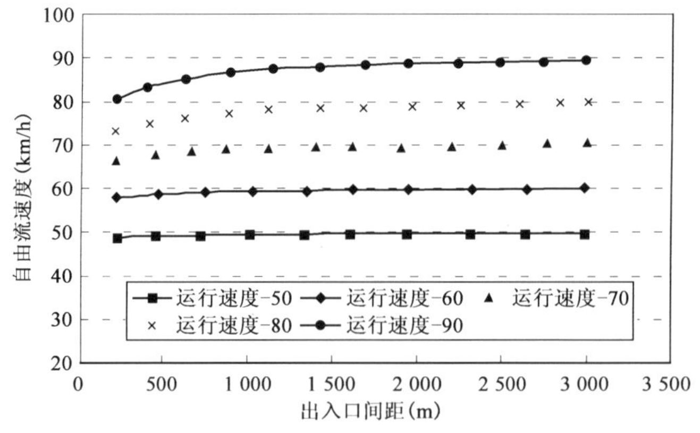

图3-30 出入口间距与自由流速度的关系

出入口间距与运行速度降低比例　　表 3-25

出入口间距(km)	出入口密度(个/km)	运行速度降低比例(%)				
		90km/h	80km/h	70km/h	60km/h	50km/h
0.2	5.0	10.6	8.5	5.9	4.0	2.8
0.4	2.5	7.2	6.5	4.3	2.8	2.0
0.5	2.0	6.4	5.7	3.6	2.3	1.6
1.0	1.0	3.2	2.8	1.7	1.2	1.0
2.0	0.5	1.6	1.5	1.0	0.7	0.6
3.0	0.3	0.6	0.4	0.3	0.2	0.1

3)街道化对运行速度的影响

公路建筑控制区是指公路两侧规定范围内,禁止修建永久性建筑的限界。《中华人民共和国公路法》第五十六条规定:除公路防护、养护需要以外,禁止在公路两侧的建筑控制区内修建建筑物和地面构筑物。《中华人民共和国公路管理条例》第二十九条规定:在公路两侧修建永久性工程设施,其建筑物边缘与公路边沟外缘的间距为:国道不少于 20m,省道不少于 15m,县道不少于 10m,乡道不少于 5m。上述相关规定对公路建筑控制区做了明确规定。

然而,随着社会经济的快速发展与城镇化步伐的加快,公路的街道化现象越来越严重。公路街道化是我国城镇化加速发展过程中特有的现象。公路的街道化体现在:公路两侧的连续建筑物侵入公路建筑控制区或者公路两侧的经济活动过于频繁,对公路的正常行车造成了较大的损害。公路的街道化的形成有两种:一种是公路修建时就是穿越城镇村庄而过;另一种是随着公路的建成通车,许多与此相关的经济活动在路边迅速展开而形成了街道化。公路的街道化总体上造成了公路等级与通行能力的下降,在一定程度上也造成了公路事故频发。

公路的街道化对运行速度造成很大影响,主要体现两点:一是连续建筑物大大缩减了驾驶员的视野,进而影响驾驶员的视距;二是公路两侧可能出现的行人及车辆对驾驶员心理造成了不安全预期,进而造成驾驶员减速通过该公路路段,见图 3-31。

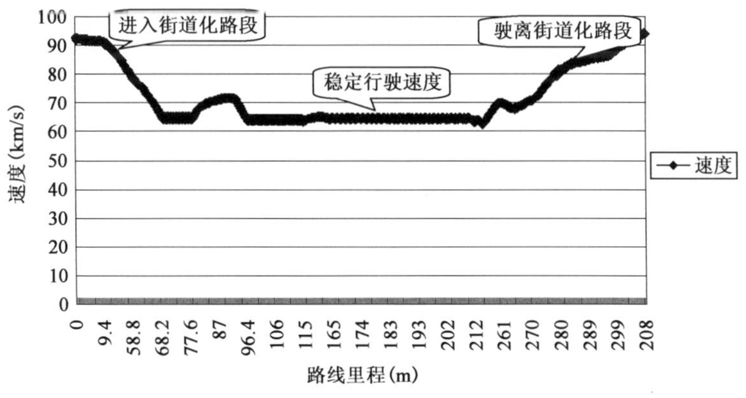

图 3-31　试验车经过街道化路段时的速度变化图

对公路街道化路段运行速度的调查主要考虑车辆的稳定速度以及公路边缘到建筑物的距离。数据处理过程中注意要去除受其他因素影响的车辆。通过对选择的 39 个路段进行调查,获得数据分析结果,见图 3-32。

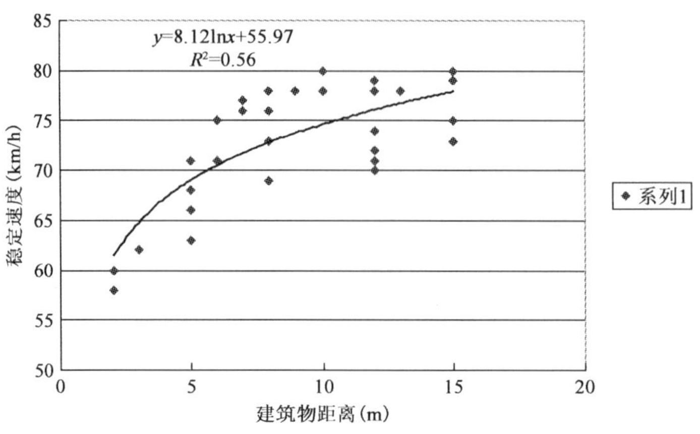

图 3-32 公路街道化路段运行速度散点图

由图 3-32 可以看出，公路街道化路段小客车运行速度与建筑物和道路边缘的距离相关。通过进一步分析可以得出，二者呈对数关系，相关系数达到了 0.56，关系模型为：

$$y=8.12\ln x+55.97, R^2=0.56 \tag{3-28}$$

由图 3-33 可以看出，街道化路段与正常路段的运行速度之间在一定程度上存在线性关系。二者的关系模型为：

$$y=0.65x+12.81, R^2=0.30 \tag{3-29}$$

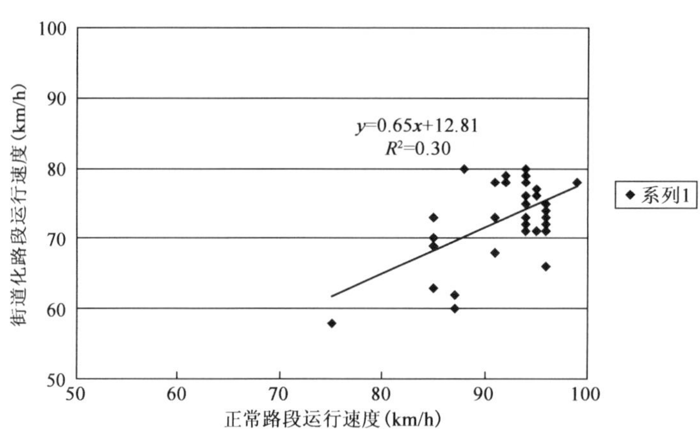

图 3-33 正常路段与街道化路段运行速度对比图

在此，无法判断街道化路段的运行速度与建筑物距离以及正常路段的运行速度之间的关系。为了更为明确地建立其间的关系模型，研究中采用了 R 分析软件对三者的关系模型进行分析，分析了街道化路段的运行速度 v 与建筑物距离 W、正常路段运行速度 v_0 之间的关系，结果如下：

Coefficients	Estimate	Std. Error	t value	Pr(>|t|)	
(Intercept)	73.9966	11.7343	6.306	2.72e−07	* * *
v_0	−0.1696	0.1313	−1.292	0.205	

lnW　　6.8159　　1.3913　4.899 2.04e−05 * * *

———

Signif. codes:　0′* * *′0.001′* *′0.01′*′0.05′.′0.1′′1

结果说明，正常路段运行速度 v_0 与街道化路段的运行速度 v 的线性相关性很低，可以忽略。直观上分析，v_0 本身与道路横断面有很强的相关性，道路横断面在一定程度上对驾驶员的超车与会车行为产生影响。而在街道化路段，驾驶员关注的是路边是否会有不安全的因素出现，对运行速度的选择主要考虑的不是道路横断面。因此，运行速度 v_0 对街道化路段影响不大，在回归中应予舍弃。

综上所述，得出的街道化路段的运行速度模型为：

$$v=8.12\ln W+55.97, R^2=0.56 \tag{3-30}$$

式中：v——运行速度；

W——路侧建筑物与土路肩外边缘距离。

4)路侧干扰对运行速度的影响

路侧干扰通常针对道路的使用主体——机动车辆来说。一般说来，机动车辆经过路肩上有其他道路使用者存在的路段时，为了安全起见，机动车通常会选择减速经过，这种现象就是路侧干扰。

路侧干扰因素包括路侧行人、停车、自行车、摩托车及三轮车。这些因素在路段上的出现是随机的。在本研究中，首先针对单个因素对行驶车辆的影响进行分析研究，然后在此基础上研究路侧干扰因素对运行速度的影响。

(1)单个因素的影响

为了获得各因素对车辆运行速度的影响，利用试验车在双车道公路上行驶，试验车顶装置GPS，可以得到试验车的实时数据。同时，在试验车上架设摄像机，注意记下录像机的开始时刻与公路上经过特征点时的时刻，并与GPS时间对应，记下录像机在试验车上的相对位置，以便数据后处理中确定试验车在车道上的位置。

试验后，首先以时间、坐标、速度格式处理GPS数据，然后通过查看录像，选择直线路段或者视线没有遮挡的大半径曲线路段(大于1 000m)，筛选出有路侧干扰路段的试验车速度，分析速度的变化情况。典型的路段速度变化情况如图3-34～图37所示。

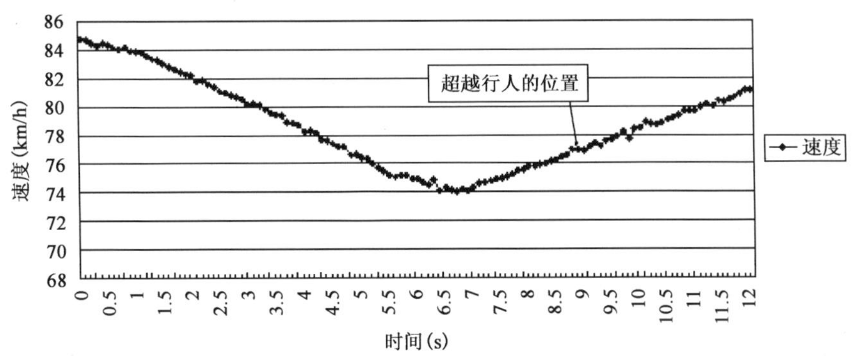

图3-34　试验车经过行人时的速度变化图

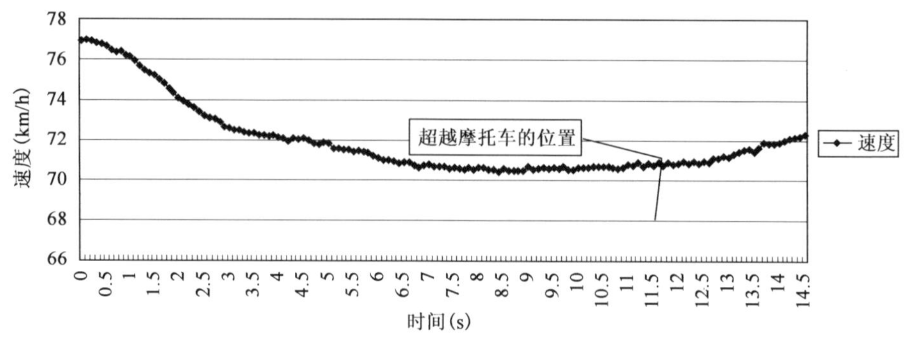

图 3-35　试验车经过摩托车时的速度变化图

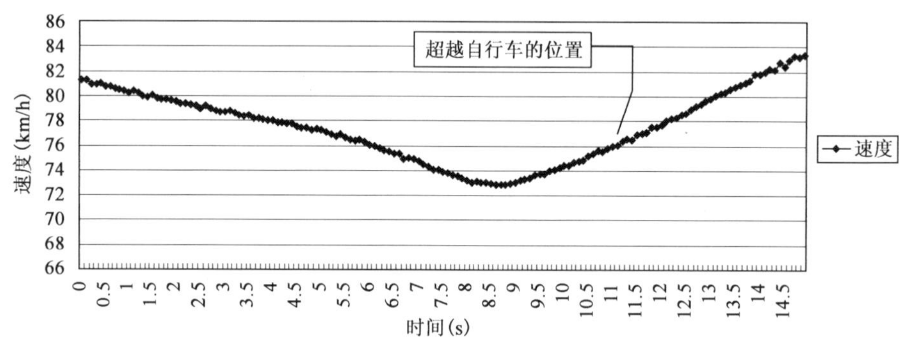

图 3-36　试验车经过自行车时的速度变化图

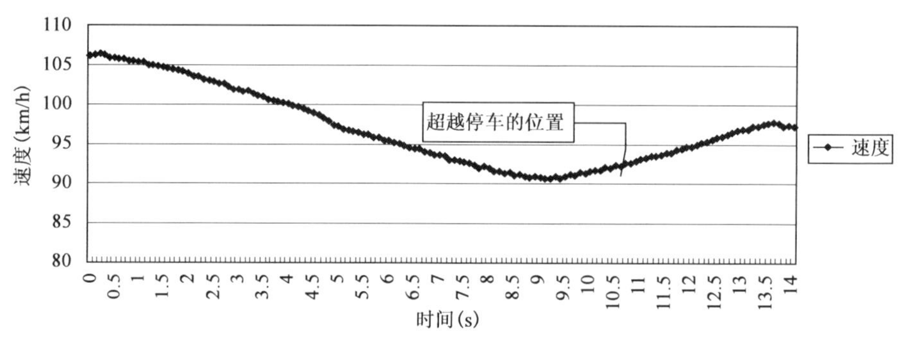

图 3-37　试验车经过路侧停车时的速度变化图

由以上各图可以分析驾驶员在经过路侧干扰路段时驾驶行为变化情况。驾驶员看到路侧有干扰物时，首先采取减速行为。在逐渐接近干扰物的过程中，驾驶员可以辨别清楚干扰物的状态，并对超越干扰物的安全状况作出判断。在保证安全的情况下，驾驶员选择加速行驶通过干扰物。也就是说，在遇到路侧干扰物时，驾驶员通常经历了减速—加速的行为过程。

把试验车在正常路段行驶时的速度记为 v_0，即车辆在看到干扰物之前的速度，把试验车在遇到干扰物时的最低速度记为 v_1，即上面各图中的最低点的速度。扩大试验范围，选取更多满足要求的试验路段，得到 v_1 与 v_0 之间的散点图(图 3-38)。

从图 3-38 可以看出，大部分的散点均处于对角线之下。也就是说，在大部分时间里，试验车经过干扰物时选择了减速行为。然而，有相当部分的散点处于对角线上或者在对角线之上，也就是说，有些时候试验车在经过干扰物时并没有减速，甚至还选择了加速行为。

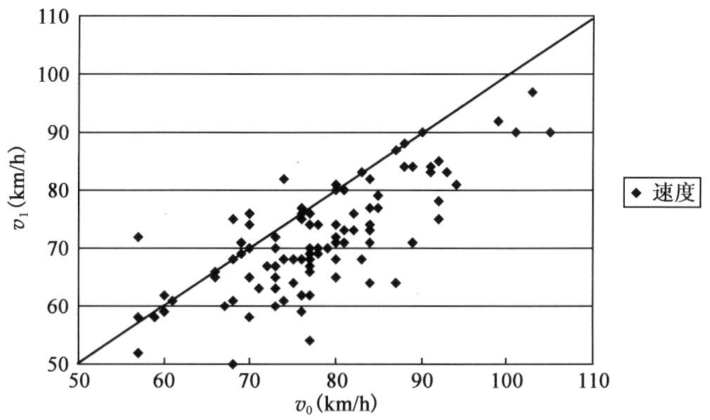

图 3-38　试验车经过有干扰路段时的 v_1 与 v_0 散点图

在驾驶过程中，驾驶员会在认为需要加速的地方加速，在需要减速的地方减速，这两条准则对绝大多数驾驶员来说是适用的。既然有相当部分的驾驶员在预想的需要“减速”的路段不减速反而还加速，这就说明在某些条件下路侧干扰对驾驶员是没有影响的。

为了进行进一步的研究，对试验车在超越路侧干扰物时的驾驶过程进行分解，如图 3-39 所示。在图中位置 1，驾驶员看到了干扰物的存在，开始减速；位置 2，试验车速度降到最低，驾驶员可以准确地判断试验车与干扰物之间的横向距离 W，对能否安全越过干扰物进行准确的判断；位置 3，试验车已经越过干扰物，运行状态恢复正常。在这个过程中，可能对车速造成影响的因素有：试验车的初速度(v_0)、超越路侧物时试验车与干扰物之间的横向间距(W)，试验车与干扰物之间的速度差($\Delta v = v_0 - v_a$)。以下分别对 v_1 与各因素之间的关系进行分析。

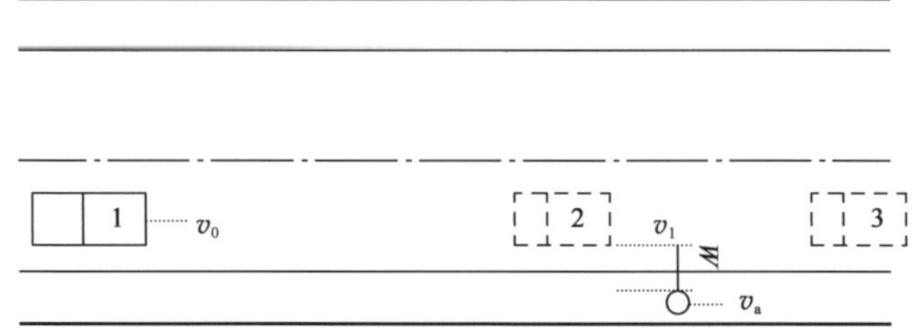

图 3-39　双车道上试验车超越干扰物时的示意图

首先，分析横向距离 W 的取值问题。横向间距 W 数值上等于试验车与干扰物平行时之间的横向距离。双车道行车道宽度一般取 3.5m 或者 3.75m，小客车车身宽度为 2.2m。考虑到在自有流情况下，驾驶员在行驶过程中往往不会位于行车道的正中心，而是偏向中心线行驶，在此假定试验车距离中心线 0.5m，距离外边线 1m。在行车道外侧，双车道公路的路肩(包括土路肩与硬路肩)宽度为 1.25m(0.75m+0.5m)或者 2.25m(1.5m+0.75m)或者更大。按最小宽度 1.25m 计算，在此假定行人或其他两轮车行驶时位于路肩中心，也就是距离行车道外边缘距离为 0.6m。两者相加 W 最小值取 1.6m，为研究方便，取为 1.5m。为了进一步研究

横向间距 W 对试验车的影响，选取上边试验时的路段，在录像上进一步确定每次试验车经过干扰物时的横向间距，需要精确到 0.5m，即分别找出间距为 1.5m、2.0m、2.5m、3.0m 等。最终的散点图 v_1、v_0 与 W 之间的散点图如图 3-40～图 3-43 所示。

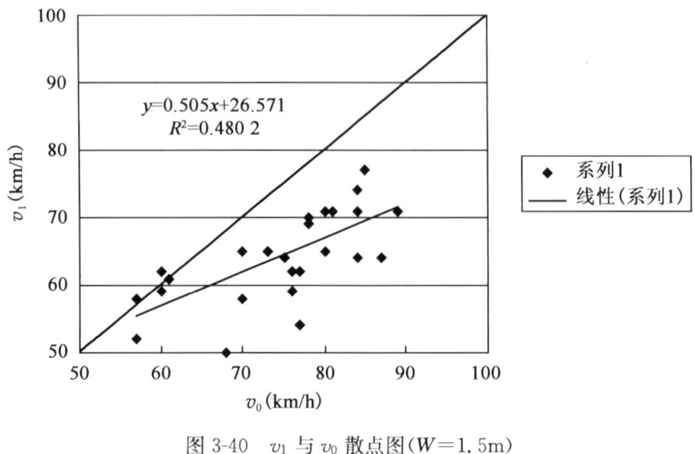

图 3-40　v_1 与 v_0 散点图(W=1.5m)

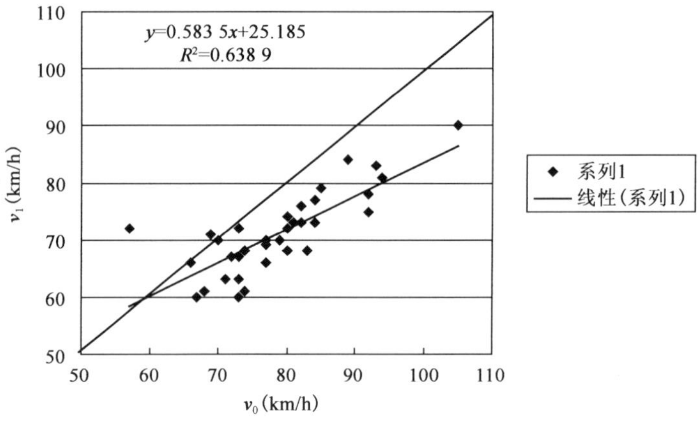

图 3-41　v_1 与 v_0 散点图(W=2.0m)

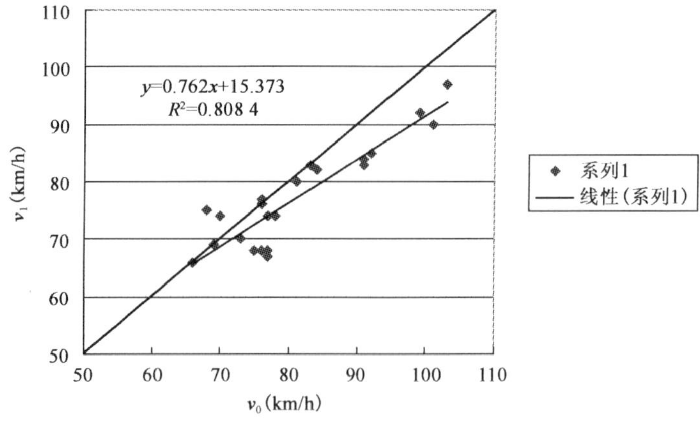

图 3-42　v_1 与 v_0 散点图(W=2.5m)

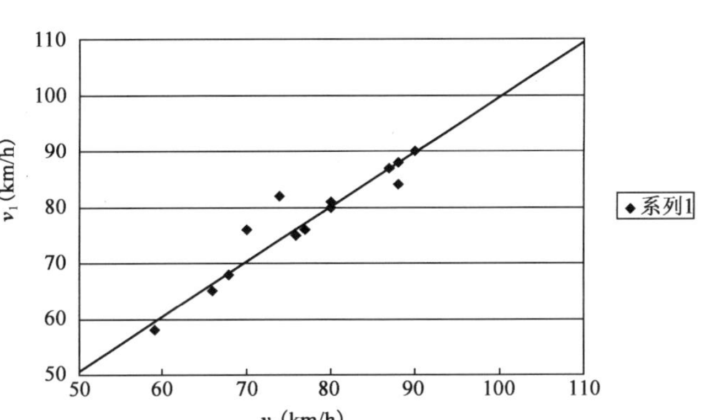

图 3-43　v_1 与 v_0 散点图($W=3.0$m)

比较以上速度散点图,可以得到以下结论:

①路侧干扰物对试验车的干扰程度与横向间距 W 有密切关系。

②试验车与干扰物之间的横线间距 W 越小,车辆的速度降低幅度越大。在 W 值为 1.5m 时,v_1 与 v_0 之间的斜率为 0.5;W 值为 2m 时,斜率为 0.58;W 值为 2.5m 时,斜率为 0.76;当横向间距 W 值增大到 3m 时,试验车已经不受路侧干扰物的影响。

③对于确定的横向间距值 W,试验车的速度变化与初速度 v_0 有关。当 $W=1.5$m 时,按 $v_1=v_0$ 的条件求出 $v_0=54$km/h,也就是说当试验车初速度 v_0 小于 54km/h 时,试验车不再受路侧干扰物的影响。同理求出 $W=2.0$m 时,$v_0=60$km/h;$W=2.5$m 时,$v_0=64$km/h;$W=3.0$m时,试验车不受干扰物的影响。

其次,考虑 v_1 与初速度 v_0、横向间距 W 以及试验车与干扰物之间的速度差 $\Delta v=v_0-v_a$(v_a 为路侧干扰物的速度,根据资料行人取 5km/h,自行车取 15km/h,摩托车取 60km/h)之间的关系。同理做出 v_1 与 Δv 之间的散点图,如图 3-44 所示。

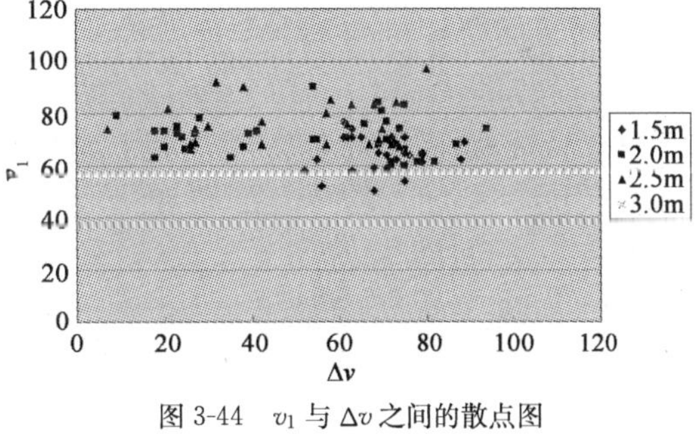

图 3-44　v_1 与 Δv 之间的散点图

从该散点图无法看出 v_1 与 Δv 之间有何关系,对该图中的分类数据进行了进一步的分析,做 W 值分别为 1.5m、2.0m、2.5m、3.0m 时的趋势图。同理可以得出,相关系数均非常小,说明 v_1 与 Δv 在数值上不存在相关性。

综上所述,试验车在经过单个路侧干扰物时,其行驶速度受车辆的初速度与横向间距 W 共同影响。其影响模型为:

$$W=1.5\text{m}, v_1=0.51v_0+26.57, R^2=0.48; \tag{3-31}$$

$$W=2.0\text{m}, v_1=0.58v_0+25.19, R^2=0.64;$$

$$W=2.5\text{m}, v_1=0.76v_0+15.37, R^2=0.81;$$

$$W=3.0\text{m}, v_1=v_0$$

(2)多因素干扰

由前文分析可以得出，试验车在遇到单个路侧干扰物时，无论是行人还是非机动车，影响试验车行驶速度的因素只有试验车的初速度 v_0 和道路能够提供的试验车与干扰物之间的横向间距 W。但是对于某个路段来说，这样的结论缺乏可操作性。比如，某个路段每小时有 n 个干扰物出现时，根据以上结论并不能推断出该路段的运行速度受干扰情况。

根据对录像中的路侧干扰范围进行统计，路侧干扰的半径一般在 150m 左右，见图 3-45。也就是说，在距离干扰物 150m 左右的时候试验车就开始减速了。为研究方便，首先将范围限定在长 200m 的直线路段上，路肩宽度为最小值，1.25m(0.75m+0.5m)。假定在干扰物的到达服从泊松分布，到达率行人为 n_1，自行车为 n_2，摩托车数量为 n_3，停车为 n_4。

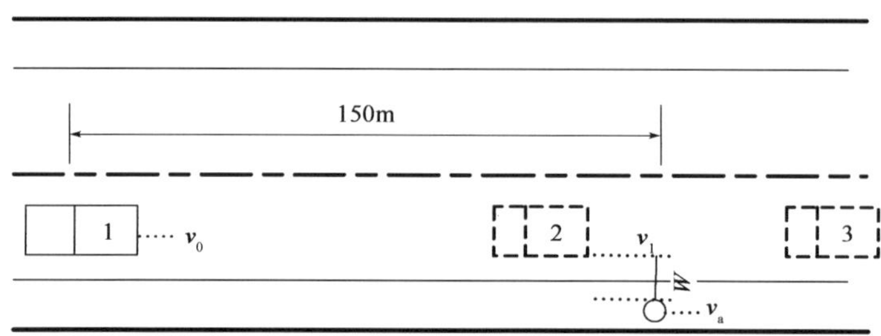

图 3-45　干扰物的影响范围

根据资料，行人平均步行速度取 5km/h，自行车平均速度为 15km/h，摩托车平均速度取 60km/h，平均停车时间为 3min，那么每个行人占用道路时间为 0.2/5h，每个自行车占用道路时间为 0.2/15h，每个摩托车占用道路时间为 0.2/60h。也就是说，在 200m 影响范围内，到达一个行人与到达三辆自行车或者 12 辆摩托车对车辆的影响是相同的。因此，可以根据每类干扰物占用道路的时间对到达率进行换算。比如，所有干扰物折合成行人到达率 $n=n_1+n_2/3+n_3/12+1.25n_4$。

假设该段道路上的每小时单方向交通量为 Q，不受路侧干扰的车辆为 q_1，受路侧干扰的车辆为 q_2，则 $q_1+q_2=Q$。从统计学角度看，Q 与 q_1 的速度统计规律没有什么区别。而对 q_2 来说，车辆的速度都同时进行了变化，变化模型为 $v_1 = 0.51v_0 + 26.57$。现在需要确定的是 q_2 在 Q 中占有的比例情况，与干扰物的时间分布有密切关系。

根据泊松分布的基本公式，$P_k = \dfrac{(\lambda t)^k}{k!}e^{-\lambda t}$

式中：λ——干扰物平均到达率(n)；

　　t——计数间隔。

试验车的速度取设计速度为 80km/h，计数间隔 t 取 1 小时，则设 $m=\lambda t$，即为 1 小时到达的车辆数。

在研究时间段内没有行人($k=0$)的概率为 $P_0=e^{-m}$。

有一个行人通过的概率为 $P_1=\dfrac{(m)^1}{1!}e^{-m}$，占有道路时间为 $1\cdot P_1\cdot 0.2/5$ 小时，因此，这一个人所影响的车辆数为 $1\cdot P_1\cdot 0.2/5\cdot Q$。

同理，可得两个行人影响的概率为 $2\cdot P_2\cdot 0.2/5\cdot Q$，$k$ 个人影响的车辆数为 $k\cdot P_k\cdot 0.2/5\cdot Q$，因此，受影响的车辆总数为：

$q_2 = 1 \cdot P_1 \cdot 0.2/5 \cdot Q + 2 \cdot P_2 \cdot 0.2/5 \cdot Q + \cdots + k \cdot P_k \cdot 0.2/5 \cdot Q = Q/25\sum_k k \cdot P_k$

由于每个行人占有时间为 0.2/5h，因此如果行人数量大于 25 个，所有车辆均会受到影响，因此上边 k 值取 1，2，…，24。

根据泊松分布递推公式 $P_0 = e^{-m}$，$P_{k+1} = \frac{m}{k+1}P_k$，则 $(k+1)P_{k+1} = mP_k$，可进一步得到 $q_2 = Qm\sum_{k=0}^{23}P_k/25$，则不受路侧干扰影响的车辆为：

$q_1 = Q - q_1 = Q(1 - m\sum_{k=0}^{23}P_k/25)$

因此，最终的运行速度 v 即为：

$$v = (v_0 \cdot q_1 + v_1 \cdot q_2)/Q = (1 - m\sum_{k=0}^{23}P_k/25)v_0 + m\sum_{k=0}^{23}P_k/25v_1$$

记 $P_t = m\sum_{k=0}^{23}P_k/25$，故可得：

$$v = (1 - P_t)v_0 + P_t v_1 = (1 - 0.49P_t + 26.57P_t/v_0)v_0$$

记 $K_s = 1 - 0.49P_t + 26.57P_t/v_0$，则 K_s 即为路侧干扰系数。

同理，当 $W = 2.0$ 时，$K_s = 1 - 0.42P_t + 25.19P_t/v_0$

当 $W = 2.5$ 时，$K_s = 1 - 0.24P_t + 15.37P_t/v_0$

下面按照路段上干扰物数量的不同对路侧干扰系数进行列表计算，见表 3-26～表 3-28。

路侧干扰物数量对应的干扰系数取值表（W＝1.5m）　　表 3-26

m	1	2	3	4	5	6	7
K_s	$0.98+1.06/v_0$	$0.96+2.13/v_0$	$0.94+3.19/v_0$	$0.92+4.25/v_0$	$0.90+5.31/v_0$	$0.88+6.38/v_0$	$0.86+7.44/v_0$
m	8	9	10	11	12	13	14
K_s	$0.84+8.50/v_0$	$0.82+9.57/v_0$	$0.80+10.63/v_0$	$0.78+11.69/v_0$	$0.76+12.75/v_0$	$0.75+13.82/v_0$	$0.73+14.88/v_0$
m	15	16	17	18	19	20	21
K_s	$0.71+15.94/v_0$	$0.69+17.00/v_0$	$0.67+18.07/v_0$	$0.65+19.13/v_0$	$0.63+20.19/v_0$	$0.61+21.26/v_0$	$0.59+22.32/v_0$
m	22	23	24	25			
K_s	$0.57+23.38/v_0$	$0.55+24.44/v_0$	$0.53+25.51/v_0$	$0.51+26.57/v_0$			

注：1. 表中 m 值为路侧行人的到达率，其他干扰可根据占用时间进行折减。

2. v_0 为基准条件下双车道公路的运行速度，$v_0>54$。

路侧干扰物数量对应的干扰系数取值表（W＝2.0m）　　表 3-27

m	1	2	3	4	5	6	7
K_s	$0.98+1.01/v_0$	$0.97+2.02/v_0$	$0.95+3.02/v_0$	$0.93+4.03/v_0$	$0.92+5.04/v_0$	$0.90+6.05/v_0$	$0.88+7.05/v_0$
m	8	9	10	11	12	13	14
K_s	$0.87+8.06/v_0$	$0.85+9.07/v_0$	$0.83+10.08/v_0$	$0.82+11.08/v_0$	$0.80+12.09/v_0$	$0.78+13.10/v_0$	$0.76+14.11/v_0$
m	15	16	17	18	19	20	21
K_s	$0.75+15.11/v_0$	$0.73+16.12v_0$	$0.71+17.13/v_0$	$0.70+18.14/v_0$	$0.68+19.14/v_0$	$0.66+20.15/v_0$	$0.65+21.16/v_0$
m	22	23	24	25			
K_s	$0.63+22.17/v_0$	$0.61+23.17/v_0$	$0.60+24.18/v_0$	$0.58+25.19/v_0$			

注：1. 表中 m 值为路侧行人的到达率，其他干扰可根据占用时间进行折减。

2. v_0 为基准条件下双车道公路的运行速度，$v_0>60$。

路侧干扰物数量对应的干扰系数取值表(W=2.5m)　　表 3-28

m	1	2	3	4	5	6	7
K_s	$0.99+0.61/v_0$	$0.98+1.23/v_0$	$0.97+1.84/v_0$	$0.96+2.46/v_0$	$0.95+3.07/v_0$	$0.94+3.69/v_0$	$0.93+4.30/v_0$
m	8	9	10	11	12	13	14
K_s	$0.92+4.92/v_0$	$0.91+5.53/v_0$	$0.90+6.15/v_0$	$0.89+6.76/v_0$	$0.88+7.38/v_0$	$0.88+7.99/v_0$	$0.87+8.61/v_0$
m	15	16	17	18	19	20	21
K_s	$0.86+9.22/v_0$	$0.85+9.84/v_0$	$0.84+10.45/v_0$	$0.83+11.07/v_0$	$0.82+11.68/v_0$	$0.81+12.30/v_0$	$0.80+12.91/v_0$
m	22	23	24	25			
K_s	$0.79+13.53/v_0$	$0.78+14.14/v_0$	$0.77+14.76/v_0$	$0.76+15.37/v_0$			

注:1. 表中 m 值为路侧行人的到达率,其他干扰可根据占用时间进行折减。

2. v_0 为基准条件下双车道公路的运行速度,$v_0>64$。

以上提到的横向间距 W,在应用时可以对应不同的横断面。例如,W=1.5m,对应的横断面尺寸可以为(3.5+0.75+0.5)×2=9.5m;W=2.0m 对应的横断面尺寸可以为(3.75+0.75+0.75)×2=10.5m;W=2.5m 对应的横断面尺寸可以为(3.75+1.5+0.75)×2=12m。

v_0 以 10km/h 为步长,m 以 5 为步长,分别计算出 W 为 1.5m、2.0m、2.5m 时的路侧干扰系数,见图 3-46~图 3-48。

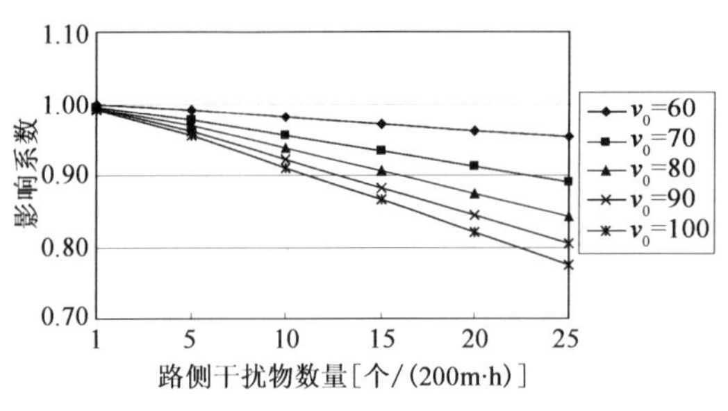

图 3-46　路侧干扰系数(W=1.5m)

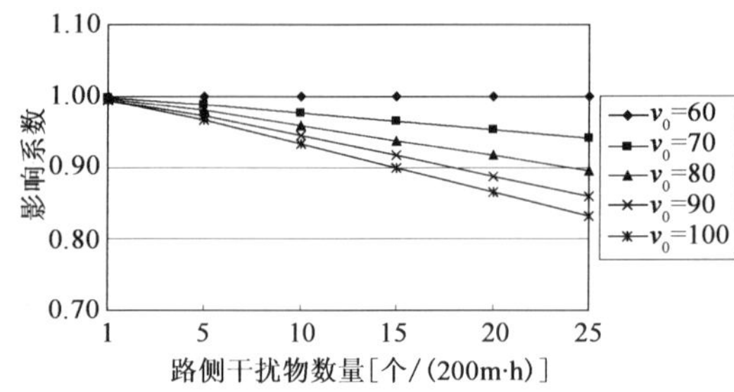

图 3-47　路侧干扰系数(W=2.0m)

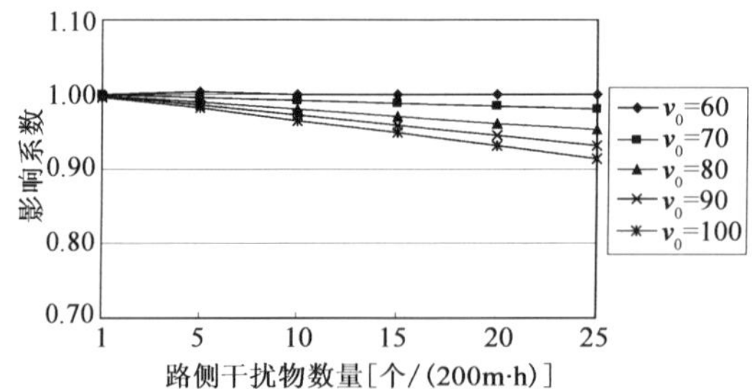

图 3-48　路侧干扰系数(W=2.5m)

注:1. 双车公路 W=(硬路肩宽度+土路肩宽度)/2+1.0,取 0.5 的倍数;

2. 当 v_0<60km/h 或者 W>2.5m 时,可以认为不受路侧干扰的影响;

3. 路侧干扰物数量=(行人数+自行车数/3+摩托车数/12+停车数×1.25)个/(200m·h)。

第三节　公路运行速度特征值模型

本节主要研究以下关系：

(1)CCR_S 与 15%位车速 v_{15} 和 50%位车速 v_{50} 的关系；

(2)15%位车速 v_{15} 与 85% 位车速 v_{85} 的关系；

(3)车速离散性与 85%位车速 v_{85} 和 15%位速度 v_{15} 差的关系。

一、高速公路 CCR_S 与 v_{15} 和 v_{50} 速度的关系

CCR_S 是描述公路特性的重要参数，CCR_S 表示驾驶员每公里转过的角度，即带有缓和曲线的单圆曲线曲率变化率，可用下面公式表示。

$$CCR_S = \frac{\alpha}{L} = \frac{[L_{S1}/(2R) + L_Y/R + L_{S2}/(2R)] \cdot \frac{180}{\pi}}{L} \tag{3-32}$$

式中：CCR_S——带有缓和曲线的单圆曲线率变化率，(°)/km；

α——曲线转角，(°)；

L_Y——圆曲线长度，m；

L_{S1}、L_{S2}——两条缓和曲线长度，m；

L——曲线长度，km，$L=L_{S1}+L_{S2}+L_Y$；

R——曲线半径，m。

CCR_S 值越小表明转弯越缓，CCR_S 值越大表明弯道越急。转弯的缓急直接影响驾驶员选择速度和车辆的稳定性。实测断面车速统计分析表明，CCR_S 越小速度越高，CCR_S越大速度越低。从 CCR_S 与 v_{15}、CCR_S 与 v_{50}、CCR_S 与 v_{85} 的关系图可以看出：

(1)随着 CCR_S 值增大，速度均显现下降的趋势。

(2)v_{85}—CCR_S 变化趋势线比 v_{15}—CCR_S 和 v_{50}—CCR_S 变化趋势线比略陡。因为相对 v_{85} 来说 v_{15} 和 v_{50} 速度值比较小，小半径曲线能够为较低的速度提供安全行驶的可能，驾驶员会选择相应低的速度行驶。因此，CCR_S 对 v_{15} 和 v_{50} 影响相对较小。

(3)CCR_S 与 v_{15}、v_{50} 和 v_{85} 具有良好的相关性，可用函数来表示这种量的关系图 3-49～图 3-54。

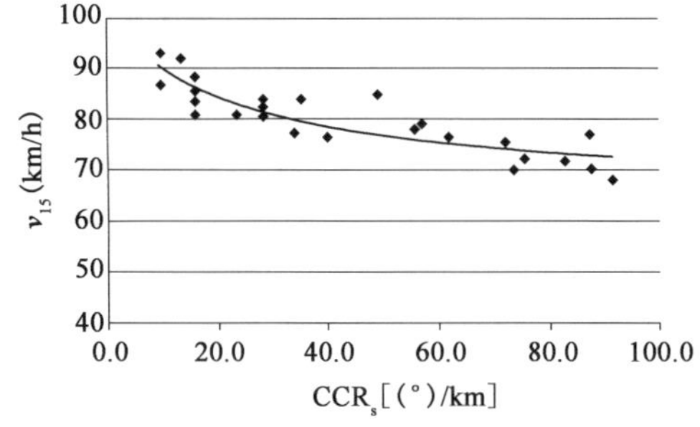

图 3-49　小客车 CCR_S 与 v_{15} 的关系

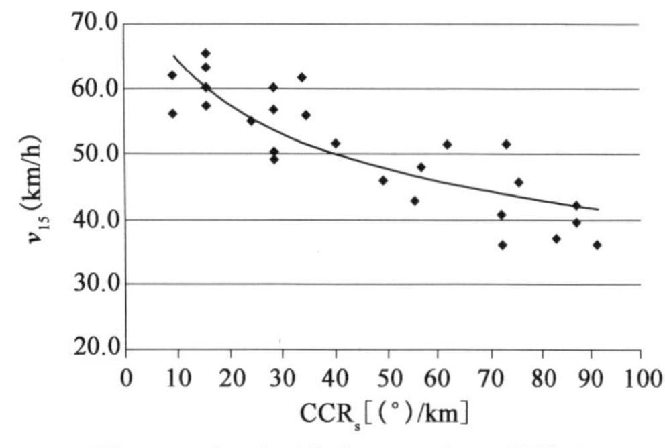

图 3-50　大、中型货车 CCR_S 与 v_{15} 的关系

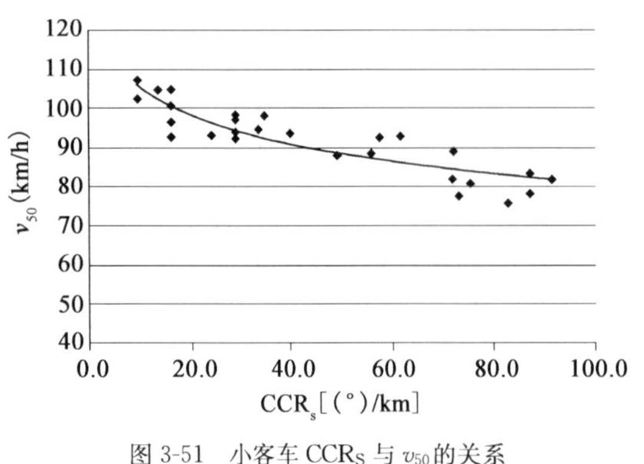

图 3-51 小客车 CCRs 与 v_{50}的关系

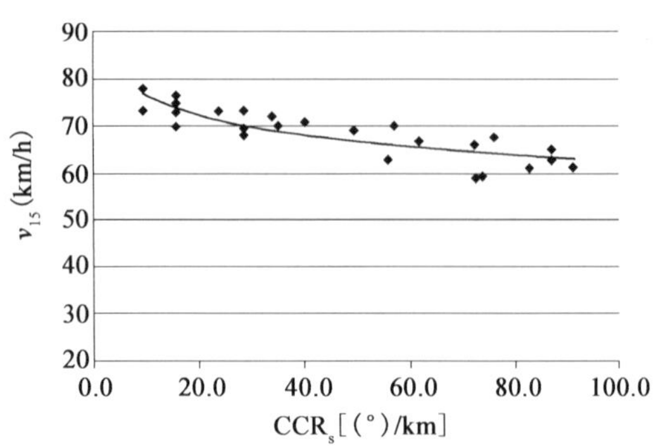

图 3-52 大、中型货车 CCRs 与 v_{50}的关系

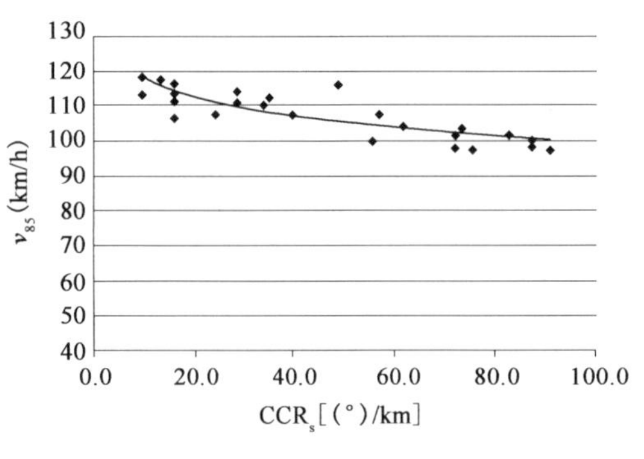

图 3-53 小客车 CCRs 与 v_{85}的关系

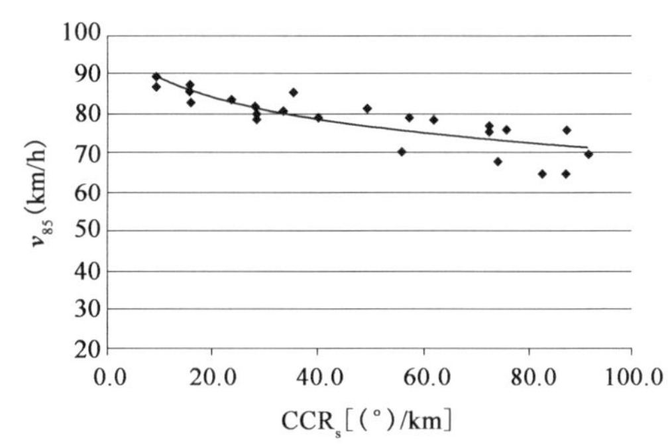

图 3-54 大、中型货车 CCRs 与 v_{85}的关系

二、高速公路 i 与 v_{15} 和 v_{85} 关系

纵坡的坡度和坡长直接影响驾驶员的速度,从纵坡 i 与 v_{15} 和 v_{50} 的关系图(图 3-55～图3-58)可以看出:随着下坡坡度(小于－3%)的增加,v_{15} 和 v_{50} 均有增大的趋势;随着上坡坡度(大于 3%)的增加,v_{15} 和 v_{50} 均有明显减小的趋势。在相对平直的路段(坡度在3%以内),v_{15} 和 v_{50} 均较高。相对小客车速度变化来说,大、中型货车的速度对坡度的敏感度高。

坡度 i 与 v_{15}、v_{50}具有良好的相关性,可以用函数来表示这种量的关系。

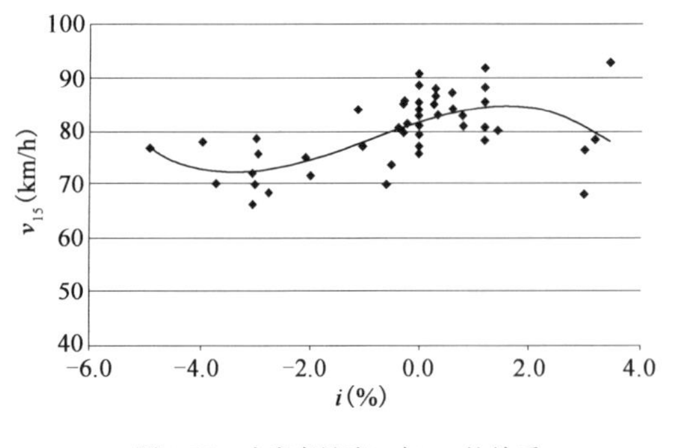

图 3-55 小客车坡度 i 与 v_{15}的关系

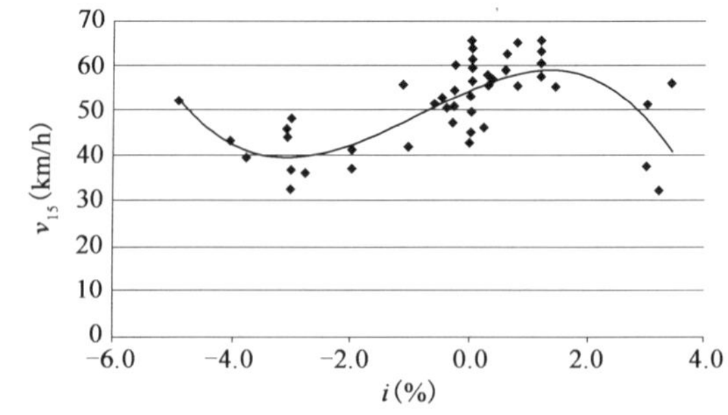

图 3-56 大、中型货车坡度 i 与 v_{15}的关系

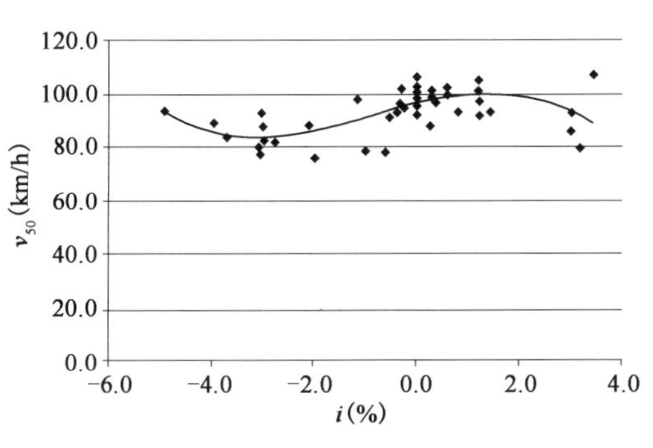

图 3-57　小客车坡度 i 与 v_{50} 的关系

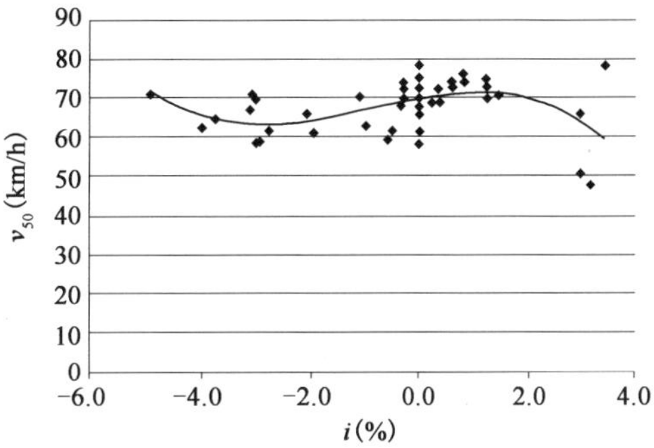

图 3-58　大、中型货车坡度 i 与 v_{50} 的关系

三、高速公路 CCR_S 与 v_{15} 和 v_{50} 关系模型

利用实测数据，研究表明 v_{15} 与 CCR_S 和坡度 i 均有良好的相关性。参考经验的建模思路，构建速度与 CCR_S 和 i 之间的模型。

$$v_j = f(CCR_S, i) \tag{3-33}$$

$$v_j = A + B \cdot CCR_S + C \cdot \text{grad} \tag{3-34}$$

由于坡度对于速度的影响趋势呈现 S 形，这种趋势对速度的影响程度需要在统计意义上进一步确定，这里引入逐步回归的方法。

逐步回归分析是在实际问题中，人们总是希望从对因变量 y 有影响的诸多变量中选择一些变量作为自变量，应用多元回归分析的方法建立最优回归方程，以便对因变量进行预报或控制。所谓最优回归方程，主要是指希望在回归方程中包含所有对因变量 y 影响显著的自变量，而不包含对 y 影响不显著的自变量的回归方程。它的主要思路是在考虑的全部自变量中按其对 y 的作用大小、显著程度大小或者说贡献大小、由大到小地逐个引入回归方程，而对那些对 y 作用不显著的变量可能始终不被引入回归方程。另外，已被引入回归方程的变量在引入新变量后也可能失去重要性，而需要从回归方程中剔除出去。引入一个变量或者从回归方程中剔除一个变量都称为逐步回归的一步，每一步都要进行 F 检验，以保证在引入新变量前回归方程中只含有对 y 影响显著的变量，而不显著的变量已被剔除。

逐步回归分析的实施过程是每一步都要对已引入回归方程的变量计算其偏回归平方和，然后选一个偏回归平方和最小的变量，在预先给定的 F 水平下进行显著性检验。如果显著，则该变量不必从回归方程中剔除，这时方程中其他变量也都不需要剔除(因为其他变量的偏回归平方和都大于最小的一个，更不需要剔除)；相反，如果不显著，则该变量要剔除，然后按偏回归平方和由小到大地依次对方程中其他变量进行 F 检验。将对 y 影响不显著的变量全部剔除，保留的都是显著的。接着再对未引入回归方程中的变量分别计算其偏回归平方和，并选其中偏回归平方和最大的一个变量，同样在给定 F 水平下作显著性检验。如果显著，则将该变量引入回归方程。这一过程一直继续下去，直到在回归方程中的变量都不能剔除而又无新变量可以引入时为止。这时，逐步回归过程结束。逐步回归分析的主要计算步骤如下：

①确定 F 检验值。在进行逐步回归计算前,要确定检验每个变量是否显著的 F 检验水平,作为引入或剔除变量的标准。F 检验水平要根据具体问题的实际情况来定。一般,为使最终的回归方程中包含较多的变量,F 水平不宜取得过高,即显著水平 α 不宜太小。F 水平还与自由度有关,因为在逐步回归过程中,回归方程中所含的变量的个数在不断变化,因此方差分析中的剩余自由度也总在变化。为方便起见,常按 $n-k-1$ 计算自由度。n 为原始数据观测组数,k 为估计可能选入回归方程的变量个数。

②逐步计算。如果已计算 t 步(包含 $t=0$),且回归方程中已引入 1 个变量,则第 $t+1$ 步的计算为:

a. 计算全部自变量的贡献 v(偏回归平方和)。

b. 在已引入的自变量中,检查是否有需要剔除的不显著变量。这就要在已引入的变量中选取具有最小 v 值的一个,并计算其 F 值。如果 $F \leqslant F_1$,表示该变量不显著,应将其从回归方程中剔除,计算转至 c。如果 $F > F_2$,则不需要剔除变量,这时则考虑从未引入的变量中选出具有最大 v 值的一个,并计算 F 值。如果 $F > F_1$,则表示该变量显著,应将其引入回归方程,计算转至 c。如果 $F \leqslant F_1$,表示已无变量可选入方程,则逐步计算阶段结束,计算转至③。

c. 剔除或引入一个变量后,相关系数矩阵进行消去变换,第 $t+1$ 步计算结束。其后重复 a～c,再进行下步计算。

由上所述,逐步计算的每一步总是先考虑剔除变量,仅当无剔除时才考虑引入变量。实际计算时,开头几步可能都是引入变量,其后的某几步也可能相继地剔除几个变量。当方程中已无变量可剔除,且又无变量可引入方程时,第二阶段逐步计算即告结束,这时转入下一阶段。

③其他计算,主要是计算回归方程入选变量的系数、复相关系数及残差等统计量。

逐步回归选取变量是逐渐增加的。选取第 i 个变量时,仅要求与前面已选的 $i-1$ 个变量配合起来有最小的残差平方和,因此最终选出的 L 个重要变量有时可能不是使残差平方和最小的 L 个。但大量实际问题计算结果表明,这 L 个变量常常就是所有 L 个变量的组合中具有最小残差平方和的那一个组合,特别是当 L 不太大时更是如此,这表明逐步回归是比较有效的方法。

引入回归方程的变量的个数 L 与各变量贡献的显著性检验中所规定的 F 检验的临界值 F_1 与 F_2 的取值大小有关。如果希望多选一些变量进入回归方程,则应适当增大检验水平 α 值,即减小 $F_1=F_2$ 的值。特别地,当 $F_1=F_2=0$ 时,则全部变量都将被选入,这时逐步回归就变为一般的多元线性回归。相反,如果 α 取得比较小,即 F_1 与 F_2 取得比较大时,则入选的变量个数就要减少。此外,还要注意,在实际问题中,当观测数据样本容量 n 较小时,入选变量个数 L 不宜选得过大,否则被确定的系数 b_2 的精度将较差。利用 SPSS 经过逐步回归分析结果如下。

1. 小客车 v_{15} 速度模型

(1)模型公式

$$v_{15} = 88.899 - 0.204\mathrm{CCR_S} \tag{3-35}$$

(2)模型拟合度检验(表 3-29)

v_{15}模型拟合度检验 表 3-29

模 型	R	R^2	调整的 R^2	标准估计的误差	Durbin-Watson 检验的值
1	0.867	0.751	0.741	3.294 27	2.226

注:1. 预测变量:(常量),CCR_S。
2. 因变量:$CARV_{15}$。

从表 3-29 可以看出调整的 R^2 为 0.741,说明拟合程度可以接受。

(3)模型 F 检验(表 3-30)

回归的平方和为 819.681,残差为 271.306,检验统计量 F 为 75.531,取显著性水平为 5%,模型的 Sig. 值为 0,说明模型具有显著的统计意义。

方 差 分 析 表 表 3-30

模 型		平 方 和	df	均 方	F	Sig.
1	回归	819.681	1	819.681	75.531	0.000
	残差	271.306	25	10.852		
	总计	1 090.987	26			

注:1. 预测变量:(常量),CCR_S。
2. 因变量:$CARV_{15}$。

(4)回归系数检验(表 3-31、表 3-32)

统计回归系数通过 t 检验,常数项 t 值分别为 72.492 和 −8.691。t 检验结果分析表明 Sig. 取值为 0,说明 CCR_S 和常数项都具有显著统计意义。而坡度变量 i 因不显著,在逐步回归过程被剔除。

回归系数结果 表 3-31

模 型		非标准化系数		标准系数	t	Sig.	共线性统计量	
		B	标准误差	试用版			容差	VIF
1	(常量)	88.899	1.226		72.492	0.000		
	CCRS	−0.204	0.023	−0.867	−8.691	0.000	1.000	1.000

注:因变量:$CARV_{15}$。

已排除的变量 表 3-32

模型		Beta In	t	Sig.	偏相关	共线性统计量		
						容差	VIF	最小容差
1	I	0.180	1.413	171	0.277	0.587	1.704	0.587

注:模型中的预测变量:(常量),CCRS。
因变量:$CARV_{15}$。

(5)变量共线性检验(表 3-33)

共线性诊断表明:容差(Tolerance)为 1(大于 0.1),特征值为 1.856 和 0.144(均大于 0),条件指数为 1.000 和 3.590(均小于 30),说明变量不存在共线性问题。

共线性诊断　　表 3-33

模　型	维　数	特征值	条件指数	方差比例	
				(常量)	CCR_S
1	1	1.856	1.000	0.07	0.07
	2	0.144	3.590	0.93	0.93

注:因变量: $CARV_{15}$。

(6)残差分析(表 3-34)

残差分析包括预测值、标准化预测值、残差和残差预测值的最小值、最大值、均值、标准差和样本数。这些数据中无离群值,且数据的标准差也比较小,可以认为模型是健康、无缺陷的。此外,标准化残差正态 *P*—*P* 图(图 3-59)可以看出模型残差具有正态分布趋势,这说明回归模型是恰当的。图 3-60 为回归和预测的标准化残差图。

残差统计量　　表 3-34

项　目	极小值	极大值	均　值	标准偏差	*N*
预测值	70.291 6	86.960 7	79.775 9	5.614 82	27
标准预测值	−1.689	1.280	0.000	1.000	27
预测值的标准误差	0.643	1.262	0.879	0.178	27
调整的预测值	70.210 6	86.956 4	79.760 3	5.607 27	27
残差	−4.982 45	6.159 58	0.000 00	3.230 30	27
标准残差	−1.512	1.870	0.000	0.981	27
Student 化残差	−1.546	1.932	0.002	1.021	27
已删除的残差	−5.211 59	6.789 39	0.015 61	3.503 66	27
Student 化已删除的残差	−1.593	2.053	0.015	1.058	27
Mahal 距离	0.028	2.853	0.963	0.787	27
Cook 的距离	0.000	0.274	0.043	0.068	27
居中杠杆值	0.001	0.110	0.037	0.030	27

注:因变量: $CARV_{15}$。

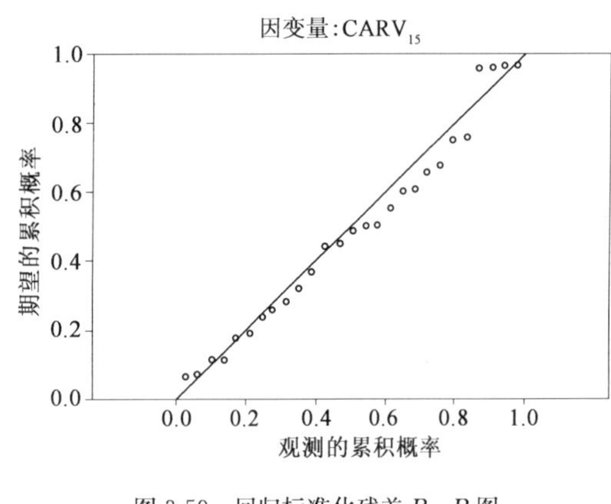

图 3-59　回归标准化残差 *P*—*P* 图

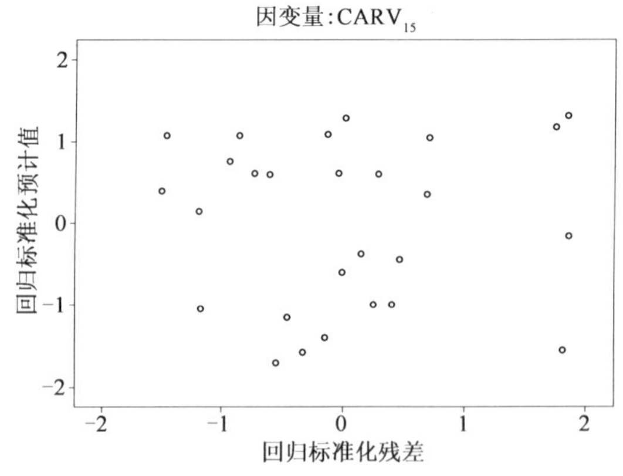

图 3-60　回归和预测的标准化残差图

2. 货车 v_{15} 速度模型

(1)模型公式

$$v_{15}=63.511-0.283CCR_S \quad (3\text{-}36)$$

(2)模型拟合度检验(表 3-35)

模型调整的 R^2 为 0.762,说明模型拟合度较好;Durbin-Watson 为 1.944,说明残差与自变量相互独立。

模 型 汇 总　　表 3-35

模　型	R	R^2	调整的 R^2	标准估计的误差	Durbin-Watson 检验的值
1	0.878	0.771	0.762	4.323 890	1.944

注:1. 预测变量:(常量),CCR_S。
2. 因变量:$TRUCK_{15}$。

(3)模型 F 检验(表 3-36)

回归的平方和为 1 512.836,残差为 448.705,检验统计量 F 为 80.918,取显著性水平为 5%,模型的 Sig. 值为 0。通过 F 检验,模型具有显著的统计意义。

方 差 分 析 表　　表 3-36

模　型	平　方　和	df	均　方	F	Sig.	
1	回归	1 512.836	1	1 512.836	80.918	0.000
	残差	448.705	24	18.696		
	总计	1 961.541	25			

注:1. 预测变量:(常量), CCRS。
2. 因变量:$TRUCK_{15}$。

(4)回归系数检验(表 3-37、表 3-38)

拟合了未标准化和标准化后的回归系数(CCRS 系数和常数项),通过 t 检验方法对对拟合结果进行检验 CCR_S 系数和常数项对应的 t 值分别为 −8.995 和 38.699,t 检验 Sig. 的值都为 0,具有显著的统计学意义。而坡度变量 i 因不显著,在逐步回归过程被剔除。

系　　数　　表 3-37

模　型		非标准化系数		标准系数	t	Sig.	共线性统计量	
		B	标准误差	试用版			容差	VIF
1	(常量)	63.511	1.641		38.699	0.000		
	CCR_S	−0.283	0.031	−0.878	−8.995	0.000	1.000	1.000

注:因变量:$TRUCK_{15}$。

已排除的变量　　表 3-38

模　型		Beta In	t	Sig.	偏相关	共线性统计量		
						容差	VIF	最小容差
1	I	0.139	1.098	0.284	0.223	0.587	1.704	0.587

注:1. 模型中的预测变量:(常量), CCR_S。
2. 因变量:$TRUCK_{15}$。

(5)变量共线性检验(表 3-39)

共线性诊断表明:容差(Tolerance)为 0.587(大于 0.1),特征值为 1.856 和 0.144(均大于

0),条件指数为 1 和 3.592(均小于 30),说明变量不存在共线性问题。

共 线 性 诊 断 表 3-39

模型	维数	特值	条件索引	方差比例	
				(常量)	CCR_S
1	1	1.856	1.000	0.07	0.07
	2	0.144	3.592	0.93	0.93

注:因变量: $TRUCK_{15}$。

(6)残差分析(表 3-40)

残差分析包括预测值、标准化预测值、残差和残差预测值的最小值、最大值、均值、标准差和样本数。这些数据中无离群值,且数据的标准差也比较小,可以认为模型是健康无缺陷的。此外,从标准化残差正态 $P—P$ 图(图 3-61)可以看出模型残差具有正态分布趋势,这说明回归模型是恰当的。图 3-62 为回归和预测的标准化残差图。

残 差 统 计 量 表 3-40

项目	极小值	极大值	均值	标准偏差	N
预测值	37.731 19	60.825 33	50.871 15	7.779 039	27
标准预测值	−1.689	1.280	0.000	1.000	27
预测值的标准误差	0.860	1.689	1.177	0.239	27
调整的预测值	38.006 90	61.385 15	50.499 77	7.732 333	26
残差	−6.601 917	8.665 554	0.342 627	4.236 906	26
标准残差	−1.527	2.004	0.079	0.980	26
Student 化残差	−1.590	2.092	0.083	1.016	26
已删除的残差	−7.163 233	9.441 910	0.371 386	4.559 386	26
Student 化已删除的残差	−1.646	2.265	0.091	1.045	26
Mahal 距离	0.028	2.853	0.963	0.787	27
Cook 的距离	0.000	0.196	0.038	0.044	26
居中杠杆值	0.001	0.114	0.039	0.031	27

注:因变量: $TRUCK_{15}$。

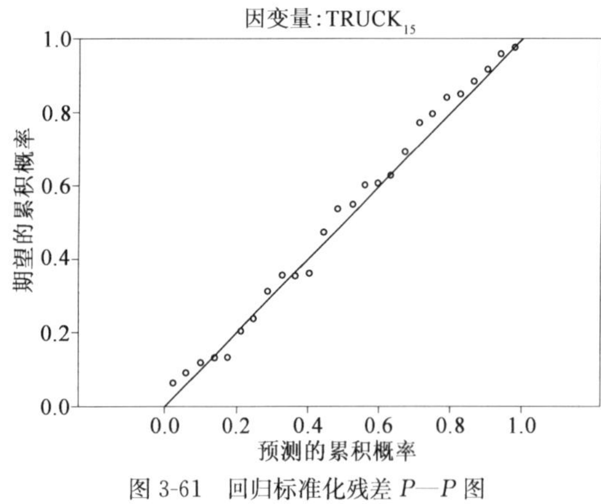

图 3-61 回归标准化残差 $P—P$ 图

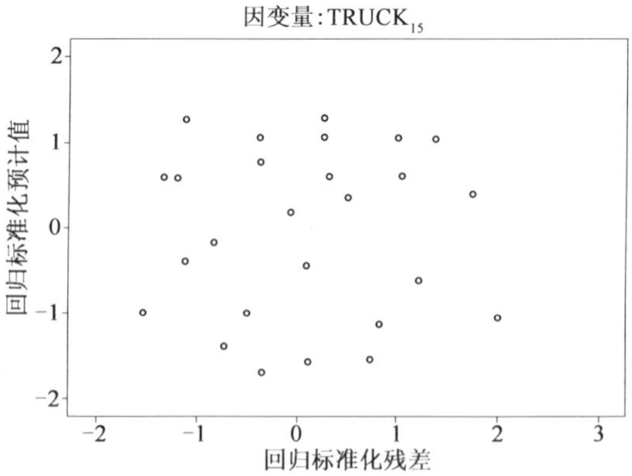

图 3-62 回归和预测的标准化残差图

3. 小客车 v_{50} 速度模型

(1)模型公式

$$v_{50} = 103.979 - 0.259CCR_S \tag{3-37}$$

(2)模型拟合度检验(表 3-41)

模型调整的 R^2 为 0.745，说明模型拟合度较好；Durbin-Watson 为 1.601 说明残差与自变量相互独立。

模 型 汇 总　　表 3-41

模　型	R	R^2	调整的 R^2	标准估计的误差	Durbin-Watson 检验的值
1	0.869	0.755	0.745	4.138 38	1.601

注：1. 预测变量：(常量)，CCR_S。
2. 因变量：$CARV_{50}$。

(3)模型 F 检验(表 3-42)

回归的平方和为 1 319.594，残差为 428.156，检验统计量 F 为 77.051，取显著性水平为 5%，模型的 Sig. 值为 0。通过 F 检验 Sig. 值可以看出，模型具有显著的统计意义。

方 差 分 析 表　　表 3-42

模　型		平　方　和	df	均　方	F	Sig.
1	回归	1 319.594	1	1 319.594	77.051	0.000
	残差	428.156	25	17.126		
	总计	1 747.750	26			

注：1. 预测变量：(常量)，CCR_S。
2. 因变量：$CARV_{50}$。

(4)回归系数检验(表 3-43、表 3-44)

拟合了未标准化和标准化后的回归系数(CCR_S 系数和常数项)，通过 t 检验方法对拟合结果进行检验，CCR_S 系数和常数项对应的 t 值为 67.495 和 −8.778，t 检验 Sig. 的值都为 0，具有显著的统计学意义。而坡度变量 i 因不显著在逐步回归过程被剔除。

系　　数　　表 3-43

模　型		非标准化系数		标准系数	t	Sig.	共线性统计量	
		B	标准误差	试用版			容差	VIF
1	(常量)	103.979	1.541		67.495	0.000		
	CCRS	−0.259	0.029	−0.869	−8.778	0.000	1.000	1.000

注：因变量：$CARV_{50}$。

已排除的变量　　表 3-44

模型		Beta In	t	Sig.	偏相关	共线性统计量		
						容差	VIF	最小容差
1	I	0.127	0.982	0.336	0.197	0.587	1.704	0.587

注：1. 模型中的预测变量：(常量)，CCR_S。
2. 因变量：$CARV_{50}$。

(5)变量共线性检验(表 3-45)

共线性诊断表明:容差(Tolerance)为 0.587(大于 0.1),特征值为 1.856 和 0.144(均大于 0),条件指数均小于 30,说明变量不存在共线性问题。

共线性诊断 表 3-45

模型	维数	特征值	条件指数	方差比例	
				(常量)	CCR_S
1	1	1.856	1.000	0.07	0.07
	2	0.144	3.590	0.93	0.93

注:因变量: $CARV_{50}$。

(6)残差分析(表 3-46)

残差分析包括预测值、标准化预测值、残差和残差预测值的最小值、最大值、均值、标准差和样本数。这些数据中无离群值,且数据的标准差也比较小,可以认为模型是健康无缺陷的。此外,从标准化残差正态 $P—P$ 图(图 3-63)可以看出模型残差具有正态分布趋势,这说明回归模型是恰当的。图 3-64 为标准化残差直方图。

残差统计量 表 3-46

项目	极小值	极大值	均值	标准偏差	N
预测值	80.369 9	101.519 9	92.403 7	7.124 16	27
标准预测值	−1.689	1.280	0.000	1.000	27
预测值的标准误差	0.808	1.585	1.105	0.224	27
调整的预测值	80.055 1	101.466 5	92.376 1	7.150 86	27
残差	−6.951 99	7.620 46	0.000 00	4.058 02	27
标准残差	−1.680	1.841	0.000	0.981	27
Student 化残差	−1.751	1.973	0.003	1.026	27
已删除的残差	−7.549 26	8.750 45	0.027 64	4.442 38	27
Student 化已删除的残差	−1.831	2.104	0.002	1.051	27
Mahal 距离	0.028	2.853	0.963	0.787	27
Cook 的距离	0.000	0.289	0.048	0.065	27
居中杠杆值	0.001	0.110	0.037	0.030	27

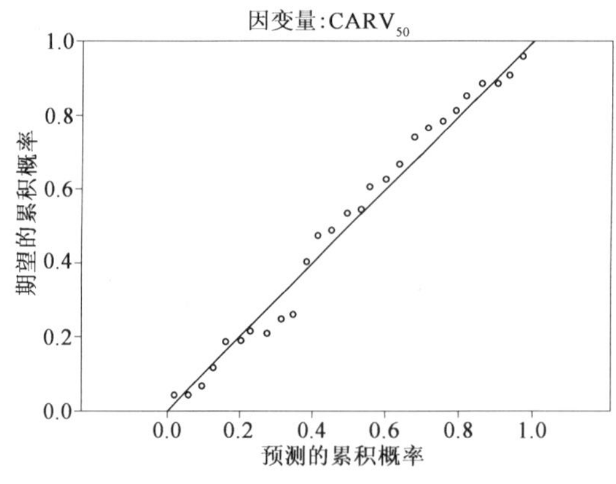

图 3-63 回归标准化残差 $P—P$ 图

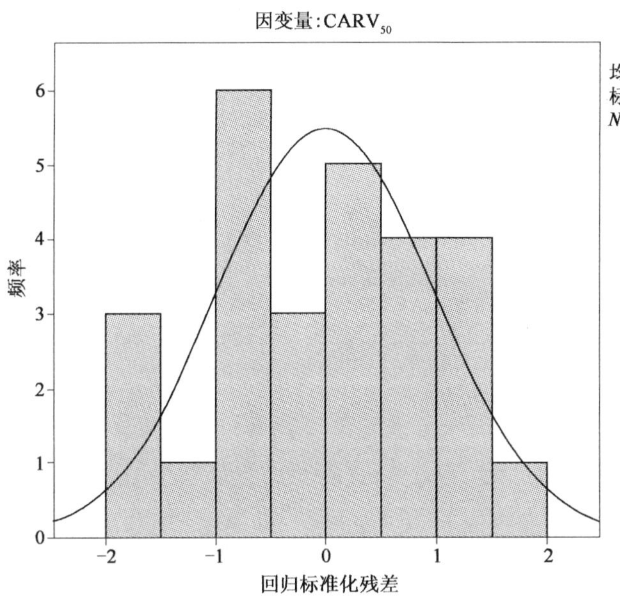

图 3-64 标准化残差直方图

4. 货车 v_{50} 速度模型

(1)模型公式

$$v_{50} = 75.596 - 0.160\mathrm{CCR_S} \tag{3-38}$$

(2)模型拟合度检验(表 3-47)

模型调整的 R^2 为 0.722,说明模型拟合度较好;Durbin-Watson 为 2.794,说明残差与自变量显负相关。

模 型 汇 总 表 3-47

模 型	R	R^2	调整的 R^2	标准估计的误差	Durbin-Watson 检验的值
1	0.856	0.734	0.722	2.70324	2.794

注:1. 预测变量:(常量),$\mathrm{CCR_S}$。
2. 因变量:$\mathrm{TRUCK_{50}}$。

(3)模型 F 检验(表 3-48)

回归的平方和为 482.844,残差为 175.380,检验统计量 F 为 66.705,取显著性水平为 5%,模型的 Sig. 值为 0。通过 F 检验,模型具有显著的统计意义。

方 差 分 析 表 表 3-48

模 型		平 方 和	df	均 方	F	Sig.
1	回归	482.844	1	482.844	66.075	0.000
	残差	175.380	24	7.308		
	总计	658.225	25			

注:1. 预测变量:(常量),$\mathrm{CCR_S}$。
2. 因变量:$\mathrm{TRUCK_{50}}$。

(4)回归系数检验(表 3-49、表 3-50)

拟合了未标准化和标准化后的回归系数(CCRS 系数和常数项),通过 t 检验方法对对拟合结果进行检验,CCR_S 系数和常数项对应的 t 值为 73.677 和 −8.129,t 检验 Sig. 的值都为 0,具有显著的统计学意义。而坡度变量 i 因不显著,在逐步回归过程被剔除。

系　　数　　表 3-49

模　型		非标准化系数		标准系数	t	Sig.	共线性统计量	
		B	标准误差	试用版			容差	VIF
1	(常量)	75.595	1.026		73.677	0.000		
	CCR_S	−0.160	0.020	−0.856	−8.129	0.000	1.000	1.000

注:因变量:$TRUCK_{50}$。

已排除的变量　　表 3-50

模　型		Beta In	t	Sig.	偏相关	共线性统计量		
						容差	VIF	最小容差
1	I	0.012[a]	0.084	0.934	0.017	0.587	1.704	0.587

注:1. 模型中的预测变量:(常量),CCR_S。
2. 因变量:$TRUCK_{50}$。

(5)变量共线性检验(表 3-51)

共线性诊断表明:容差(Tolerance)为 0.587(大于 0.1),特征值为 1.856 和 0.144(均大于 0),条件指数均小于 30,说明变量不存在共线性问题。

共线性诊断　　表 3-51

模　型	维　数	特　征　值	条 件 指 数	方 差 比 例	
				(常量)	CCR_S
1	1	1.856	1.000	0.07	0.07
	2	0.144	3.592	0.93	0.93

注:因变量:$TRUCK_{50}$。

(6)残差分析(表 3-52)

残差分析包括预测值、标准化预测值、残差和残差预测值的最小值、最大值、均值、标准差和样本数。这些数据中无离群值,且数据的标准差也比较小,可以认为模型是健康无缺陷的。此外,标准化残差图(图 3-67)可以看出模型残差具有正态分布趋势,这说明回归模型是恰当的。

残 差 统 计 量　　表 3-52

项　目	极小值	极大值	均值	标准偏差	N
预测值	61.030 5	74.077 4	68.453 8	4.394 74	27
标准预测值	−1.689	1.280	0.000	1.000	27
预测值的标准误差	0.538	1.056	0.736	0.149	27
调整的预测值	60.963 9	74.202 4	68.229 9	4.378 98	26

续上表

项 目	极小值	极大值	均值	标准偏差	N
残差	−5.064 64	3.994 29	0.193 57	2.648 82	26
标准残差	−1.874	1.478	0.072	0.980	26
Student 化残差	−1.952	1.548	0.077	1.019	26
已删除的残差	−5.495 25	4.385 32	0.223 90	2.867 75	26
Student 化已删除的残差	−2.083	1.598	0.071	1.044	26
Mahal 距离	0.028	2.853	0.963	0.787	27
Cook 的距离	0.000	0.162	0.042	0.048	26
居中杠杆值	0.001	0.114	0.039	0.031	27

注：因变量：$TRUCK_{50}$。

四、高速公路 v_{15} 与 v_{85} 关系模型

1. 山区高速公路 v_{15} 与 v_{85} 关系模型

利用山区清远至连州高速实测数据，对各观测点的调查速度进行处理，取各点 v_{15} 与 v_{85} 车速。研究表明 v_{15} 与 v_{85} 具有良好的相关性，参考经验的建模思路，构建速度与 v_{15} 和 v_{85} 之间的模型。

$$v_{15} = f(v_{85}) \tag{3-39}$$

式中：v_{15}——15%位车速，km/h；

v_{85}——85%位车速，km/h。

(1)小客车 v_{15} 与 v_{85} 速度关系模型

利用清连高速小客车实测数据，剔除异常数据，利用 Spss 统计分析软件对断面 v_{15} 与 v_{85} 进行回归分析及曲线拟合(图 3-66)，得到小客车 v_{15} 与 v_{85} 关系模型：

$$v_{15} = A + Bv_{85} + Cv_{85}^2 \tag{3-40}$$

式中：A、B、C——常数。

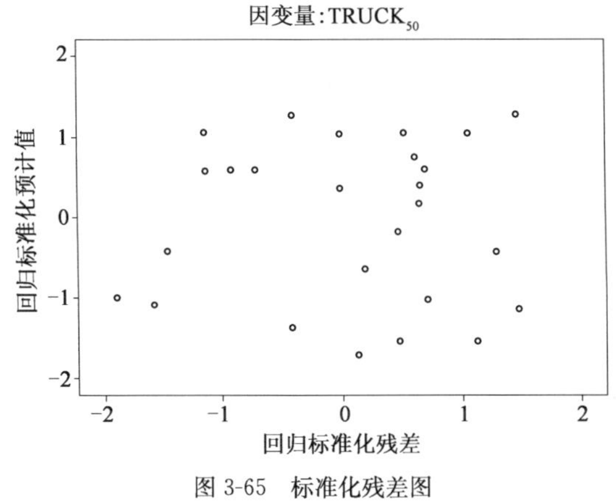

图 3-65 标准化残差图

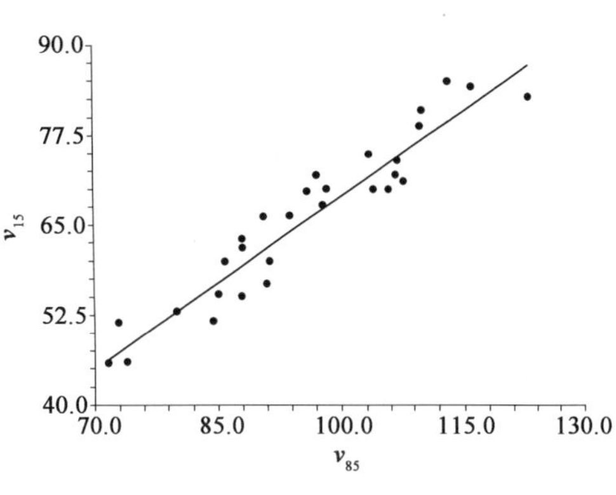

图 3-66 曲线拟合曲线

表 3-53 为模型参数估计。

模型参数估计　　表 3-53

参　　数	估　　计	标 准 差	95%置信水平	
			下　　限	上　　限
A	−8.927 7	30.355 1	−70.685 6	52.830 1
B	0.751 3	0.639 7	−0.550 2	2.052 8
C	0.000 2	0.003 3	−0.006 6	0.007 0

从调整的决定系数(调整的R^2:0.894 02)和共线性检验结果(自变量的容忍度均大于0.1,特征根均远大于0)、残差分析、Bootstrap 分析来看,模型的拟合程度基本可接受。表 3-54 为模型方差分析表。图 3-67 为模型残差分析图。图 3-68 为常数 Bootstrap 分析。

模型方差分析表　　表 3-54

源	平　方　和	自　由　度	均　　方	F	Sig.
回归值	3 567.316	2	1 783.658	139.186	0.000
残差	422.893	33	12.815		
合计	3 990.210	35			

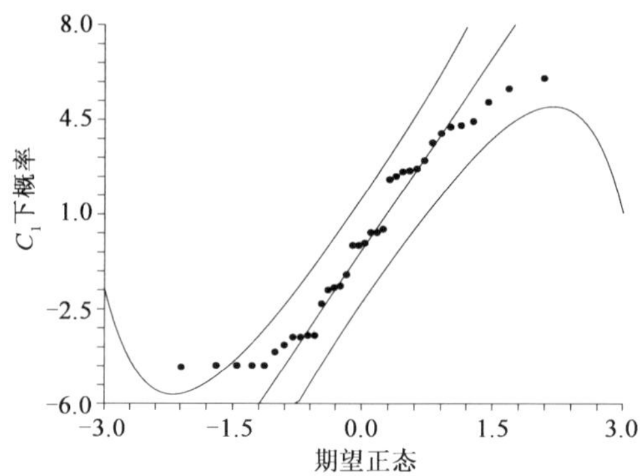

图 3-67　模型残差分析图

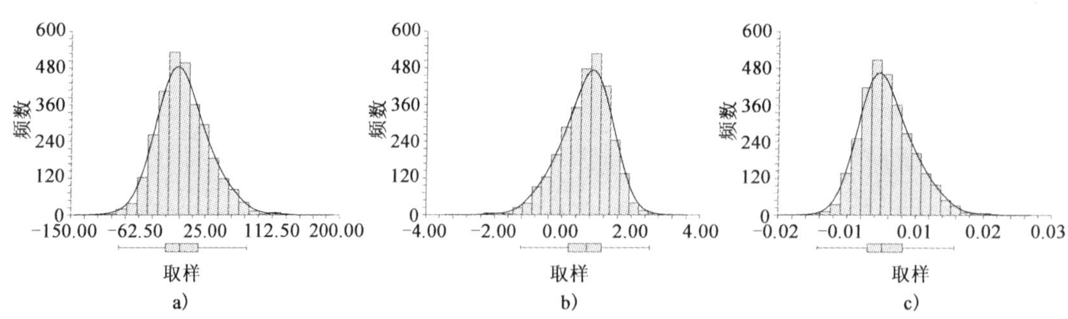

图 3-68　常数 Bootstrap 分析

综上所述,小客车 v_{15} 与 v_{85} 的关系模型为:

$$v_{15} = -8.927\,7 + 0.751\,3 v_{85} + 0.000\,24 v_{85}^2 \tag{3-41}$$

(2)货车 v_{15} 与 v_{85} 关系模型

利用清连高速货车的实测数据,剔除异常数据,利用 Spss 统计分析软件对断面 v_{15} 与 v_{85} 进行回归分析及曲线拟合(图 3-69),得到货车 v_{15} 与 v_{85} 关系模型:

$$v_{15} = A + Bv_{85} + Cv_{85}^2 \tag{3-42}$$

式中:A、B、C——常数。

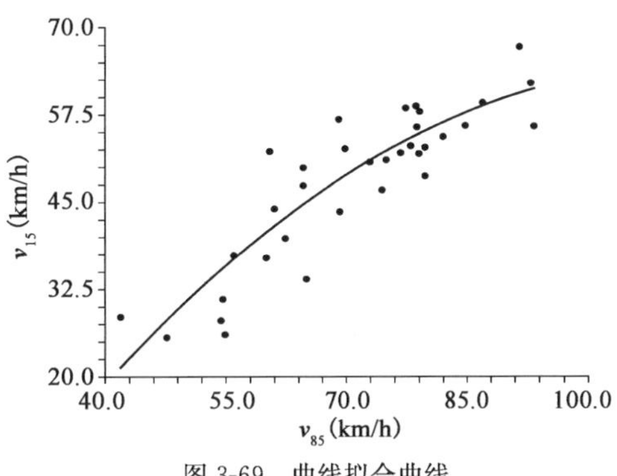

图 3-69　曲线拟合曲线

表 3-55 为模型参数估计。

模型参数估计　表 3-55

参　数	估 计 值	标 准 差	95%置信水平	
			下　限	上　限
A	−45.369 6	22.497 1	−91.089 3	0.350 0
B	1.960 2	0.653 4	0.632 3	3.288 1
C	−0.008 77	0.004 6	−0.018 2	0.000 7

从调整的决定系数(调整的 R^2 为 0.769 53)和共线性检验结果(自变量的容忍度均大于 0.1,特征根均远大于 0)、残差分析、Bootstrap 分析来看,模型的拟合程度基本可接受。表3-56 为模型方差分析表。

图 3-70 为模型残差分析。图 3-71 为常数 Bootstrap 分析。

模型方差分析表　表 3-56

源	平 方 和	自 由 度	均　方	F	Sig.
回归值	3 128.205	2	1 564.102	56.762	0.000
残差	936.887	34	27.556		
合计	4 065.092	36			

综上所述,货车 v_{15} 与 v_{85} 关系模型为:

$$v_{15} = -45.369\,6 + 1.960\,2v_{85} - 0.008\,77v_{85}^2 \tag{3-43}$$

2. 平原区高速公路 v_{15} 与 v_{85} 速度关系模型

利用北京至承德高速公路实测数据,对各观测点的调查速度进行处理,取各点 v_{15} 与 v_{85} 车速。研究表明,v_{15} 与 v_{85} 具有良好的相关性。参考经验的建模思路,构建速度与 v_{15} 和 v_{85} 之间的模型。

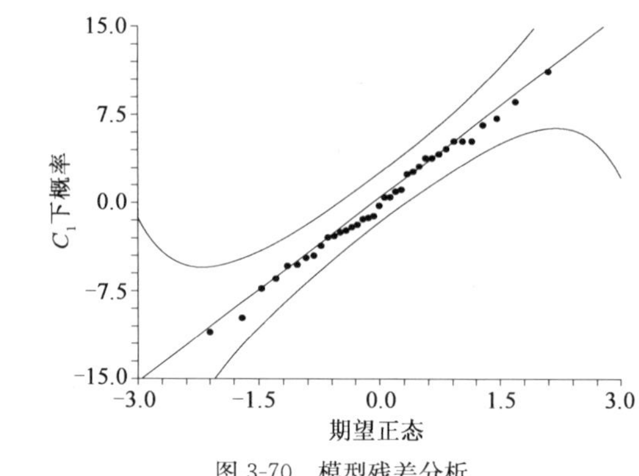

图 3-70 模型残差分析

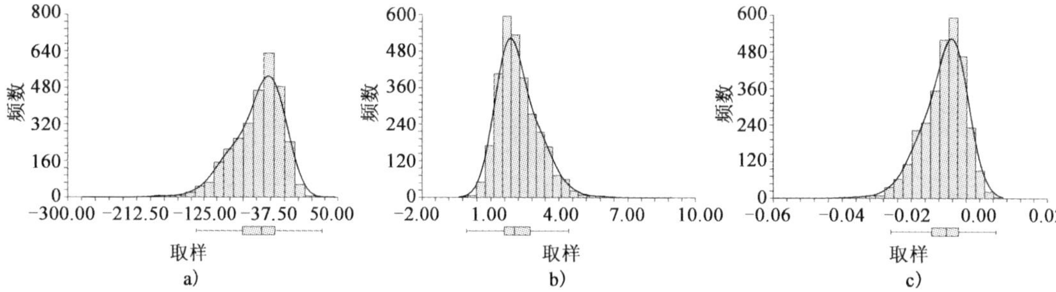

图 3-71 常数 Bootstrap 分析

$$v_{15} = f(v_{85}) \tag{3-44}$$

式中：v_{15}——15%位车速，km/h；

v_{85}——85%位车速，km/h。

1）小客车 v_{15}与 v_{85}速度关系模型

利用北京至承德高速小客车实测数据，剔除异常数据，利用 Spss 统计分析软件对断面 v_{15}与 v_{85}进行回归分析及曲线拟合（图 3-72），得到小客车 v_{15}与 v_{85}关系模型：

$$v_{15} = A + Bv_{85} \tag{3-45}$$

式中：A、B——常数，见表 3-57。

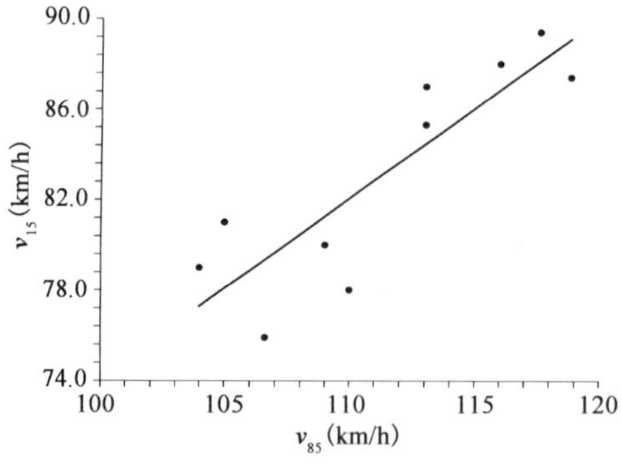

图 3-72 曲线拟合曲线

模型参数估计　　表 3-57

参　数	估 计 值	标 准 差	95%置信水平	
			下　限	上　限
A	−5.605 97	18.545 06	−48.370 96	37.159 01
B	0.796 98	0.166 45	0.413 14	1.180 83

从调整的决定系数(调整的 R^2 为 0.741 31)和方差分析、残差分析、Bootstrap 分析来看，模型的拟合程度基本可接受。

表 3-58 为模型方差分析表。图 3-73 为模型残差分析。图 3-74 为常数 Bootstrap 分析。

模型方差分析表　　表 3-58

源	平 方 和	自 由 度	均　方	F	Sig.
回归值	156.357	1	156.357	22.925	0.001
残差	54.563	8	6.820		
合计	210.920	9			

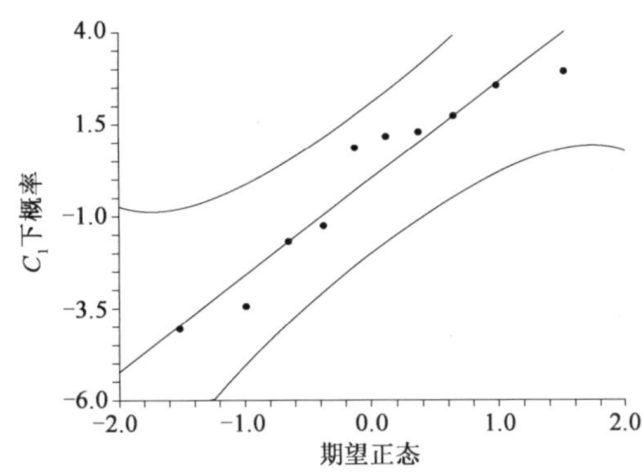

图 3-73　模型残差分析

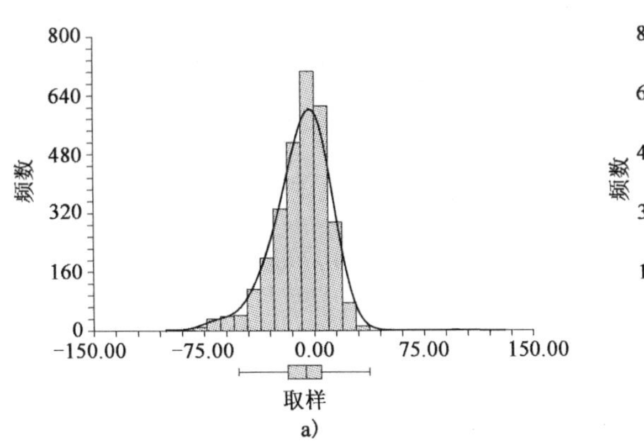

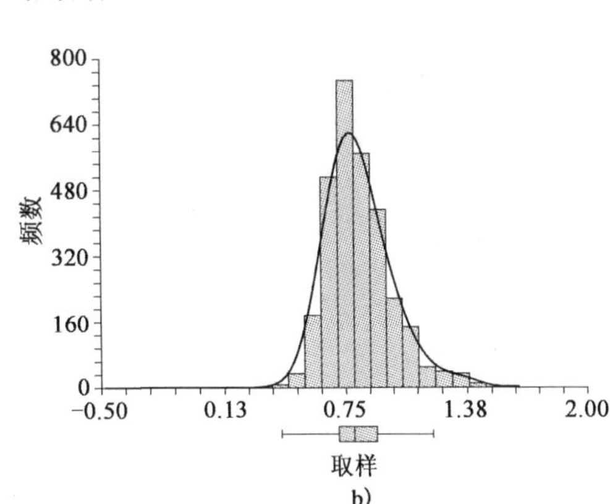

图 3-74　常数 Bootstrap 分析

综上所述，小客车 v_{15} 与 v_{85} 关系模型为：

$$v_{15} = -5.606 + 0.797v_{85} \tag{3-46}$$

2)货车 v_{15} 与 v_{85} 速度关系模型

利用北京至承德高速货车实测数据，剔除异常数据，利用 Spss 统计分析软件对断面 v_{15} 与 v_{85} 进行回归分析及曲线拟合(图 3-75)，得到货车 v_{15} 与 v_{85} 的关系模型：

$$v_{15} = A + Bv_{85} \tag{3-47}$$

式中：A、B——常数，见表 3-59。

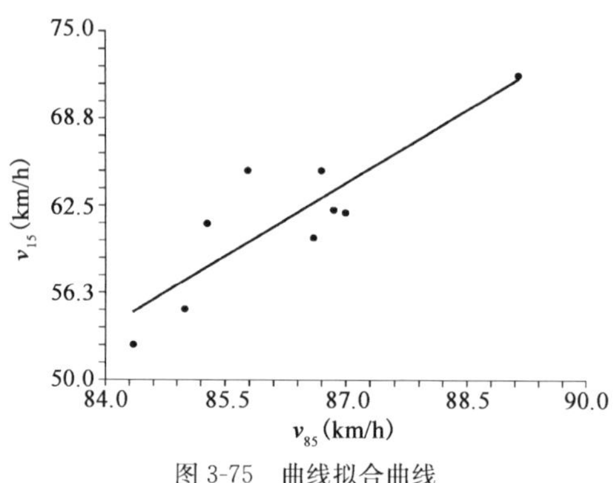

图 3-75 曲线拟合曲线

模型参数估计 表 3-59

参数	估计值	标准差	95%置信水平	
			下限	上限
A	−238.996 58	64.532 46	−391.591 59	−86.401 57
B	3.483 91	0.747 67	1.715 95	5.251 87
C	−0.155 88	0.471 39	−1.309 32	0.997 56

从调整的决定系数(调整的 R^2 为 0.756 21)和方差分析、残差分析、Bootstrap 分析来看，模型的拟合程度基本可接受。

表 3-60 为模型方差分析表。图 3-76 为模型残差分析。图 3-77 为常数 Bootstrap 分析。

模型方差分析表 表 3-60

源	平方和	自由度	均方	F	Sig.
回归值	193.817	1	193.817	21.713	0.002
残差	62.485	7	8.926		
合计	256.302	8			

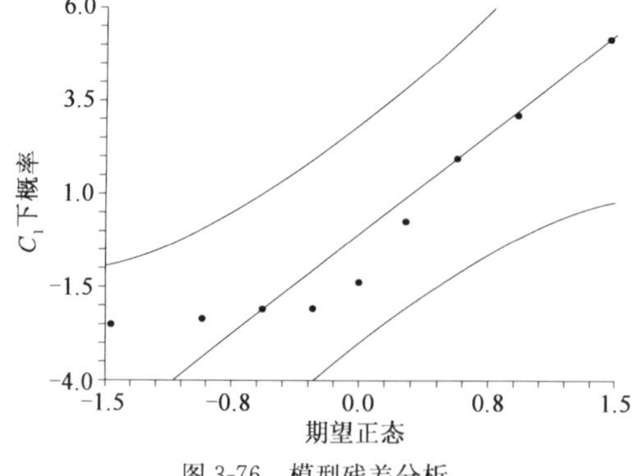

图 3-76 模型残差分析

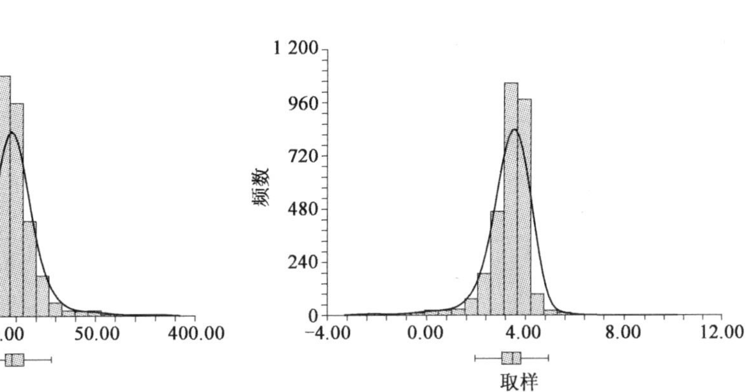

图 3-77　常数 Bootstrap 分析

综上所述，货车 v_{15} 与 v_{85} 关系模型为：

$$v_{15} = -239 + 3.4839 v_{85} \tag{3-48}$$

五、速度离散度分析

1. 离散型统计特性

速度离散度(Average Speed Difference，ASD)概念定义为：既定统计时段内连续通过观测点的单车道车流相邻车辆速度差绝对值的均值。

$$\text{ASD} = \frac{\sum_{i=1}^{n=1} |v_i - v_{i+1}|}{n-1} \tag{3-49}$$

式中：ASD——速度离散度；

n——样本量；

v_i——第 i 辆车的行驶速度；

v_{i+1}——第 $i+1$ 辆车的行驶速度。

速度离散程度可以很好地反映出统计间隔内个体车速的离散状况，同时也直接影响交通动态特征。相关研究表明，速度离散程度将对交通安全产生直接影响，速度离散程度越大，其事故率越高；反之，速度离散程度越小，其事故率越小。

1)等级公路离散性统计特性

离散性的调查断面选择了一般最小半径以上的平曲线，平均纵坡在 4%以下，标准二级路设计标准的横断面宽度，无路侧干扰、路面养护状况良好等条件的等级公路。交通组成小客车约占 60%，服务水平在三级以上。调查的结果表明，在这些条件下不同平纵线形指标的断面速度离散性没有明显差别，速度离散性在 10～20km/h，见表 3-61。

101 国道速度离散性统计特性　　表 3-61

序　　号	桩　　号	样 本 量	ASD	v_{85} - v_{15}(km/h)
1	K88+700	405	16.47	33.80
2	K88+650	326	19.38	46.67

续上表

序　号	桩　号	样本量	ASD	$v_{85}-v_{15}$(km/h)
3	K88+900	627	16.66	40.39
4	K88+380	290	18.22	36.45
5	K88+000	412	17.08	32.75
6	K88+500	479	16.62	33.80
7	K91+200	284	11.45	25.75
8	K91+090	457	16.11	33.80
9	K91+350	360	13.30	27.36
10	K94+620	230	12.38	30.58
11	K94+700	313	14.48	33.80
12	K94+800	562	14.62	32.19
13	K94+950	552	10.20	26.00
14	K95+000	268	17.56	40.23
15	K97+500	461	13.12	28.97
16	K97+700	268	14.78	28.97
17	K98+000	295	14.45	27.36
18	K98+100	310	17.02	33.64
19	K88+000	494	13.13	27.36
20	K87+850	322	17.05	46.83
21	K87+700	220	15.32	36.53
22	K81+950	398	16.10	38.62
23	K81=800	341	19.75	51.50
24	K81+700	407	18.05	46.67
25	K81+600	405	14.00	30.74

2)高速公路离散性统计特性

高速公路车速离散性的调查断面选择了一般最小半径以上的平曲线、平均纵坡在3%以下、标准设计双向六车道标准的横断面宽度、路面养护状况良好等条件的高速公路。交通组成小客车约占85%，服务水平在三级以上。调查的结果表明，在这些条件下不同平纵线形指标的断面速度离散性没有明显差别，速度离散性在10～20km/h，见表3-62。

京承高速公路速度离散性统计特性　　表3-62

序　号	桩　号	样本量	ASD	$v_{85}-v_{15}$(km/h)
1	K14+800	500	11.97	27
2	K14+900	600	15.66	31
3	K21+100	693	15.86	35
4	K21+200	525	15.85	34
5	K42+500	443	16.66	36.7

续上表

序　　号	桩　　号	样　本　量	ASD	$v_{85}-v_{15}$(km/h)
6	K42+600	662	17.18	34
7	K45+800	400	17.95	37
8	K45+900	420	17.37	36.3
9	K42+400	607	17.69	32.2
10	K42+500	406	11.53	20

2. ASD与速度关系模型

1)高速公路ASD与$v_{85}-v_{15}$关系模型

利用京承高速车辆实测数据，剔除异常数据，利用Spss统计分析软件对断面ASD与$v_{85}-v_{15}$进行回归分析及曲线拟合(图3-78)，得到ASD与$v_{85}-v_{15}$(用v_{85-15}表示)关系模型：

$$ASD = A + Bv_{85-15} \tag{3-50}$$

式中：A、B——常数，见表3-63。

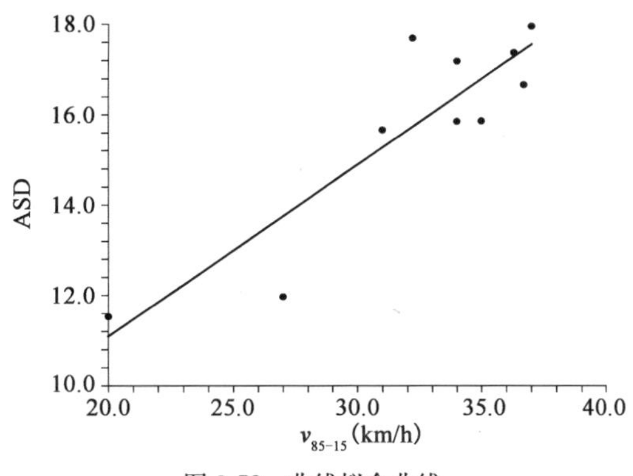

图3-78　曲线拟合曲线

模型参数估计　　表3-63

参　　数	估　计　值	标　准　差	95%置信水平	
			下　　限	上　　限
A	3.493 7	2.295 3	−1.799 2	8.786 6
B	0.379 9	0.070 2	0.218 1	0.541 7

从调整的决定系数(调整的R^2为0.785 55)和方差分析表、残差分析、Bootstrap分析来看，模型的拟合程度基本可接受。

表3-64为模型方差分析表。图3-79为模型残差分析。图3-80为常数Bootstrap分析。

模型方差分析表　　表3-64

源	平　方　和	自　由　度	均　　方	F	Sig.
回归值	0.249 0	1.000 0	0.249 0	27.385 7	0.000 8
残差	0.072 7	8.000 0	0.009 1		
合计	0.321 7	9.000 0			

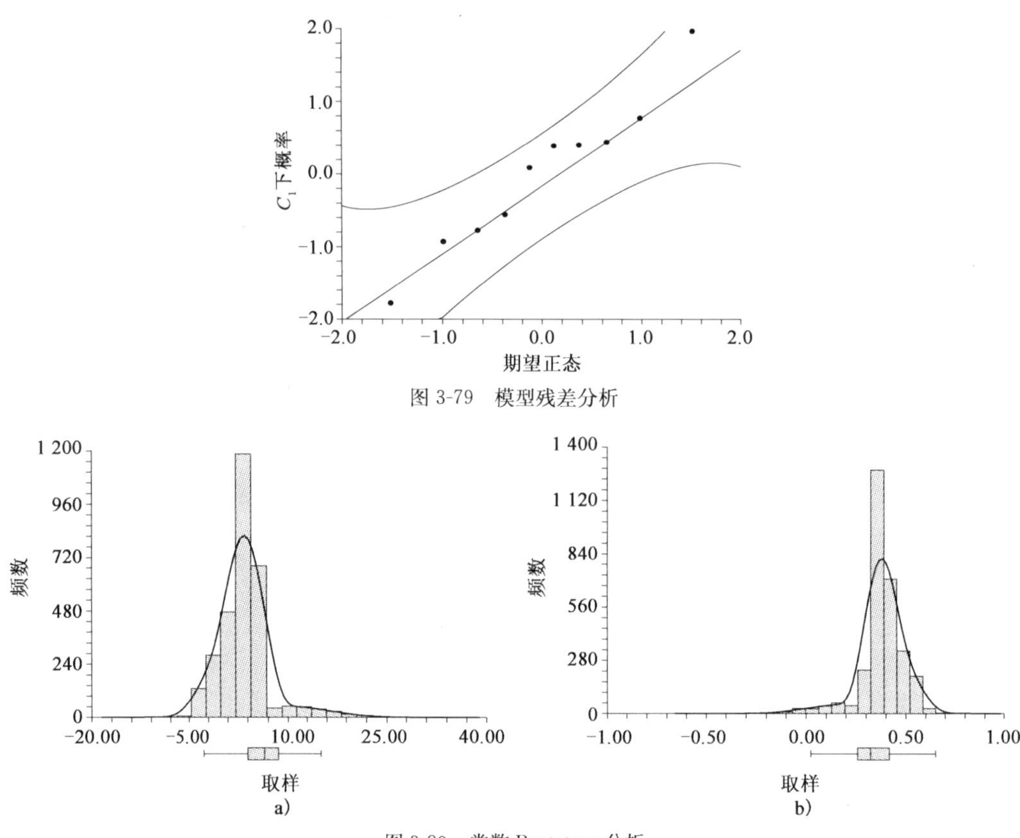

图 3-79 模型残差分析

图 3-80 常数 Bootstrap 分析

综上所述，小客车 v_{15} 与 v_{85} 关系模型为：

$$\mathrm{ASD}=3.4937+0.3799v_{85-15} \tag{3-51}$$

2）二级路 ASD 与 $v_{85}-v_{15}$ 关系模型

利用 101 国道密云山区段车辆实测数据，剔除异常数据，利用 Spss 统计分析软件对断面 ASD 与 v_{85} 进行回归分析及曲线拟合（图 3-81），得到车辆 ASD 与 v_{85} 关系模型：

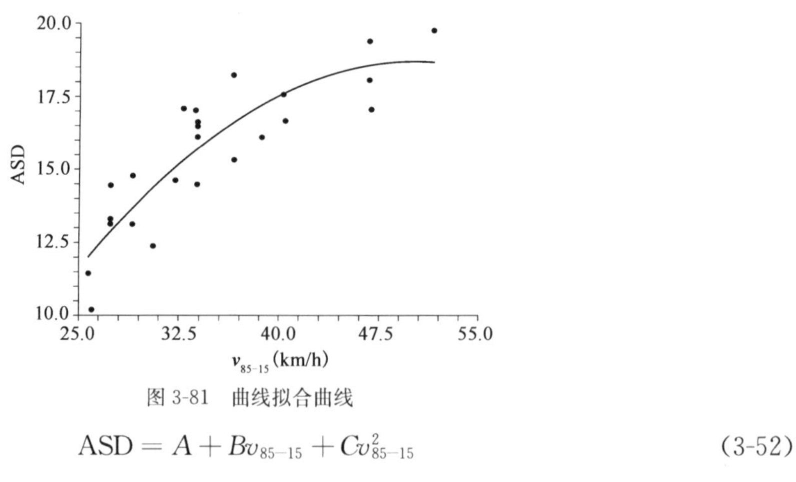

图 3-81 曲线拟合曲线

$$\mathrm{ASD}=A+Bv_{85-15}+Cv_{85-15}^{2} \tag{3-52}$$

式中：A、B、C——常数。

表3-65为模型参数估计。表3-66为模型方差分析表。图3-82为模型残差分析。图3-83为常数Bootsrtap分析。

模型参数估计 表3-65

参数	估计	标准差	95%置信水平	
			下限	上限
A	−9.5596	6.5980	−23.2810	4.1617
B	1.1278	0.3610	0.3771	1.8785
C	−0.0113	0.0048	−0.0212	−0.0013

从调整的决定系数(调整的 R^2 为0.75565)和方差分析、残差分析、Bootstrap分析来看，模型的拟合程度基本可接受。

模型方差分析表 表3-66

源	平方和	自由度	均方	F	Sig.
回归值	106.8065	2.0000	53.4032	36.7125	0.0000
残差	32.0019	22.0000	1.4546		
合计	138.8084	24.0000			

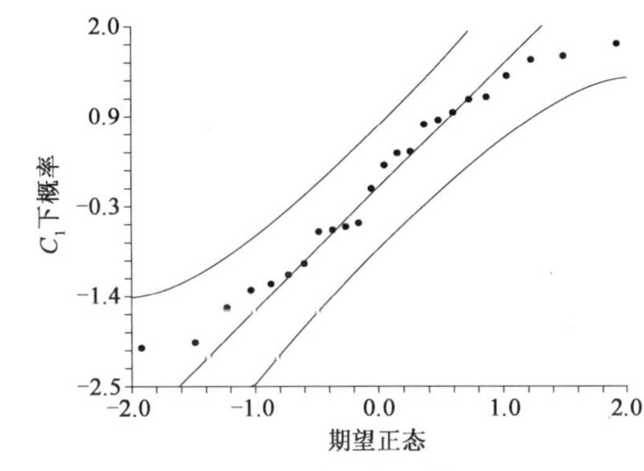

图3-82 模型残差分析

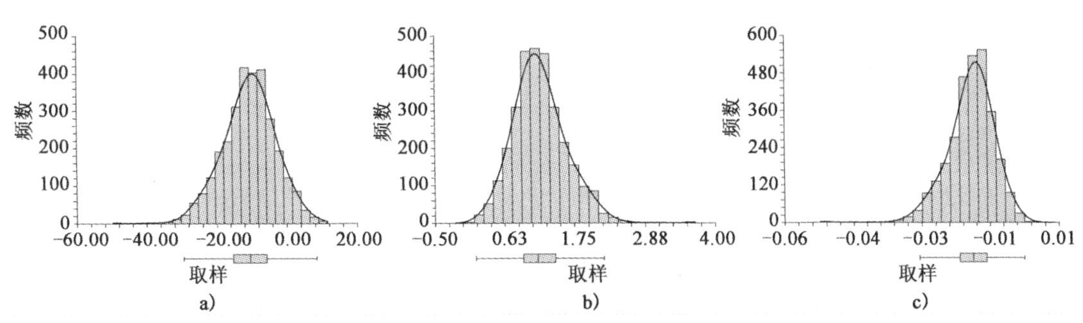

图3-83 常数Bootstrap分析

综上所述，ASD与 v_{85} 关系模型为：

$$ASD = -9.5596 + 1.1278 v_{85-15} - 0.0113 v_{85-15}^2 \quad (3-53)$$

第四章　公路限制速度决策技术

随着近些年我国公路建设快速发展，公路营运里程的快速增多，高等级公路的行车质量有了大幅的提升。近几年，小型载客车的车辆性能及质量有了质的飞跃，而在目前的交通运行体制下，大型载货车超载运输下的不安全现象时有发生。在上述车辆因素差异的作用下，我国车辆在公路上的运行速度差异较大，交通流离散性大。根据专题前期对车辆运行速度的研究成果，以小客车为代表车型，整体车辆的运行速度(85%位车速)要大于实际公路设计速度，超过实际设计速度 30%～50%；另外，以重载运输的大型货车为代表车型，其整体运行速度要远低于设计速度，这一特征在高速公路上表现更为明显。

以往的公路管理中，公路限速值在设计公路过程中就已确定，交通工程设计者普遍以设计速度作为公路的限制速度。到目前为止，大部分公路限速的确定还依然采用这种方法。从交通本质需求上讲，就目前小客车的安全性及机动性能而言，这种限速水平显然不能满足小客车驾驶员高速驾驶的需求，超速行驶在高速公路上较为普遍。所以，交通执法者若按照该限制速度进行执法，会有较多驾驶员受到交通处罚。当然，大部分驾驶员对采用设计速度作为公路限速值速度这种方法的适当性提出了较强烈的质疑。

目前，我国在确定公路限速值上还没有成文的规定以及可直接借鉴的有效经验。因为车辆的行驶速度涉及交通安全、运输效率、能源的消耗及尾气排放等多方面，管理者对所实现的目标倾向不同，会决策出不同的限速值。本章主要对比阐述目前国内外所进行的一些限速值决策方法，并结合课题研究给出多目标限速值决策模型。

第一节　限速方法与对比

一、国内限速值的确定方法

经调查与总结，国内公路所采取的限速值确定方法包括以下四种类型。

1. *以设计速度作为公路限制速度*

1)方法的由来

目前，在我国公路限速值确定过程中，还较普遍地使用设计速度作为公路最高限制速度的方法，因为这种做法适用于我国公路建设、竣工、验收、营运管理这一流程。公路由建设单位按照设计标准来完成所有的主体工程及交通附属工程，统一交给主管部门组织验收，交通主管部门验收合格后，委托给营运公路进行营运管理。交通主管部门进行验收只从公路建设质量及标准的符合性上来考虑，并未考虑实际交通开通后，由交通、环境的变化可能给交通管理带来的问题。如果交付营运单位来管理，出现这些问题，需要营运单位支付成本来完善设施。如果在公路建设阶段就将营运管理过程中可能带来的问题考虑进去，在建设阶段一并完成，无疑是减少项目整体成本的一项有效途径。限速值问题就是这一流程中比较突出的问题，当然在公路营运过程中交通安全事故问题也是很突出的问题。

建设阶段和营运管理阶段遇到问题及解决问题的重点是不同的。建设阶段注重工程的质量管理，而营运阶段除解决养护技术问题外，还要面对广大驾驶员对交通运行管理的审视，还要处理由交通运行所带来的事故、噪声污染等危害。所以，营运管理阶段遇到的影响因素更为多，问题也更为复杂。在建设阶段如果能解决这些问题，减少这些危害因素的发生，降低危害的影响程度，无疑是一项减少营运管理问题的有效途径。

2)方法的适用性及优点

从目前实施后引发的问题看，该方法适用于设计速度为 120km/h 的高速公路、设计速度为 100km/h 的一级公路和设计速度为 80km/h 的二级公路，见表 4-1。该方法的优点就是简单、直接，符合目前的建设、验收及管理程序。

方法适用性对比　　表 4-1

公路类型	原　因
设计速度为 120km/h 的高速公路	道路安全法将最高行驶速度限制在 120km/h，与设计速度一致
设计速度为 100km/h 的一级公路	一级公路为非全封闭，有接入口，存在潜在的路侧影响，而最高限速也只能达到 120km/h，所以采用设计速度相对较适合
设计速度为 80km/h 的二级公路	二级公路一条车道，路侧干扰较严重，相对采用设计速度 80km/h 比较恰当

3)方法存在的问题

(1)第一问题：缺乏合理的支撑依据

设计速度是公路建设阶段质量控制的指标，限制速度是公路营运后由驾驶员、车辆、道路及环境共同作用所形成的营运安全、效率管理指标，属公路营运管理范围内。所以，在目前这种道路交通条件下，设计速度不等于限制速度，不能将公路建设阶段的指标划分到公路管理阶段来，但可以作为公路管理阶段指标的辅助参考指标。在这里面，一个本质的问题是影响运行速度的公路线形指标不是所有的路段都采用了设计速度的极限值。实际上绝大部分路段都采用了远高于设计速度的指标，这也从根本上造成了车辆实际行驶速度的运行速度远大于公路设计文件所采用的设计速度。

(2)第二问题：实践检验不能满足实际需求

目前，很多设计速度为 60km/h、80km/h、100km/h 的高速公路，以及设计速度为 60 km/h 的二级公路所产生的限速值不高的问题都是由使用设计速度作为公路的限制速度造成。在这些公路上车辆的行驶速度普遍大于设计速度，显然限制速度降低了驾驶员的高速驾车的需求。

2. 按照道路交通安全法的规定设置公路限速值

1)方法的由来

《中华人民共和国道路交通安全法》及其实施条例中，对车辆在高速公路及双车道公路上的行驶速度进行了规定。由于是从法律角度来考虑限速问题，很多公路交通管理者拿此作为依据，来确定公路限速值。《中华人民共和国道路交通安全法》及其实施条例中关于高速公路和双车道公路限速的规定如下。

第二节　机动车通行规定

第四十四条　在道路同方向划有2条以上机动车道的，左侧为快速车道，右侧为慢速车道。在快速车道行驶的机动车应当按照快速车道规定的速度行驶，未达到快速车道规定的行驶速度的，应当在慢速车道行驶。摩托车应当在最右侧车道行驶。有交通标志标明行驶速度的，按照标明的行驶速度行驶。慢速车道内的机动车超越前车时，可以借用快速车道行驶。

在道路同方向划有2条以上机动车道的，变更车道的机动车不得影响相关车道内行驶的机动车的正常行驶。

第四十五条　机动车在道路上行驶不得超过限速标志、标线标明的速度。在没有限速标志、标线的道路上，机动车不得超过下列最高行驶速度：

(一)没有道路中心线的道路，城市道路为每小时30公里，公路为每小时40公里；

(二)同方向只有1条机动车道的道路，城市道路为每小时50公里，公路为每小时70公里。

第五节　高速公路的特别规定

第七十八条　高速公路应当标明车道的行驶速度，最高车速不得超过每小时120公里，最低车速不得低于每小时60公里。

在高速公路上行驶的小型载客汽车最高车速不得超过每小时120公里，其他机动车不得超过每小时100公里，摩托车不得超过每小时80公里。

同方向有2条车道的，左侧车道的最低车速为每小时100公里；同方向有3条以上车道的，最左侧车道的最低车速为每小时110公里，中间车道的最低车速为每小时90公里。道路限速标志标明的车速与上述车道行驶车速的规定不一致的，按照道路限速标志标明的车速行驶。

2)方法的适用性及优点

该方面适用于设计速度为120km/h的高速公路，以及线形条件路段较好的高速公路一般路段，对于设计速度小于80km/h且大于或等于40km/h的双车道公路也适用。该方法的优点在于直接、明确，适用于一般路段限速值制订。

3)方法存在的问题

第一个问题：对于设计速度小于80km/h的高速公路，使用该方法会忽略公路上局部线形指标极限路段的危险性；同样，对于那些设计速度低于40km/h的双车道公路，也忽略了局部路段存在的安全性。

第二个问题：该方法从法律角度决策公路限速值，忽略了公路设计指标的限制。

按照上述法律条款中的规定，对于双车道公路通常的做法是不设置限速标志，按照道路交通法来执行，主要考虑法律是每一位驾驶员都要执行的。有急弯标志的路段限速30km/h，没有急弯标志的路段限速70km/h。而对于高速公路而言，也按照有关高速公路车辆行驶速度的要求设置限速标志，不再考虑高速公路本身的设计指标要求。这种做法相对较为简单，但实际性规避了公路自身有关安全与运行效率之间关系的探讨，把所有的矛盾都转嫁到法律这个相对公平的协调关系上来。

3. 以经验值法作为确定限速值的方法

1)方法的由来

随着我国公路交通流量的快速增加以及大型重载货车对交通安全的影响,一些相对较特殊的路段,如连续长下坡、隧道等路段在特殊环境因素作用,往往成为了事故相对较为多发的路段。在目前我国现行交通安全管理体制下,交通警察部门过多地将事故发生原因归为车辆过快的行驶速度。在这种背景下,对于这些路段往往采取较低的限速控制策略。

比如,在连续长下坡路段,设计速度是80km/h的高速公路,限制速度可能为60km/h。对于隧道,也有同样的做法或案例。

2)方法的适用性及优点

以经验值作为确定公路限速值的方法适用于公路上局部特殊路段,比如隧道、连续长下坡路段、村镇路段,这种方法侧重对交通安全的保障。其优点是制订出的限速值较符合公路交通运行环境及条件。

3)方法存在的问题

一方面,方法实施缺乏较可靠的支撑依据,主观性强,数字科学性少,在说服力上存在一定的限制;另一方面,可适用的范围小,应用的范围小,局限性强,较多依靠以往的实践。

4. 以运行速度作为限制速度值

1)方法的由来

随着近几年公路限速与驾驶员之间矛盾的增多,很多研究单位及公路管理者开始探索并引进运行速度理念,以解决限速管理问题,从而产生了以运行速度限制值作为公路限速值决策依据的方法。该方法的原理及实施过程是从国外的相关经验与方法引进的,有两个强有力的支持依据,一是运行速度是综合反映驾驶员、车辆性能、道路线形、环境综合因素、互相作用的一个综合性指标,更能充分表达公路车辆实际的运行状况,决策出的限速值更能体现驾驶员的需求;二是采用85%位车速可满足绝大部分驾驶员的驾驶需求,只对15%驾驶员进行限制,符合法律的效力原则。从执法角度考虑,法不责众,要满足大多数需求,只对少部分驾驶员进行限制。

2)方法的适用性及优点

以运行速度作为决策限速值的方法主要适用于公路上除穿越村镇、隧道等局部特殊路段外的一般路段。该方法适用范围比较广泛,通常的道路交通条件即可满足该方法的需求。由于从实际运行状态来决策限速值,可信度较高,也较大范围地满足驾驶员的实际需求。

3)方法存在的问题

这种方法在程序执行上不存在任何问题,只是在方法的确定过程中,对如何确定具有代表性的运行速度值存在可选方法众多、很难作出比较的难度。

下面是两个目前已应用的以运行速度作为高速公路限速值决策方法的方法案例。方法具体实施流程见图4-1、图4-2。

5. 各种方法总结

目前,在我国高速公路上设计速度等于或低于100km/h的高速公路倾向使用运行速度作为确定限速值的基础。对于设计速度为120km/h的高速公路,以道路交通安全法最高限速120km/h作为界限值。对于设计速度在60km/h以上的双车道公路,主要采用设计速度作为公路的限制速度；设计速度在40km/h及40km/h以下的公路，各地方公路管理部门倾向选用道路交通安全法及其实施条例中的相关规定作为限速的依据。对目前国内正在使用的限速值确定方法进行总结，行程总结表见表4-2。

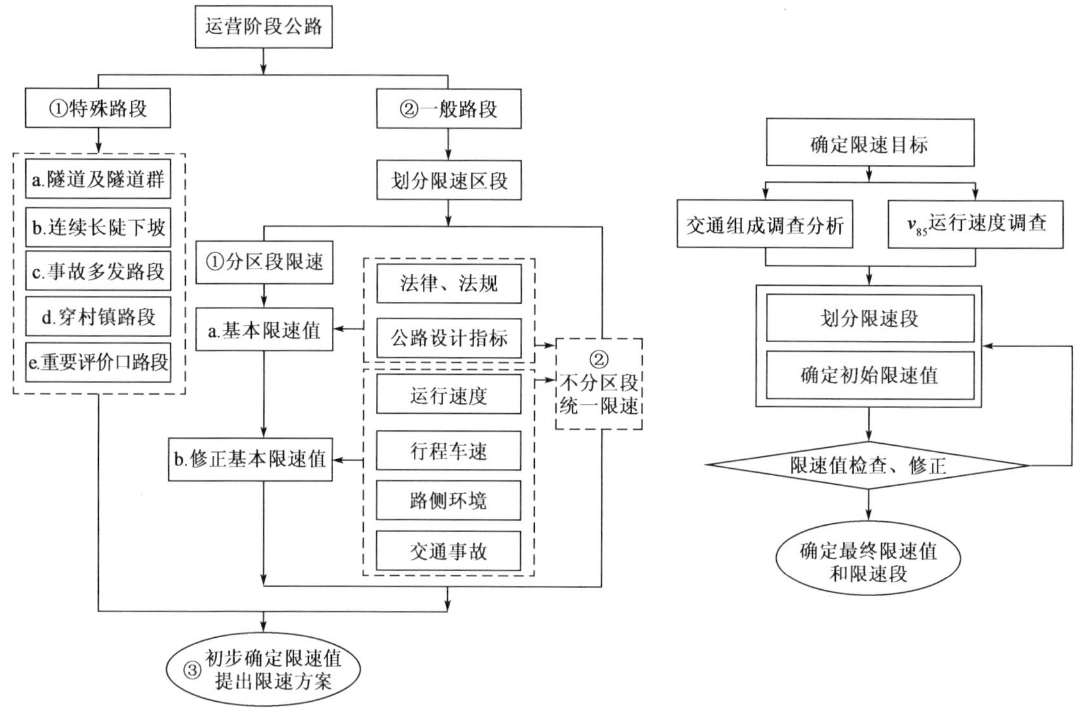

图4-1 新疆、陕西高速公路应用限速值确定方法

图4-2 广西、重庆高速公路应用限速值确定方法

国内各种限速值决策方法总结

表4-2

限速值决策方法	缺点	优点	适用范围
以设计速度作为公路限制速度	较难满足驾驶员需求；缺乏较合理的理论支撑	符合建设、验收及管理程序	设计速度为120km/h的高速公路；设计速度为100km/h一级公路；设计速度为80km/h的二级公路
按照道路交通安全法的规定设置公路限速值	只从法律角度考虑，忽略了线形指标低的路段存在的安全问题	有法律依据，给限速管理带来便利	设计速度为120km/h的高速公路；设计速度小于80km/h且大于或等于40km/h的双车道公路
经验值法作为确定限速值的方法	缺乏理论支撑，数字科学性少	较为体现决策者的主观意识	公路局部特殊路段
运行速度方法	运行速度代表值确定比较困难	较科学地反映实际交通运行情况，满足大多数驾驶需求	广泛适合各等级公路的一般路段

从上述分析对比表可看出，只单一地使用一种限速值决策方法在解决限速值上局限性较大。因此，应在上述方法的基础上有所整合，形成综合利用上述方法的优点、系统解决限速管理问题的限速值决策方法。

二、国外限速值的确定方法

1. 法定限速

1)方法的由来

法定限速是以法律规定出在道路上车辆必须遵循的最高或最低行驶速度,具有强制性,是交通警察执法的依据。法定限速在欧美发达国家较常用,这源于这些国家有着很完备的法律体系及法制观念。

法定限速较能体现国家对于社会发展的政策,比如在美国历史上实行过两次典型的法定限速。第二次世界大战期间,为了减少民用石油的使用量,美国规定全国限速为 56km/h。1973 年,面对能源危机,为了减少对石油的依赖性,美国国会颁布了 NMSL 法案,将限制速度提高到 89km/h。89km/h 为机动车的经济速度。

法令限速在美国地方政府也有很长的历史,许多地方政府通过法令在当地道路上设置限速值。在最近几年,美国市民关注起限速问题,尤其是对于相邻的洲际公路,政府不得不实行低速限制,或采用其他的措施来管理住宅区的驾驶员速度。

2)方法的适用性及优点

法定限速的适用性较为广泛,不管是局部路段,还是其他一般路段,都可以通过法定限速这种方法进行解决,该法较能体现交通管理者的意志及社会发展的主题。该法的优点是直接,可满足道路使用者、参数者以及影响者对于速度管理的需求。

3)方法存在的问题

对于一些道路条件好的路段,这种方法决策出的限速值可能偏低,也可能偏高,因为该方法对交通安全的考虑并未具体道路具体分析。

2. 最优限速法

1)方法的由来

早在 20 世纪 60 年代美国学者 Oppenlander 就提出了机动车运行速度最优限速法。这种方法认为驾驶员个人选择的驾驶速度并没有考虑对其他人员的危害。例如,以较高的速度驾驶事故发生的严重性大大增大,它也直接增加了燃料的消耗,更高的废气物质的排放,还有那些不是由于个人或者其他道路使用者所承担的花费。由于这些额外的花费,对于个人的最优速度与整个社会的最优速度是不一样的,由此产生了用来计算平衡经济效益及社会效益达到最佳的限速值决策方法。

Oppenlander 的方法是把四类花费——机动车运行、旅行时间、事故及服务(如舒适和方便性)作为速度的功能。费用曲线是通过研究机动车在各种类型道路上的不同交通条件和交通类型来绘制的。最优速度是通过求解花费曲线的最低点求得。这种方法最适合确定针对不同等级的公路总体限速值。也可针对每一条路的实际交通条件来计算限速区的限速值。

2)方法的适用性及优点

该方法可适用于各等级公路的限速值计算,计算考虑了各种综合因素,较符合社会、经济协调发展需求。

3)方法存在的问题

该方法中一些关键性的指标较难确定,很难达到实际中的最优效果。

3. 工程研究方法

1)方法的由来

该方法是在运行速度方法的基础上产生的一种考虑多因素决策限速值的方法。在欧美等发达国家,确定限速区域限速值主要采用的限速方法是工程研究方法。该方法要求通过收集并分析数据来确定一个适合的限制速度。所收集的数据包括占有优势交通组成的速度、事故数据、交通量、道路线形和道路路边状况等。具体操作时,v_{85}是最通常采用的一种确定限速水平的数值。通过调查、计算等手段获得v_{85}值,确定最初的限速参考值,然后综合考虑道路线形、事故情况等因素最终确定速度限制值。

采用v_{85}作为限速参考值,起初是因为在车辆运行中,大部分驾驶员能够安全地把握、判断他们的速度。而且85%位限速也符合国外法律精神,在实际执行中只有15%的驾驶员必须降低行驶速度,接受限速法律限制。v_{85}速度是通过在自由流条件下的地点速度调查,计算速度累计频率分布的第85%值来获取的。后来,一些学者研究发现采用v_{85}速度进行限速,还具有确保交通安全的作用。

美国研究人员的观测统计,16km/h(10mile/h)最大车速概率分布区间(10 mile)包含了绝大部分(70%以上)车速值。研究还发现,车速位于该区间的车辆累积频率越大,车辆速度的离散性越小。美国部分州的限速指南中也有将该区间上限值作为限速值的主要参考依据的,但该区间的上限值与v_{85}速度相差无几,如图4-3和图4-4所示。

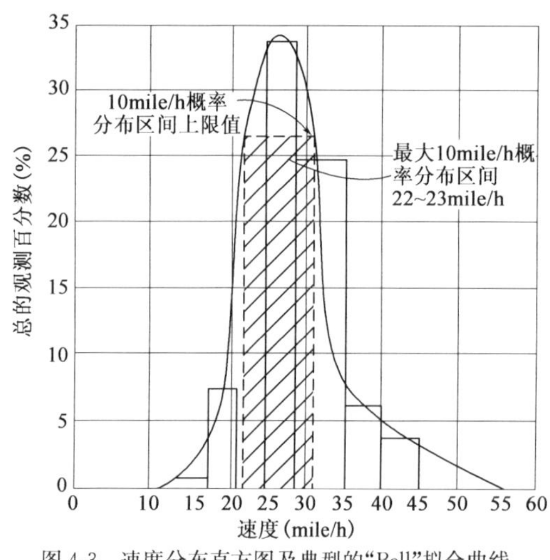

图4-3 速度分布直方图及典型的"Bell"拟合曲线

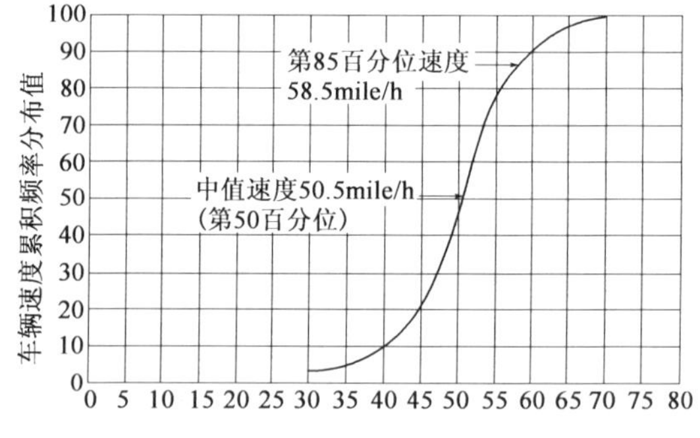

图4-4 速度累积频率分布的"S"形曲线

英国、加拿大、澳大利亚等多个国家限速的原则基本和美国相似,在v_{85}速度的基础上,综合考虑道路条件,历史事故记录适当折减。各国均接受Solomon关于事故与速度关系的论证,即事故与速度差的关系呈U形曲线,车辆在以平均速度一个标准差速度范围内行驶时,有较低的事故率;平均速度加上10km/h附近位置(接近v_{85}速度),事故率最低(图4-5)。而且,发达国家的车速分布非常相似,即约70%的车辆速度集中在16km/h(10mile/h)最大车速概率分布区间。

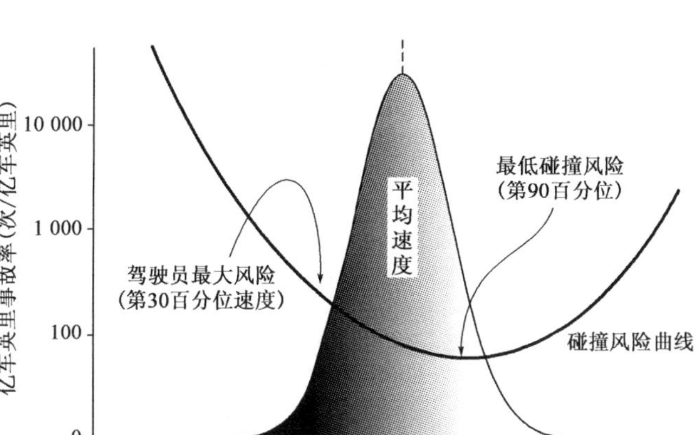

图 4-5 速度均值偏差与亿车英里事故率间的关系

2)方法的适用性及优点

该方法的适用性较为广泛，一般路段和特殊路段均可使用，决策出的限速值相对较为科学，体现运行效率与安全之间关系的模型。

3)方法存在的问题

没有考虑限速对能源消耗及尾气排放的影响，方法依赖于调研。

4.专家系统方法

1)方法的由来

由于限速过程中所考虑影响因素较多，不同等级、类型道路所涉及的影响因素不同，随着计算机技术的发展，研究机构通过计算机将限速值确定方法模块化，方便使用者操作、计算，最终发展为限速决策者进行速度管理的辅助工具。

澳大利亚道路研究局发展一种专家系统，该系统通过软件实现。共有以下 5 个步骤：

(1)输入限速区域的环境特征(城市道路、公路)；

(2)车行道、路边等因素(车道宽度、车道数量)；

(3)基于(1)、(2)计算出一个最优的速度；

(4)通过特出区域、其他因素修改最终的限速区域、限速值；

(5)85%位车辆速度，最终输出限速区域的限速值。这种专家系统方法考虑了交通工程研究中所有的因素。

专家系统实际上是在特定领域通过模拟专家思考过程来解决复杂问题的计算机程序。澳大利亚道路研究委员会(ARRB)研发了称为维多利亚专家系统，系统整合了道路管理机构进行限速计算的复杂决策过程。考虑的因素包括：现有限速、运行速度、土地使用、通达性、道路设计参数、事故等。系统实现流程见图 4-6。

2)方法的适用性及优点

可适用于各种道路，使用方便，便于决策。

3)方法存在的问题

只可作为辅助决策，难以作为全面的决策参考。

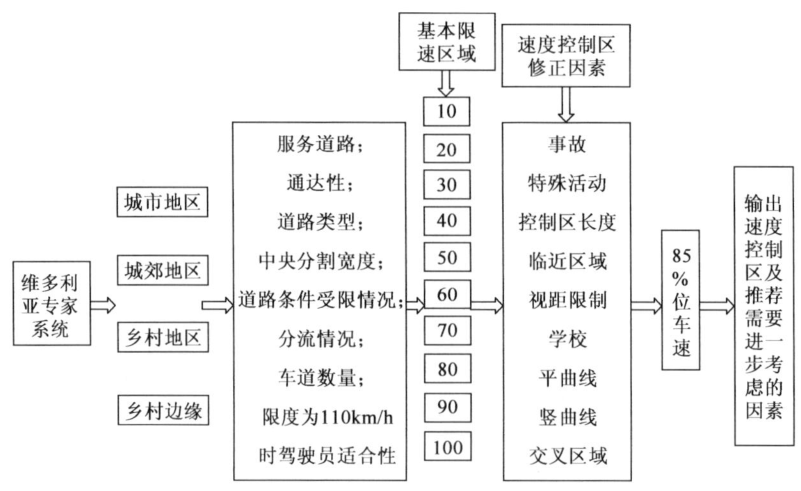

图 4-6　维多利亚专家系统结构图

5. 总结和借鉴

对国外目前正在应用的各种类限速值确定方法进行总结(表 4-3),以便于形成适用于我国公路的限速值决策技术方法。

国内各种限速值决策方法总结　　表 4-3

限速值决策方法	缺　点	优　点	适 用 范 围
法定限速法	只从法律角度考虑,忽略了线形指标低的路段存在的安全问题	直接,明确,简单,符合大多数交通参与者的需求	各等级、区域道路均适合
最优限速法	难确定中间变量,实施起较困难	考虑因素综合,系统	公路一般路段
工程技术法	对于车辆的尾气、污染物排放未考虑	相对科学、合理	可适用各等级、区域道路
专家系统法	只可作为辅助决策,以工程技术方法为基础	使用方便、简单	可适用各等级、区域道路

从国外各种限速方法可以看出,工程技术方法的应用最为广泛、最优限速法考虑因素最为齐全;而专家系统方法应是在上述两种基本方法基础上所形成的软件辅助决策系统。因此,可将最优限速法和工程技术法来借鉴到我国公路限速值确定过程中,在此基础上形成适合我国公路限速的限速值辅助决策支持系统。

第二节　限 速 模 型

为了对道路形成合理、科学的限速决策,很多研究学者开始考虑通过形成模型的形式来计算、估计道路合理的限速值,以实现对公路限速的管理。

一、国内限速模型

1. 基于效率、安全、经济、舒适的限速值确定模型

该模型是由哈尔滨工业大学程国柱博士提出的,具体构思及模型的行程过程如下所述。

高速道路最高车速限制应实现效率、安全、经济、舒适四个目标，而这四个目标之间存在着相互制约的关系。在自由流条件下，车速越高，则运行效率越高，但安全性、经济性与舒适性却会下降。因此，采用多目标优化方法，在效率、安全、经济与舒适之间寻求最优解，是确定合理的最高车速限制值的基本思路。最高车速限制值的制订是一个多目标优化问题，需构建的目标函数及约束条件如下。

运行效率：以理想车速为基准，构建高速道路的时间费用函数，以时间费用最小作为运行效率的目标函数。

安全性：以事故严重程度作为高速道路安全性的度量标准，借鉴已有的事故死亡率与车速的关系模型，给出高速道路最高车速限制基于安全性的约束条件。

经济性：分析建立高速道路代表车型的油耗量与车速关系模型，构建油耗费用函数，以油耗费用最小作为经济性的目标函数。

舒适性：建立车速与舒适性评价指标的关系模型，给出高速道路最高车速限制基于舒适性的约束条件。

(1)目标函数

目标函数驾驶员根据道路和交通条件，总希望以高速换取高运输效率。车速越高，在道路上所花费的时间越短，时间费用亦越少，即时间费用与驾驶员理想车速具有正相关性。

以旅客在途时间内因达不到其理想车速致使在途时间增加而少创造的价值作为高速道路旅客在途时间费用，旅客时间价值的计算以人均国内生产总值为依据。

构造的高速公路旅客在途时间费用函数如式(4-1)所示。

$$C_t = \frac{G}{365 \times 8} E \cdot Q \cdot \left(\frac{L}{v} - \frac{L}{v_i}\right) \tag{4-1}$$

式中：C_t——高速公路旅客在途时间费用，元；

G——人均国内生产总值，元/(人・年)；

E——平均载运系数，人/车；

Q——交通量，辆/d；

L——高速公路长度，km；

v——运行车速，km/h；

v_i——驾驶员理想车速，km/h。

高速道路最高车速限制制订时应以运行效率最高，即时间费用最小作为目标之一。构建的高速道路最高车速限制的运行效率目标函数如式(4-2)所示。

$$\min(C_t) = \min\left[\frac{G}{365 \times 8} E \cdot Q \cdot \left(\frac{L}{v} - \frac{L}{v_i}\right)\right] \tag{4-2}$$

(2)基于安全性的约束条件

根据美国严重事故研究所(NCSS)的数据，交通事故死亡率与速度梯度的4次方成正比，其关系如式(4-3)所示。按照式(4-3)对数据进行拟合得到速度梯度与事故死亡率的关系曲线如图4-7所示。从图中可以看出：当速度梯度超过114.24km/h时，发生交通事故致死的几率是100%。

$$I_{\text{Death}} = \left(\frac{\Delta v}{114.24}\right)^4 \tag{4-3}$$

式中：I_{Death}——交通事故死亡率，%；

Δv——速度梯度，即断面的运行速度与平均速度的差值。

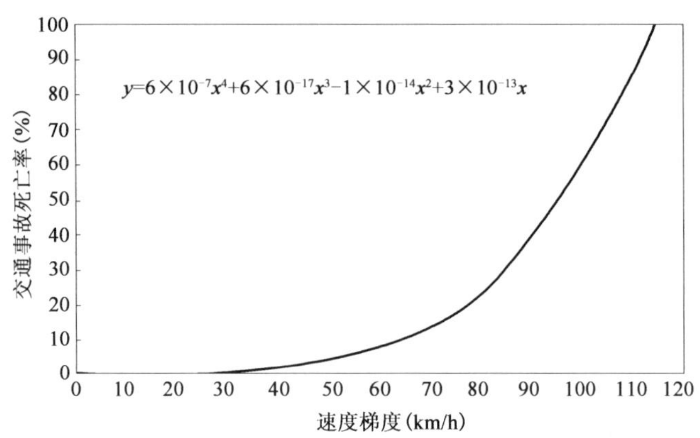

图 4-7　速度梯度与交通事故死亡率关系曲线

高速道路最高车速限制应保证事故死亡率小于可接受的容忍值。基于这一原则，构建高速道路最高车速限制基于安全性的约束条件，如式(4-4)所示。

$$I_{Death}=6\times10^{-7}(v_h-\bar{v})^4+6\times10^{-17}(v_h-\bar{v})^3-1\times10^{-14}(v_h-\bar{v})^2+3\times10^{-13}(v_h-\bar{v})<[I_{Death}] \tag{4-4}$$

式中：v_h——最高车速限制值，km/h；

$\bar{v}$——平均运行车速，km/h；

I_{Death}——交通事故死亡率容忍值，%。

(3)基于燃油经济性的目标函数

由于汽车的油耗量与高速道路的坡度大小具有直接关系，而确定最高车速基准值的界定条件为平直路段。根据第二章对平直路段的界定，调查路段选择在高速道路纵坡度 i 不大于 1%的坡度段，车速、油耗观测数据主要采集于成俞、昆玉、昆曲、京石和太旧高速公路。观测人员分别选择坡顶和坡底标有里程桩号的位置作为观测点，记下车辆通过观测点的时刻与汽车油量计显示的数据。

本次测定选择了国产小客车(北京 121 吉普车)作为试验车，油耗仪为日产油耗流量计。试验车车速可按式(4-5)计算。

$$v_t=\frac{3\,600S}{t_2-t_1} \tag{4-5}$$

式中：v_t——测试车的行驶速度，km/h；

S——测段长度，km；

t_1、t_2——分别为试验车行至 1、2 断面的时刻，s。

$$C_g=(0.001\,3v_e^2-0.251\,8v_e+22.497)\cdot\frac{L}{100}P_g\cdot Q_d$$

式中：C_g——高速道路行车的时间费用；

P_g——汽油的市场价格，元/L；

Q_d——日交通量，辆/d；

v_e——经济车速，km/h。

高速道路最高车速限制制订时应以油耗最低作为目标之一，即油耗费用最小。构建的高速道路最高车速限制的燃油经济性目标函数如式(4-6)所示。

$$\min(C_g) = \min\left[(0.0013v^2 - 0.2518v + 22.497) \cdot \frac{L}{100}P_g \cdot Q_d\right] \quad v > v_e \tag{4-6}$$

(4)基于舒适性的约束条件

取较舒适的最高阈值作为高速道路最高车速限制基准值制订时的舒适性约束条件，如式(4-7)所示。

$$v_h \leqslant 132\text{km/h} \tag{4-7}$$

(5)汽车最高限速基准模型

$$\min[C_t(v_{hb}) + C_g(v_{hb})] \tag{4-8}$$

$$\text{s.t.}\begin{cases} v_e < v_{hb} < v_I \\ I_{Death} \leqslant |I_{Death}| \\ v_{hb} \leqslant 132\text{km/h} \end{cases}$$

式中：v_{hb}——高速公路小型车最高车速限制基准值，km/h。

2. 大、小车限速综合决策模型

在西部课题《公路速度限制于速度控制技术指南》中，对多目标优化模型结构进行了分析与构建，从限速下行车舒适性、安全性和实用性三方面考虑模型的约束条件，选用运行效率的时间费用函数和油耗费用函数之和作为目标函数，其值越小说明速度控制越合理。分别构建了小车限制速度综合决策模型和大车限制速度综合决策模型。

(1)小车限制速度综合决策模型

$$\min = \frac{G}{365 \times 8}E_C \cdot Q_C\left(\frac{L}{111.10\ln v_{LC} - 389.11} - \frac{L}{v'_{C85}}\right) + (0.001v_{LC}^2 - 0.252v_{LC} + 22.497)\frac{L}{100} \cdot P_g \cdot Q_C \tag{4-9}$$

$$\text{s.t.}\begin{cases} v_{LC} \leqslant v_D(\text{该约束条件仅适用于线形条件不良路段}) \\ v_{LC} \leqslant 120 \\ \text{Expo} \cdot \exp[-18.032 + 2.735\ln v_{LC} + 280.495K_I] \leqslant R_C \\ R_C \leqslant L \cdot \exp(0.332 - 1.501 \times 10^{-3}Q + 1.040 \times 10^{-5}Q^2 - 4.220 \times 10^{-9}Q^3) \end{cases}$$

式中：v_{LC}——小车限制速度，km/h；

v'_{C85}——限速前小车的85%位速度，km/h；

G——人均国内生产总值，元/(人·年)；

E_C——小车平均载运系数，人/车；

Q_C——小车平均日交通量，veh/d；

L——路段长度，km；

P_g——汽油的市场价格，元/L；

Expo——暴露指数，即L和Q的积；

K_I——平曲线曲率，1/m；

R_C——可接受的年事故率；

Q——小车和大车单向的平均小时绝对交通量之和，veh/h。

(2)大车的限制速度综合决策模型

$$\min = \frac{G}{365\times 8}E_T \cdot Q_T\left(\frac{L}{42.85\ln v_T - 107.02} - \frac{L}{v'_{T85}}\right) + (0.013v_{LT}^2 - 1.273v_{LT} + 54.78)\frac{L}{100}\cdot P_g \cdot Q_T \tag{4-10}$$

$$\text{s.t.}\begin{cases} v_{LT} \leqslant v_D(\text{该约束条件仅适用于线形条件不良路段}) \\ v_{LT} \leqslant 100 \\ \text{Expo}\cdot\exp[-9.513 + 0.9023\ln v_{LT} + 0.113i] \leqslant R_C \\ R_C \leqslant L\cdot\exp(0.332 - 1.501\times 10^{-3}Q + 1.040\times 10^{-5}Q^2 - 4.220\times 10^{-9}Q^3) \end{cases}$$

式中：v_{LT}——大车限制速度，km/h；

v'_{T85}——限速前大车的85%位速度，km/h；

G——人均国内生产总值，元/(人·年)；

E_T——大车平均载运系数，人/车；

Q_T——大车平均日交通量，veh/d；

L——路段长度，km；

P_g——汽油的市场价格，元/L；

Expo——暴露指数，即 L 和 Q 乘积；

i——纵坡坡度；

R_C——可接受的事故率；

Q——小车和大车单向的平均小时绝对交通量之和，veh/h。

(3)限速模型总结

对上述已经开展的限速模型研究及所形成的成果看，这两种模型中一种是宏观模型，另一种是微观模型。从模型结构上看，它们都以最低费用成本作为限速模型的目标函数，其他因素均作为约束函数考虑。上述两模型对汽车尾气的限制未给出规定性的约束。

二、国外限速模型

1.平均速度与限速之间的关系模型

通过在既有限速条件下，对运行速度进行调查，获得公路限速值与路段平均速度之间的关系模型，模型结构如下：

$$v_{mean} = \exp\begin{Bmatrix} 0.3822 + 0.0608v_{limits} + 0.000138L_{curve} \\ -0.1747D_{cure} - 0.0286G_{vertical} \\ +0.0000342L_{vertical} + 0.0223W_{shoulder} \\ -0.0385N_{lanes} - 0.0000196\text{AADT} \end{Bmatrix} \tag{4-11}$$

式中：v_{mean}——平均速度，km/h；

v_{limits}——公路限制速度值，km/h；

L_{curve}——平曲线长度，km；

D_{cure}——平曲线角度，rad；

$G_{vertical}$——纵坡度；

$L_{vertical}$——竖曲线长；

$W_{shoulder}$——路肩宽度，m；

N_{lanes}——数量；

AADT——单车道日交通流量，veh/d。

2. 速度差与限速之间的关系模型

通过在既有限速条件下，对运行速度进行调查，获得了公路限速值与路段速度差之间的关系模型，模型结构如下：

$$v_{var} = \exp\left\{\begin{array}{l}-0.4314 + 0.0896 v_{limits} + 0.1177 D_{cure} \\ -0.0743 G_{vertical} - 0.00632 W_{median} \\ +0.0428 W_{shoulder}\end{array}\right. \tag{4-12}$$

式中：v_{var}——速度差，km/h；

v_{limits}——公路限制速度值，km/h；

D_{cure}——平曲线角度，rad；

$G_{vertical}$——纵坡度；

W_{median}——中分带宽度，m；

$W_{shoulder}$——路肩宽度，m。

3. 85%位车速事故率最低限速模型

目前，在欧美国家一些主要公路，主要以 85%位车速事故率最低限速模型作为限速的依据。

1964 年，英国学者 Solomn 首先提出"Variance Kills"理论，后来很多学者也研究发现速度均方差与事故率之间存在着关系。Solomon 分析乡村公路数据发现事故很可能随着车流的速度差增大而增大，亿车公里事故率与速度均方差之间存在"U"形曲线关系，并且在第 85%位车速位置事故率最低，如图 4-8 所示。

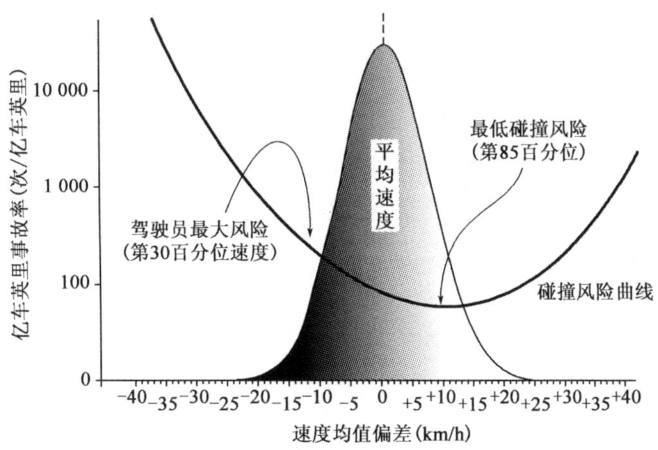

图 4-8　速度均值偏差与亿车英里事故率间的关系

$$I = 10^{0.000602\Delta v^2 - 0.006675\Delta v + 2.23} \tag{4-13}$$

式中：I——百万车公里事故率，次/百万车公里；

Δv——车速与平均车速之差，km/h。

4.多因素限速决策模型及软件

公路限速涉及的道路条件、交通条件、环境条件中的众多因素，很难由单一的因素或几个因素就确定出适合的限速值。总体上而言，公路限速决策是个相对比较复杂的过程。因此，为了使决策更为简单、直观，在开发一些计算公式的基础上，形成了多因素的限速决策模型，并最终通过软件的形式加以实现 。

5.模型总结

从国外有关限速值的确定模型看，还没有像国内这样的宏观或微观模型。国外的模型主要不是以数学模型来解决限速问题，而是以系统方法来解决限速问题。

三、多目标公路限速值决策模型

由前文公路限速值的确定方法、限速模型回顾可知，交通运行效率、安全、能源消耗、尾气排放等多种因素与车辆的运行速度相关，而这些因素都是社会所关注的。运输效率越高，公路运输的时效性越好，可增加经济效益；安全性与交通参与者的出行息息相关，保障安全出行是交通首要实现的目标；节能、减排是目前社会可持续发展、和谐发展所必需的主题。因此，在决策公路限速值上就有多种目标可以选择。就某一个单一目标而言，都有一个能满足该目标的速度值。当所有目标共同参与决策，以达到各个目标平衡，最优速度值的确定就比较困难。为了完成这项工作，需要知道表达目标的各个因素变量与速度之间的变化关系，但由于量纲的差异，如各个目标之间不进行经济折算，就没有办法实现目标之间的优化。考虑在折算各个目标经济效益时存在很大的困难，采用目标倾向性的方法来确定最优限速。该方法即在实现各个目标之间按照倾向百分比来计算，在满足必须条件的基础上，如果倾向哪个目标，则给予哪个目标更高的权重；如果两个目标可以平衡，给予每一个目标一半的权值。

下面按照多目标决策模型的构建过程（目标函数、约束函数，分高速公路、双车道公路），按照不同车型分别构建多目标限速值决策模型。

1.目标函数

从速度所要形成的行驶速度目标看，行驶速度对车辆的运输效率、能源消耗、尾气排放及运输安全都有影响，每一影响因素都可以作为一个目标函数，但如果都作为目标函数来计算，就无法获得模型结论。因此，对于一些基础性的目标，严格规范车辆行驶速度的目标可作为约束函数考虑，从多目标函数来看自身的目标函数和约束函数是可以互相转化的。

从运输效率、能源消耗、尾气排放及运输安全四类目标看，运输效率本身函数与车辆的行驶速度呈正相关关系，车辆行驶速度越快，运输效率越大，如图 4-9 所示。

从欧美国家对于车辆行驶速度与尾气排放及能源消耗的关系看，车辆行驶速度越低，尾气污染物的排放量越低，能耗量也越大；随着行驶速度的增高，能耗量会快速降低，在 60～90km/h 区间达到了最低范围。

速度与交通安全之间的关系，就单车而言，在相对较低速区间内，速度越快与事故发生的数量及严重性之间的关系并非明显。当车辆行驶速度超过了道路设施所能承受的极限速度，就可能大大增加事故发生风险性，如图 4-10 所示。

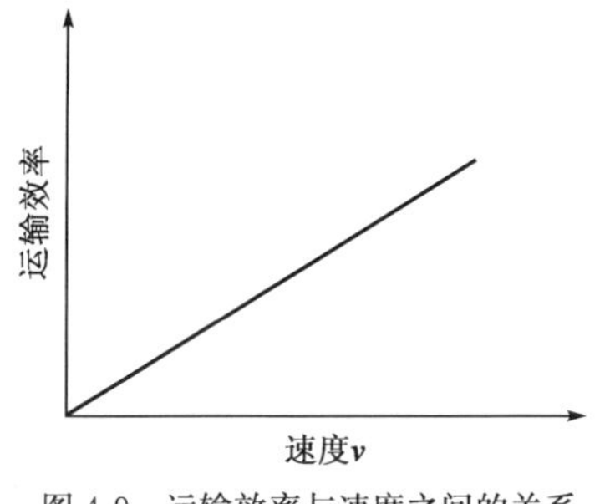

图 4-9　运输效率与速度之间的关系

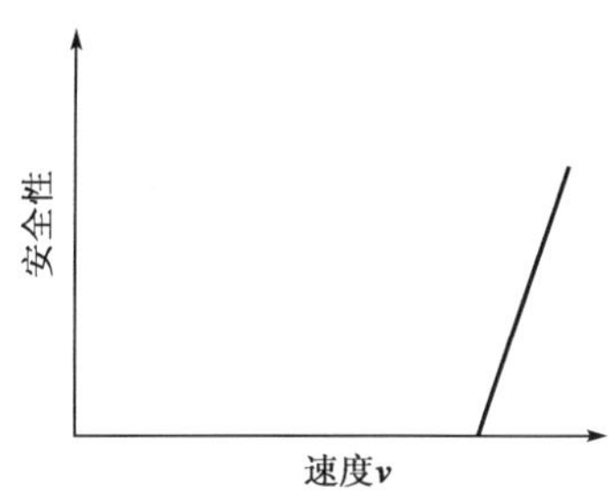

图 4-10　安全性与速度趋势关系

就交通流而言，交通流速与事故之间的关系并不明显。这种明显的关系应体现在车辆之间的速度差与事故发生概率之间。如图 4-11 所示，车辆事故的行驶速度小于 85%位车速时，事故发生的概率要小很多。

对于车辆与人碰撞的事故严重性，根据欧美国家的研究成果，当车辆的行驶速度大于 40km/h 时，车辆与人碰撞所引发的事故严重性明显增加很多。车辆行驶速度与车辆、行人碰撞严重性之间的关系见图 4-12。

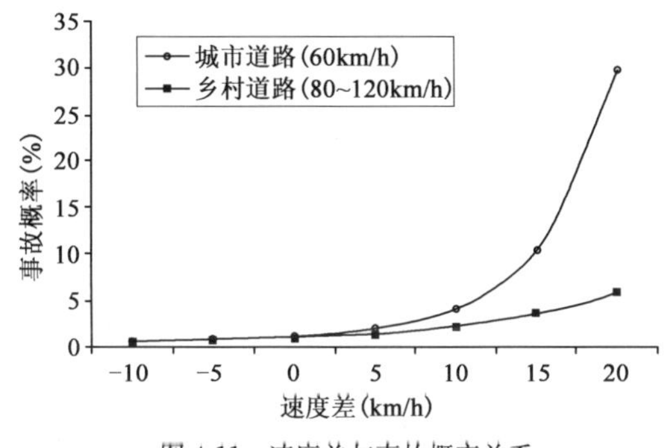

图 4-11　速度差与事故概率关系

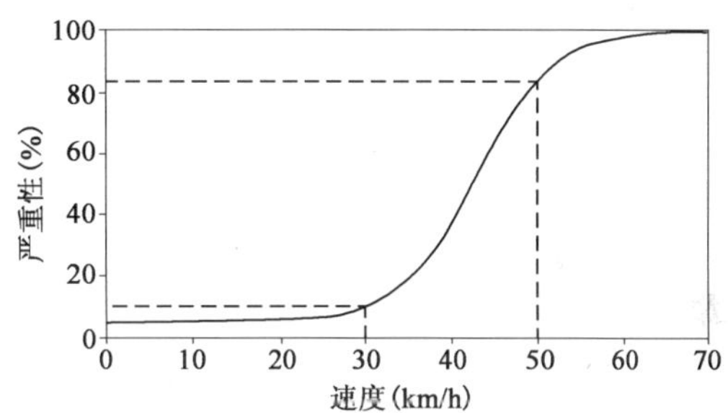

图 4-12　车辆行驶速度与车辆、行人碰撞严重性关系

从上述函数的发展趋势可以看出，从道路服务的主要功能而言，保障行车安全性是公路运营首要目的，所以所有与安全相关的函数都作为模型的约束函数。

由于车辆的油耗与车辆污染物的产生存在正相关关系，所以上述两个目标可以归结为一个模型函数进行处理，即作为一个目标函数。

车辆的行驶速度越快，所产生的运输时效性越好，预期的生产率也越高，所以将运输效率也作为系统决策模型的目标函数。

1)运输效率目标函数

车辆行驶速度越快，时效性越好，在相同的行驶里程内，时间越短说明速度越快。所以，运输效率的目标函数可以通过速度与时间之间的函数来表达。设行驶里程为 L，完成该路段长度的行驶速度是 v，则以下函数关系成立。

$$T_{\mathrm{v}} = \frac{L}{v} \tag{4-14}$$

长度 L 内行驶时间越短，说明速度越快，时效性越好，最终目标函数为：

$$\min(T_v) = \min(\frac{L}{v}) \tag{4-15}$$

2)尾气排放与能源消耗目标函数

按照前面课题研究成果,燃料消耗模型表示如下:

$$FC(v) = a_0 + \frac{a_1}{v} + a_2v^2 + a_3\text{RISE} + a_4\text{FALL} \tag{4-16}$$

式中:$FC(v)$——燃料消耗,L/1000km;

v——机动车速度,km/h;

RISE——道路升高,m/km;

FALL——道路降低,m/km;

a_0、a_1、…、a_4——系数,见表 4-4。

燃料消耗系数表 表 4-4

机动车类型	燃料消耗模型系数				
	a_0	a_1	a_2	a_3	a_4
小客车	21.85	504	0.005 0	1.07	−0.37
大型货车	141.0	2 696	0.051 7	17.75	−5.40

为了使车辆在单位长度距离内使用的燃料最低,最小化上述目标函数:

$$\min[FC(v)] = \min(a_0 + \frac{a_1}{v} + a_2v^2 + a_3\text{RISE} + a_4\text{FALL}) \tag{4-17}$$

2. 约束函数

在前面的论述中,表达安全的目标函数作为约束函数使用。下面具体讨论用在多目标限速值决策模型的中的约束函数。

1)运行速度约束函数

运行速度是表达公路实际运行情况的指标,综合反映了车辆、道路、驾驶员、环境等因素互相作用所形成的一个结果,是最为贴切反映道路、交通综合安全性的。因此,在欧美国家常常把运行速度中 85%位车速作为一个安全速度界限速度加以控制。相对于设计速度而言,运行速度更为科学合理。因为设计速度只反映道路设计指标这种情况,且是不完全地表达道路设计水平,所以采用 85%位车速作为公路限速值决策的约束函数,要求所决策出的限速值小于或等于 85%位车辆的运行速度值。

下面分高速公路部分和双车道公路部分构建多目标限速值决策的约束模型。

(1)高速公路运行速度约束函数

①小半径曲线段(表 4-5)。

高速公路小半径曲线段约束函数表 表 4-5

入口直线—曲线	小客车	$v \leqslant -24.212 + 0.834v_{in} + 5.729\ln R_{now}$
	大型货车	$v \leqslant -9.432 + 0.963v_{in} + 1.522\ln R_{now}$
入口曲线—曲线	小客车	$v \leqslant 1.277 + 0.942v_{in} + 6.19\ln R_{now} - 5.959\ln R_{back}$
	大型货车	$v \leqslant -24.472 + 0.990v_{in} + 3.629\ln R_{now}$

续上表

出口曲线—直线	小客车	$v \leqslant 11.946+0.908v_{middle}$
	大型货车	$v \leqslant 5.217+0.926v_{middle}$
出口曲线—曲线	小客车	$v \leqslant -11.299+0.936v_{middle}-2.060\ln R_{now}+5.203\ln R_{front}$
	大型货车	$v \leqslant 5.899+0.925v_{middle}-1.005\ln R_{now}+0.329\ln R_{front}$

②纵坡路段。

当纵坡坡度大于或等于3%时，可参考表4-6对小客车和大型货车的运行速度 v_{85} 进行修正。

特殊纵坡下各车型的运行速度修正　　表4-6

纵 坡 坡 度		速度调整值	
		小　客　车	大 型 货 车
上坡	坡度≤4%	降低5km/(h·1 000m)	降低5km/(h·1 000m)至最低速度
	坡度>4%	降低8km/(h·1 000m)	降低10～15km/(h·1 000m)至最低速度
下坡	坡度≤4%	增加10km/(h·500m)至期望运行速度	增加10km/(h·500m)至期望运行速度
	坡度>4%	增加10km/(h·500m)至期望运行速度	增加15km/(h·500m)至期望运行速度

行驶速度要小于修正的纵坡度大于3%的 v_{85} 速度值。

③弯坡组合路段。

根据划分路段的曲线前入口速度、曲线半径和纵坡坡度，按表4-7计算小客车和大型货车在弯坡组合线形中点的运行速度 v_{85}。

弯坡组合线形下的运行速度预测模型　　表4-7

曲线连接形式		弯坡组合运行速度预测值
入口直线—曲线	小客车	$v \leqslant -31.67+0.547v_{in}+11.71\ln R_{now}-0.2i_{now1}$
	大型货车	$v \leqslant 1.782+0.859v_{in}-0.51i_{now1}+1.196\ln R_{now}$
入口曲线—曲线	小客车	$v \leqslant 0.750+0.802v_{in}+2.717\ln R_{now}-0.281i_{now1}$
	大型货车	$v \leqslant -1.798+0.248\ln R_{now}+0.977v_{in}-0.133i_{now1}+0.23\ln R_{back}$
出口曲线—直线	小客车	$v \leqslant 27.294+0.720v_{middle}-1.444i_{now2}$
	大型货车	$v \leqslant 13.490+0.797v_{middle}-0.697i_{now2}$
出口曲线—曲线	小客车	$v \leqslant 1.819+0.839v_{middle}+1.427\ln R_{now}+0.782\ln R_{front}-0.48i_{now2}$
	大型货车	$v \leqslant 26.837+0.109\ln R_{front}-3.039\ln R_{now}-0.594i_{now2}+0.830v_{middle}$

(2)双车道公路运行速度约束函数

①平曲线路段运行速度约束函数。

根据对圆曲线运行速度特征分析，取平曲线路段运行速度取圆曲线入口速度 v_1、圆曲线中点速度 v_2、圆曲线出口速度 v_3 三个点为特征点，通过回归分析建立了三者之间的关系，由此获得以下约束函数关系：

小客车：

$$v \leqslant v_2 = 5.25 - \frac{820}{R} + 0.021L + 0.85v_1 \tag{4-18}$$

$$v \leqslant v_3 = 19.19 - \frac{41}{R} + 0.00047L + 0.75v_1 \tag{4-19}$$

大型货车：

$$v \leqslant v_2 = -1.41 - \frac{453}{R} + 0.00585L + 1.04v_1 \tag{4-20}$$

$$v \leqslant v_3 = 7.14 - \frac{506}{R} + 0.105\sqrt{L} + 0.83v_2 \tag{4-21}$$

式中：R——所在路段平曲线半径，m；

L——曲线长，m。

受视距影响路段模型如下：

$$v \leqslant v_2 = 97.27 - 0.034v_1 - \frac{2398.69}{R} - \frac{775.78}{\mathrm{ASD}} \tag{4-22}$$

其中，视距可按下面的方法计算。

当圆曲线长度大于视距时：

$$\mathrm{ASD} = 2\sqrt{BR}$$

当圆曲线长度小于视距时：

$$\mathrm{ASD} = L_C + \frac{B - 2R[1 - \cos(\alpha_C/2)]}{\sin(\alpha_C/2)}$$

式中：L_C——圆曲线的长度，m；

B——路基宽度，m；

R——圆曲线半径，m；

α_C——圆曲线中心角，(°)。

②弯坡组合段运行速度约束函数。

小客车：

$$v \leqslant v_2 = -27.093 + 0.533v_1 + 10.161\ln R + 1.040A + 0.324G_2 \tag{4-23}$$

$$v \leqslant v_3 = 13.817 + 0.551v_1 + 1.457\ln R + 9.674A - 1.002G_3 \tag{4-24}$$

大型货车：

$$v \leqslant v_2 = 3.614 + 0.233v_1 + 8.171\ln R + 1.369A - 0.106G_2 \tag{4-25}$$

$$v \leqslant v_3 = 9.072 + 0.710v_1 - 0.078\ln R + 10.058A - 1.518G_3 \tag{4-26}$$

式中：A——前、后纵坡差值，%；

G_n——该特征点所在纵坡坡度，%。

2)公路设施约束函数

从安全角度考虑，车辆运动过程中与公路设施之间产生作用。这种作用关系主要是动力学作用关系，当车辆的行驶速度超过某个速度值，就会引起车辆与公路设施之间的安全性问题。这种安全问题可以归为物理性安全，主要体现为以下几个方面：

①路段中曲线段受到横向力作用，会限制车辆的行驶速度；

②平曲线及竖曲线影响行车视距；

③路侧防撞等级。

下面分别叙述这三方面的模型。

(1)平曲线动力学约束函数

$$v \leqslant \sqrt{127(\mu + i_{\mathrm{h}})R} \tag{4-27}$$

式中：v——车辆行驶速度，km/h；

u——横向力系数，取值见表 4-8；

i_{h}——路拱超高横坡度；

R——平曲线半径，m。

μ 值取值表　　表 4-8

取 值 情 况	考虑冰雪路面	干 燥 路 面
μ	0.2	0.4

(2)视距约束函数

①平曲线停车视距。计算平曲线处车辆停车视距长度的公式如下：

$$S = 2R\sin^{-1}\frac{R-b}{b} \tag{4-28}$$

式中：R——行车轨迹处的平曲线半径，通常选择曲线设计半径值；

b——驾驶员位置点距离路侧阻碍行车视线的净距，如图 4-13 所示。

②凸曲线停车视距。计算纵断面凸曲线半径与停车视距之间的关系公式为：

$$L = \left[\cos^{-1}\left(\frac{R}{R+H_1}\right) + \cos^{-1}\left(\frac{R}{R+H_2}\right)\right]R \tag{4-29}$$

式中：L——推算停车视距，m；

R——凸曲线半径，m；

H_1——目高，取 1.2m；

H_2——物高，取 0.15m。

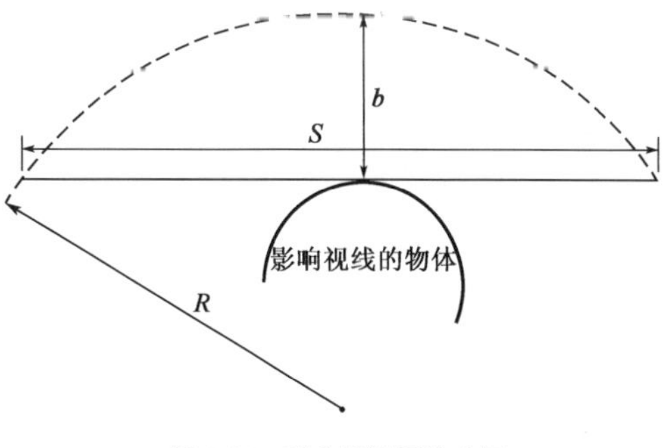

图 4-13　平曲线视距检验图

③约束函数。获得平纵曲线视距后，计算在该停车视距条件下，车辆的最高行驶速度。该行驶速度值由停车视距计算公式推算而来。

$$S_{停} = \frac{v}{3.6}t + \frac{\left(\frac{v}{3.6}\right)^2}{2gf_1}$$

经过变换，获得公式的计算值为：

$$v = \sqrt{g^2 f_1^2 t^2 + 2gf_1 S_{停}} - gf_1 t$$

式中：f_1——纵向摩阻系数，依车速及路面状况而定；

t——驾驶员的反应时间，取 2.5s(包括判断时间 1.5s，运行时间 1.0s)。

获得满足停车视距要求的约束函数为：

$$v \leqslant \sqrt{g^2 f_1^2 t^2 + 2gf_1 S_{停}} - gf_1 t \tag{4-30}$$

(3)安全设施约束函数

①交通标志与行驶速度之间的约束函数。交通标志通过字体、图案的方式向驾驶员传递信息，所以交通标志主要通过字体的高度以及图案的大小影响驾驶员行驶速度的选择。汉字高度与速度之间的关系见表4-9。在相应汉字高度下，约束车辆行驶速度不能超过范围值。

交通标志与行驶速度之间的约束函数表 表4-9

速度(km/h)	100～120	71～99	40～70	<40
汉字高度(cm)	60～70	50～60	35～50	25～30

②防护栏防撞等级与行驶速度之间的关系(表4-10)。防护栏防撞等级与车辆行驶速度之间形成约束关系，在确定车辆的行驶速度时，需首先确定路侧防护等级，在相应的防护等级下，约束车辆的行驶速度。

防护栏与行驶速度之间的约束函数表 表4-10

公路等级	设计速度(km/h)	车辆驶出路外或进入对向车道可能造成的交通事故等级		
		一般事故或重大事故	单车特大事故或二次重大事故	二次特大事故
高速公路	120	A/Am	SB、SBm	SS
	100、80		A、Am	SA、SAm
一级公路				
	60			SB、SBm
二级公路	80、60	B	A	SB
三级公路	40、30		B	A
四级公路	20			

3)公路交通事故统计性安全约束函数

在道路、交通、车辆、环境、驾驶员的相互作用下，往往会在一定的路段，不同的行车速度环境下体现出事故分布的倾向性。当行车速度增大到一定数值后，事故发生的规律性及显著性增加。这说明行车速度对交通事故的发生率及严重性产生了影响，应将该速度数值作为界定公路交通安全事故统计安全的约束函数值。下面分高速公路及双车道公路两个方面讨论统计性安全中，行车速度对事故发生率及事故严重性的影响。

(1)高速公路行车速度对交通事故的发生率及严重性的影响

从对高速公路行车速度特征值与事故发生率之间的统计分析中，并未发现在高速公路上事故发生率与行车速度特征值之间存在较为明显的趋势发展关系，这表明高速公路行车速度与事故发生率之间不存在关系。同样，对普通公路也进行了分析，也未发现行车速度与事故发生率之间的关系。

所以从事故发生率角度看，车流速度与安全性之间不存在约束关系。

在对高速公路运行速度特征值与事故发生率之间的关系分析中，整体存在随着运行速度的增加，事故严重性在增大的趋势，但很难界定多大的事故严重性是运行速度所能允许的。因为高速公路所能提供的功能是快速运输，保障安全，不能因为交通事故的严重性与行车速度之间存在关系，就降低高速公路的快速服务功能。在相同的设计速度下，允许车辆以最高行车速度行驶，并保证车流事故的安全性。根据研究，下面界定高速公路事故严重性对行车速度的约束，见表 4-11。

事故严重性对行车速度的约束函数表　　表 4-11

设计速度(km/h)	约束速度(km/h)
100～120	≤120
60～80	≤100

(2)等级公路行车速度对交通事故的发生率及严重性的影响

同样，对普通公路也进行了分析，并未发现在高速公路上事故发生率与行车速度特征值之间存在较为明显的关系，表明公路行车速度与事故发生率之间不存在关系。

在公路事故的严重性分析中，对分析结果进行对比，发现它们之间存在的关系不如高速公路明显，考虑等级公路所提供的安全设施相对高速公路要差，确定等级公路事故严重性对车辆速度的约束(表 4-12)。

等级公路事故的严重性对行车速度的约束函数　　表 4-12

设计速度(km/h)	约束速度(km/h)
100	≤100
60～80	≤80
40	≤60
30	≤50
20	≤40

等级公路穿越村镇的路段是典型的事故多发路段，易发生车辆与行人事故，事故的严重性与车辆的行车速度有着明显的关系(图 4-14)，因此对于穿村镇路段，应控制车辆的行驶速度。

从上述研究成果中可以看出，当车辆行驶速度达到了 50km/h 时，对行人所造成的严重伤害达到了 80%；车辆行驶速度在小于 30km/h 时，对行人的伤害程度较小。为了降低车辆与行人事故的严重程度，综合考虑道路交通条件、行驶速度需求，确定对于等级公路路侧存在有村镇的路段，车辆的行驶速度应小于或等于 40km/h。

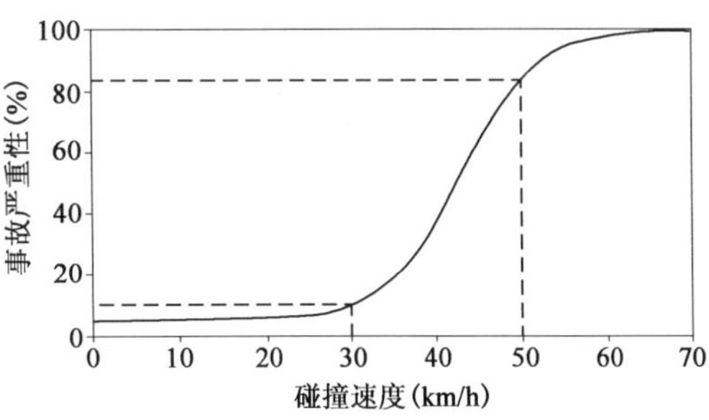

图 4-14　行人与车辆速度之间的事故严重性关系

3. 高速公路限速值决策模型

在详细地阐述完多目标限速值决策模型后，下面结合不同车型，按照不同等级公路，给出不同等级公路下适合不同车辆类型的限速值决策模型。

通常高速公路单向都具有至少两条行车道，而高速公路上的车流离散性较大。一方面，小客车机动性及安全性好，行驶速度较高；另一方面，货车载质量大，行驶速度低。所以，对于高速公路而言，通常按照分车型来进行限速管理。高速公路单向至少有两条车道，这为车辆分道行驶提供了便利条件，也为车辆分车型限速提供了基础。按照目前在高速公路上的主流车型来看，一类是小客车车型，另外一类是大型货车车型，这两类车辆几乎占据了高速公路车型的90％以上的比例。此外，从速度管理角度考虑，大客车车型也是管理的重点，主要考虑大客车车型是属于群死群伤的车型，因此大客车也应成为限速值决策的主要车型。

1)高速公路小客车多目标限速值决策模型

前文已经构建多目标限速值决策模型，下面结合小客车车型特征，构建高速公路小客车多目标限速值决策模型。

(1)目标函数

由小客车运输效益和能源消耗效益两种目标组成，构成两个目标的最终目标函数为：

$$\min F(v)=\left[\min\left(\frac{L}{v}\right),\min \mathrm{FC}(v)\right] \tag{4-31}$$

其中，$\mathrm{FC}(v)=\min(a_0+a_1v+a_2v^2+a_3\mathrm{RISE}+a_4\mathrm{FALL})$

考虑同时存在两个目标，如果目标并不一致，要实现两个目标是难以达到的，在求解的过程中需要对两个目标结合实际情况进行处理。在处理多目标函数求解中主要有两种途径：一种途径是将多个目标通过转换的手段合并成单一的目标，另一种途径是进行两个目标的重要性及显著性变化分析处理，因为在多目标都需要实现的情况下，这是很难求得一个符合各个目标的解的，只能对各个目标的重要性及决策者的倾向性进行分析，将部分目标函数转化成可用的约束函数进行处理，或者分别赋予各个目标函数一定的比重，让它们之间有一定的比较。

该目标函数是针对小客车构建的。从目前我国的实际情况看，小客车更多的目标应体现在高速运行上，由于小客车自身的经济性较好，在高速情况下速度变化对燃料消耗和尾气排放的影响较小，所以可以将小客车的能源消耗函数作为约束函数使用。

从图4-15所示小客车车辆行驶速度与燃油量之间的关系可看出，小客车在一定的速度区间，巡航速度下燃油量变化不大，为50～120km/h。当小于50km/h时，在相同长的距离，由于机器耗费了很多燃油，所以随着速度的降低油耗反而增加。当速度增大到120km/h以上时，由于空气阻力的增加，为克服阻力，发动机燃料的消耗增大。

对于小客车多目标限速值决策模型而言，小客车的燃油量小，在50～120km/h的油耗较少，可将50～120km/h范围区间转化为高速公路小客车多目标限速值决策模型。

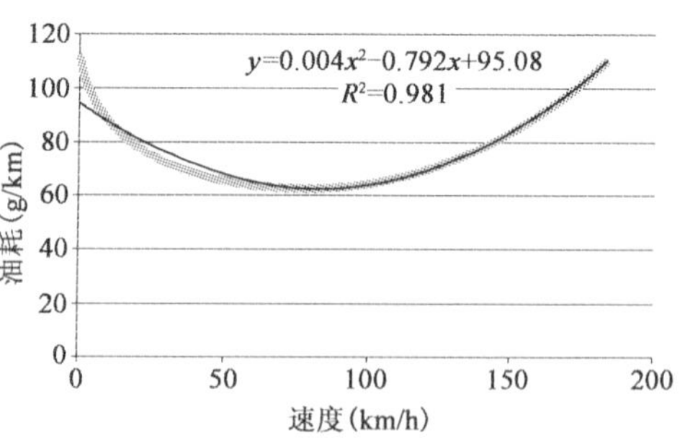

图4-15　车辆行驶速度与燃料量之间关系

所以$\mathrm{FC}(v)=\min(a_0+a_1v+a_2v^2+a_3\mathrm{RISE}+a_4\mathrm{FALL})$可变为约束函数为$50\leqslant v\leqslant 120$，则最终高速公路小客车限速值决策模型的目标函数变为：

$$\min F(v)=\min\left(\frac{L}{v}\right) \tag{4-32}$$

(2)约束函数

$$
\text{s.t.}\begin{cases}
v\leqslant -24.212+0.834v_{\text{in}}+5.729\ln R_{\text{now}}(\text{直曲点,小半径曲线段})\\
v\leqslant 1.277+0.942v_{\text{in}}+6.19\ln R_{\text{now}}-5.959\ln R_{\text{back}}(\text{曲线与曲线点,小半径曲线段})\\
v\leqslant 11.946+0.908v_{\text{middle}}(\text{曲直点,小半径曲线段})\\
v\leqslant -11.299+0.936v_{\text{middle}}-2.060\ln R_{\text{now}}+5.203\ln R_{\text{front}}(\text{出口曲曲点,小半径曲线段})\\
v\leqslant -31.67+0.547v_{\text{in}}+11.71\ln R_{\text{now}}-0.2i_{\text{now1}}(\text{直曲点,弯坡组合段})\\
v\leqslant 0.750+0.802v_{\text{in}}+2.717\ln R_{\text{now}}-0.281i_{\text{now1}}(\text{曲线与曲线点,弯坡组合段})\\
v\leqslant 27.294+0.720v_{\text{middle}}-1.444i_{\text{now2}}(\text{曲直点,弯坡组合段})\\
v\leqslant 1.819+0.839v_{\text{middle}}+1.427\ln R_{\text{now}}+0.782\ln R_{\text{front}}-0.48i_{\text{now2}}(\text{出口曲曲点,弯坡组合段})\\
v\leqslant \sqrt{127(0.2+i_{\text{h}})\cdot R_{\text{now}}}\\
v\leqslant \sqrt{150+9.8S_{\text{停}}}-12.25\\
50\leqslant v\leqslant 120(\text{能源消耗})\\
v\leqslant 120(\text{设计速度在 100～120km/h})\\
v\leqslant 100(\text{设计速度在 60～80km/h})\\
v\leqslant 120(\text{标志汉字高度为 60～80cm})\\
v\leqslant 100(\text{标志汉字高度为 50～60cm})\\
v\leqslant 70(\text{标志汉字高度为 35～50cm})\\
v\leqslant 120(\text{防护栏一般路段 A/Am,危险路段 SB、SBm})\\
v\leqslant 100(\text{危险路段 A/Am})
\end{cases}
$$

式中：v——车辆行驶速度，km/h；

R_{now}——当前曲线半径，m；

i_{h}——曲线超高；

$S_{\text{停}}$——停车视距，m。

2)高速公路货车多目标限速值决策模型

根据前面已经构建多目标限速值决策模型，下面结合货车车型特征，构建高速公路货车多目标限速值决策模型。

(1)目标函数

同样，货车目标函数由运输效益和能源消耗效益两种组成，则构成两个目标的最终目标函数为：

$$\min F(v)=\left[\min\left(\frac{L}{v}\right),\min \text{FC}(v)\right] \tag{4-33}$$

对货车的目标函数进行深入的考虑，对于运输效率而言，从目前的货车运行速度调查结果看，普遍重载货车的行驶速度都很慢，主要集中分布在 40～80km/h 的区间范围内。通常货车都是重载货物运输，在高速公路限速上的时效性相对较差，运输的燃油经济性要好，所以应以燃油经济性作为主要目标，以运输效益作为相对次要目标。为了便于求解目标函数，需要对目标函数进行处理。

当把运输效益函数作为约束函数时，该运输函数就不成立了。因为对运输效益而言，行车速度越快越好，所以就不会对目标函数形成约束。因此，高速公路货车限速值决策模型的目标函数变化为：

$$\min F(v)=\min \mathrm{FC}(v) \tag{4-34}$$

$$\min F(v)=\min \mathrm{FC}(v)=\min(a_0+a_1v+a_2v^2+a_3\mathrm{RISE}+a_4\mathrm{FALL})$$

(2)约束函数

$$\text{s.t.}\begin{cases} v\leqslant -9.432+0.963v_{\text{in}}+1.522\ln R_{\text{now}}\text{(直曲点，小半径曲线段)}\\ v\leqslant -24.472+0.990v_{\text{in}}+3.629\ln R_{\text{now}}\text{(曲线与曲线点，小半径曲线段)}\\ v\leqslant 5.217+0.926v_{\text{middle}}\text{(曲直点，小半径曲线段)}\\ v\leqslant 5.899+0.925v_{\text{middle}}-1.005\ln R_{\text{now}}+0.329\ln R_{\text{front}}\text{(出口曲曲点，小半径曲线段)}\\ v\leqslant 1.782+0.859v_{\text{in}}-0.51i_{\text{now1}}+1.196\ln R_{\text{now}}\text{(直曲点，弯坡组合段)}\\ v\leqslant -1.798+0.248\ln R_{\text{now}}+0.977v_{\text{in}}-0.133i_{\text{now1}}+0.23\ln R_{\text{back}}\text{(曲线与曲线点，弯坡组合段)}\\ v\leqslant 13.490+0.797v_{\text{middle}}-0.697i_{\text{now2}}\text{(曲直点，弯坡组合段)}\\ v\leqslant 26.837+0.109\ln R_{\text{front}}-3.039\ln R_{\text{now}}-0.594\text{in}_{\text{ow2}}+0.830v_{\text{middle}}\text{(出口曲曲点，弯坡组合段)}\\ v\leqslant \sqrt{127(0.2+i_{\text{h}})\cdot R_{\text{now}}}\\ v\leqslant \sqrt{150+9.8S_{\text{停}}}-12.25\\ v\leqslant 120\text{(设计速度在 100～120km/h)}\\ v\leqslant 100\text{(设计速度在 60～80km/h)}\\ v\leqslant 120\text{(标志汉字高度为 60～80cm)}\\ v\leqslant 100\text{(标志汉字高度为 50～60cm)}\\ v\leqslant 70\text{(标志汉字高度为 35～50cm)}\\ v\leqslant 120\text{(防护栏一般路段 A/Am，危险路段 SB、SBm)}\\ v\leqslant 100\text{(危险路段 A/Am)} \end{cases}$$

式中：v——车辆行驶速度，km/h；

R_{now}——当前曲线半径，m；

i_{h}——曲线超高；

$S_{\text{停}}$——停车视距，m。

3)双车道公路多目标限速值决策模型

双车道公路相对于高速公路而言，单向只有一条车道，实行分车型限速管理条件不够，所以双车道公路限速值采用统一的限速值，不进行分车型多目标限速值决策。

双车道公路形式相对较为复杂，不如高速公路统一，线形指标差异较小 。就双车道公路本身而言，按照技术等级又可分为二级公路、三级公路及四级公路，按照地形又可以划分为平原区公路、山岭区公路。所有的公路不能用统一的函数目标加以界定。

(1)目标函数

双车道公路限速值综合决策模型由运输效益和能源消耗效益两种目标组成，构成两个目标的最终目标函数为：

$$\min F(v)=\left[\min\left(\frac{L}{v}\right),\min \mathrm{FC}(v)\right] \tag{4-35}$$

其中，$FC(v)=\min(a_0+a_1v+a_2v^2+a_3RISE+a_4FALL)$

对于双车道公路而言，考虑同时存在两个目标，在目标重要程度上很难区分，所以结合双车道公路等级，按照不同公路等级来分配目标函数之间的不同权重来处理多目标函数简化成单一目标函数。各等级公路分配的权重如表 4-13 所示。

等级公路权重分配表　　表 4-13

公路等级	目标重要度	
	高效	节能、减排
二级公路	0.7	0.3
三级公路	0.6	0.5
四级公路	0.5	0.5

对于不同等级公路，目标函数演化为以下形式。

①二级公路。按照上述权重的分配原则，二级公路目标函数最终演化为：

$$v=0.7\min\left(\frac{L}{v}\right)+0.3\min FC(v) \tag{4-36}$$

②三级公路。按照上述权重的分配原则，二级公路目标函数最终演化为：

$$v=0.6\min\left(\frac{L}{v}\right)+0.4\min FC(v) \tag{4-37}$$

③四级公路。按照上述权重的分配原则，二级公路目标函数最终演化为：

$$v=0.5\min\left(\frac{L}{v}\right)+0.5\min FC(v) \tag{4-38}$$

(2)约束函数

$$\text{s.t.}\begin{cases}v\leqslant-24.212+0.834v_{in}+5.729\ln R_{now}\text{（直曲点，小半径曲线段）}\\ v\leqslant1.277+0.942v_{in}+6.19\ln R_{now}-5.959\ln R_{back}\text{（曲线与曲线点，小半径曲线段）}\\ v\leqslant11.946+0.908v_{middle}\text{（曲直点，小半径曲线段）}\\ v\leqslant-11.299+0.936v_{middle}-2.060\ln R_{now}+5.203\ln R_{front}\text{（出口曲曲点，小半径曲线段）}\\ v\leqslant-31.67+0.547v_{in}+11.71\ln R_{now}-0.2i_{now1}\text{（直曲点，弯坡组合段）}\\ v\leqslant0.750+0.802v_{in}+2.717\ln R_{now}-0.281i_{now1}\text{（曲线与曲线点，弯坡组合段）}\\ v\leqslant27.294+0.720v_{middle}-1.444i_{now2}\text{（曲直点，弯坡组合段）}\\ v\leqslant1.819+0.839v_{middle}+1.427\ln R_{now}+0.782\ln R_{front}-0.48i_{now2}\text{（出口曲曲点，弯坡组合段）}\\ v\leqslant\sqrt{127(0.2+i_h)\cdot R_{now}}\\ v\leqslant\sqrt{150+9.8S_{停}}-12.25\\ v\leqslant120\text{（设计速度在 100～120km/h）}\\ v\leqslant100\text{（设计速度在 60～80km/h）}\\ v\leqslant120\text{（标志汉字高度为 60～80cm）}\\ v\leqslant100\text{（标志汉字高度为 50～60cm）}\\ v\leqslant70\text{（标志汉字高度为 35～50cm）}\\ v\leqslant120\text{（防护栏一般路段 A/Am，危险路段 SB、SBm）}\\ v\leqslant100\text{（危险路段 A/Am）}\end{cases}$$

式中：v——车辆行驶速度，km/h；

R_{now}——为当前曲线半径，m；

i_h——曲线超高；

$S_{停}$——停车视距，m。

第三节　公路限速值确定方法及程序

一、高速公路限速值确定方法及程序

1. 限速路段资料收集

收集限速路段资料是确定限速值的基础工作。应重点收集高速公路沿线的几何线形、交通流特性、路侧环境、气候等资料。对于新建高速公路，交通组成可参考项目可行性研究报告中有关交通量预测的内容。对于已通车高速公路，还应收集交通事故资料。图4-16为限速值决策程序图。

2. 新建高速公路

新建项目的运行速度可根据几何设计条件，采用《公路项目安全性评价指南》(JTG/T B05—2004)推荐的公路运行速度预测模型计算。当里程较长时，可根据沿线的地形特征或公路技术指标将高速公路分为两段或多段，分别进行运行速度预测，但每个路段长度一般不宜小于30km，特殊情况不宜小于10km。

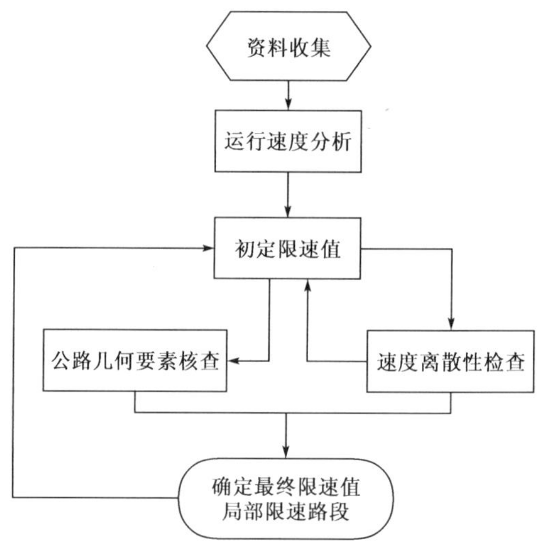

图4-16　限速值决策程序图

3. 已通车高速公路

对于已通车的高速公路，可采用全线连续测量法和典型路段测量法来确定运行速度。

(1)全线连续测量法

采用GPS、五轮仪等测量方法，选定代表车型(每类车型选用3～5辆车)，进行全线运行速度的测量(每辆车所测数据不宜少于3组)。根据测量结果，绘制全线运行速度图，确定全线或分段的运行速度值。

为精确起见，可计算出单位里程(如500m)下运行速度的平均值，以此作为该单位路段运行速度的代表值。以此为基础，计算出全线或部分路段的运行速度平均值。路段长度一般不宜小于30km，特殊情况不宜小于10km。

(2)典型路段测量法

通常选择直线段和平曲线段作为典型路段，进行地点运行速度调查。直线段调查点应选在直线段中点或稍后处；曲线段应选择曲线半径不同的路段，调查点应设置在曲线中点或稍后处。

典型路段占路线总长的比例应不少于路段总长的10%。各类典型路段(直线段、曲线段)

间的比例，应与各自占所路线总长的比例相一致。调查车型的比例应与交通组成统计结果一致，且每类车型的样本量不宜少于70辆。

4.初定限速值

考虑我国交通管理的通常习惯，将80km/h、90km/h、100km/h、110km/h、120km/h作为限速值选择集，从中选取与运行速度数值最为接近的作为初定限速值。

5.初定限速值核查

采用初定限速值，对高速公路几何要素进行全面核查，特别应对平曲线、平、纵视距等关键几何要素的设计采用值进行重点核查。部分重点指标的核查分析方法如下。

(1)平曲线

根据前文分析结果，采用安全冗余度指标，对不同半径的平曲线，采用初定限速值，计算其实际横向力系数，并将所得值与允许的横向力最大值之比，作为平曲线路段的安全冗余度λ。

$$\lambda = \frac{\mu_{\max}}{\mu} \tag{4-39}$$

式中：$\mu = \frac{v^2}{127R} \pm i$，当平曲线路段设置正超高时，取"+"；当平曲线路段设置反超高时，取"—"。

为了安全起见，考虑车辆的实际运行速度，并本着便于应用的原则，取$\mu_{\max}=0.1$。

当$\lambda<1.0$时，表示该路段安全冗余度低，应设置禁令限速标志，或采用增大平曲线半径、调整超高等措施提高该路段的安全水平。

当$1.0\leqslant\lambda<2.0$时，表示在相应的速度下，车辆能够较舒适地通过该曲线路段，但宜采用加强诱导、结合纵断面线形适当控速、设置建议速度标志等措施。

当$\lambda\geqslant2.0$时，表示在相应的速度下，车辆能够安全舒适地通过该曲线路段，如无其他不利因素影响，无需采取其他安全措施。当$\lambda=2.0$时，对应的μ值为0.5，即为《公路工程技术标准》中计算一般最小半径时，所采用的横向力系数值。

(2)视距

根据初定限速值，计算不同路面条件下纵、横向视距，以此来检查平曲线和竖曲线路段能否满足要求。

(3)速度离散性核查

应对全部样本和分车型样本速度离散性的情况进行核查。核查采用20km/h速度级差区间同步速度作为判别指标。如同步速度低于初定限速值10km/h以上时，应对初定限速值进行调整。

6.确定最终限速值和局部限速路段

①根据以上工作的成果，确定全线或分段的最终限速值。

②对于已通车高速公路，应进行交通事故特性和事故多发路段分析，根据事故原因分析结果和事故多发路段分布情况，采取相应的工程措施。必要时，确定局部限速路段。

③将线形指标核查中需要车辆以低于全线或分段限速值行驶的路段，作为局部限速路段。局部限速路段长度之和通常不宜超过全线总里程的10%，否则应重新调整初定限速值。

7. 特殊路段的限速值

(1)长大下坡路段

通过对典型连续下坡路段交通事故原因的分析可知，平均63.4％的事故原因是车辆的制动失效和超速。当然，造成制动失效原因有很多，比如超载、驾驶员对路线不熟悉、挡位选择不当、国产车辆的制动性能不佳等原因，但是连续下坡是这些原因起作用的载体。在连续下坡的路段上，超载车辆的重力在平行于路面向下的方向上的分力更大。若驾驶员对路线不熟，挡位选择不当，长距离的下坡驾驶员频繁使用制动器，升温加速，制动效能降低，直至失效，造成事故。

对于因制动失效造成事故多发的路段，应根据长下坡路段长度和坡度、车辆制动失效情况和事故调查，确定车辆特别是大型车辆在下坡过程中所应保持的安全速度。在长下坡路段起始前，应设置相应的限速标志，并提示车辆在下坡路段以安全速度行驶。

交通部西部科技项目、广东省交通科技项目等均开展了有关长大纵坡路段车辆制动失效机理、安全保障方面的研究。对于新建项目，开通初期可根据下坡段实际技术指标，应用有关研究成果，确定限速标准。

(2)隧道路段

除线形的影响外，隧道路段对车辆行驶速度的影响主要体现在亮度、能见度水平。因此，隧道路段应将通风、照明的设计条件作为速度控制的依据。

(3)匝道

互通立交匝道限速值的确定方法与主线类似。

当匝道长度较短，几何线形受设计速度控制时，可采用设计速度作为限速值。

当匝道几何线形为平、纵面极限指标或由接近极限的指标组合而成时，根据事故、匝道车辆运行状态调查，可选用低于匝道设计速度的限速值。

二、等级公路限速值确定方法及程序

等级公路限速值确定方法按照以下程序完成：

①确定在自由流条件下，典型公路的地点速度调查中85％位车速，以该车速值作为限速的基础值。

②在确定出限速的基础值后，考虑道路线形、道路交通事故、路段特征、地理环境特征、路侧特征，从多角度对基础值进行安全性检查并修正，最终确定出限速区段及限速值。

等级公路的限速值确定方法及程序见图4-17。

该限速值确定方法可归纳为以下几个步骤。

步骤一：确定限速目标。确定限速目标所处地形特征、线形特点、气候及周围环境特点。确定地形特征主要是指限速公路或是路段处在平原地区，还是山岭地区：平原地区，公路线形相对要好，平曲线半径较大，而且路侧的危险程度也相对要低得多；山岭地区，由于受建造成本、山岭地形的影响，平曲线及路侧都较平原地区差。线形特点主要是指公路的平曲线半径及竖曲线特点。平曲线半径是指平曲线半径的大小，竖曲线是指纵坡度和纵坡长度。

步骤二：确定路段的交通组成，确定运行速度特征值。该运行速度特征值从专题前面的研究成果中获得。

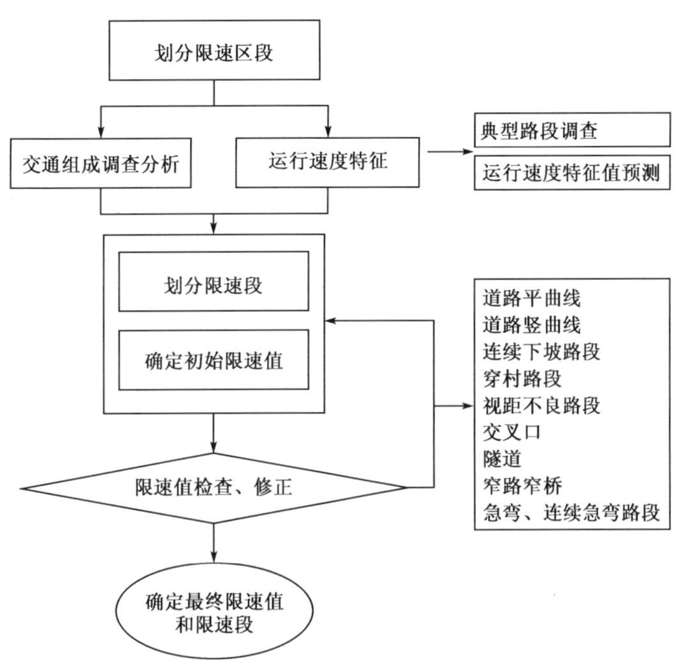

图 4-17　确定限速值方法流程图

步骤三：确定限速初始值。在目前研究状态下，先不考虑具体用多少特征值作为限速初始值。

步骤四：限速初始值检查、修正，具体如下。

1)考虑道路线形指标要求

道路线形指标核查主要考虑车辆在道路交通条件情况下，在平曲线处是否会出现由于超高的不足引起的侧翻、侧滑等交通事故，以及是否存在较大的长大下坡，影响机动车运行，是否有视距不良路段存在，影响停车视距。检查平曲线处的速度时，可采用以下公式来反算车辆的最高行驶速度。

$$v=\sqrt{127(\mu \pm i_{\mathrm{h}})\cdot R} \tag{4-40}$$

其中 μ 的取值见表 4-14。

μ 取值分布　　表 4-14

考虑情况	考虑冰雪路面	干燥路面	考虑旅行舒适
μ	0.2	0.4	0.11

将道路线形指标和 μ 分别为 0.2、0.11，带入公式就可以计算出 v 值。将 v 值与限速初始值作比较，把小于限速初始值的平曲线路段挑选出来。这些平曲线中，相邻两个平曲线段间距小于 500m，合并成一个段。若总共长度大于公路总长度的 5%，那么使用线形指标中的最小值作为限速值；若总长度小于公路总长度的 5%，那么选用限速初始值作为限速值，小于限速初始值的路段作为特殊路段。

检查是否有长大下坡影响交通运行，由于长下坡严重地改变了货车、客车的运行状态，造成小客车与货车、客车之间的速度差进一步加大，同时长下坡也影响车辆的机动性能，因此公路上有长大下坡，应将该段路限速在 60km/h 及 60km/h 以下。若为公路，应限制在 60km/h；若为其他等级公路，应限制在 30～60km/h。长大下坡的判别条件为：单位长度平均纵坡度大于 3%，总长度大于 8km，总长度中纵坡度小于 3%的路段总长度小于 1 000m。

检查是否存在视距不良路段，视距不良同样影响着行车安全，尤其是在公路上，车辆的行驶速度快，发生事故的严重性很大。具体在进行限速的同时，要检查视距的影响，检查弯道处公路所能提供的停车视距有多大。与确定的 v_{85} 速度所要求的停车视距进行对比，检查停车视距是否满足要求。行车速度与停车视距要求见表 4-15。停车视距的计算方法有：实车测量法、三维透视图法、简易二维平面计算法。

行车速度与停车视距表　　表 4-15

行车速度(km/h)	120	100	80	60
停车视距(m)	210	160	110	75

若 v_{85} 不满足停车视距要求，可采取两种措施进行处理：一种是将停车视距不足的路段路侧进行清理，保障视距通畅；另一种是将路段标记出来，作为特殊路段进行工程处理，用以提示或强迫驾驶员在这个路段减速行驶。

2)考虑路段间线形协调性

使用前文中介绍的路段线形协调性分析方法，分析以基础限速值作为运行速度是否会造成路段线形不相协调。对于那些速度差大于 20km/h 的路段，提出工程改造措施或实行局部路段限速措施。

3)考虑设计速度与实际运行速度差的影响

当绝大部分路段平、纵实际设计速度与限速初始值相差大于 20km/h 时，选择设计速度值＋20km/h 作为限速值；当实际设计速度与限速的初始值的小于或等于 20km/h 时，保持原限速值不变。

4)考虑道路交通事故

若为已经运营的公路，应进行交通事故分析和事故多发点分析，进行相应的工程措施处理，保障交通的安全。事故多发点分析方法可采用动态多步长分析法。根据事故多发点的原因分析结果，采取相应的工程措施。

若为非运营公路，不用作该分析。

5)考虑其他因素

路侧危险程度和行人出行的多少同样影响着限速值。

当限速路段为公路时，在一定程度上不存在路侧危险，也不会受建筑区域行人的影响，公路段限速可不用考虑这些因素。

但当限速路段为非公路段时，要考虑建筑区域、住宅区域、车辆给行人带来的危险。根据已有的研究成果，当车辆的行驶速度为 32km/h 时，行人事故中有 5%的死亡；当行驶速度为 48km/h 时，行人事故中有 45%的死亡；当行驶速度为 64km/h 时，行人事故中有 85%的死亡。鉴于上面的分析结果，在行人住宅区限速值定在 40km/h。

在车辆与车辆及车辆与固定物碰撞中消散的能量越多，乘员所受的危害越大。研究表明，车速超过 96km/h 后，事故严重度随速度增加而快速增加；车速超过 112km/h 后，致命伤亡的可能性迅速增加。所以，建议最高限速最好不要超过 110km/h，除非道路线形条件特别好，交通条件也很适合行车。

步骤五：核查完成后，就可以最终定出不同路段内的最高限速值以及在限速检查中所要特殊处理的路段。根据具体情况，采取工程措施或降低限速值等方法对这些特殊路段进行处理，在保障安全的前提下，提高公路的运输效率。

第四节 限 速 方 式

道路最高限速值确定后，即可确定限速方案（如分车道限速、分车型限速等）。确定限速方案需要考虑车道数量、道路总长度、交通组成、服务水平等因素。如何在考虑这些因素的基础上选择适合的限速方案，需要对限速方案进行优化。本节首先介绍目前道路限速中常见的限速方式及确定限速方案所考虑的因素，最后介绍一种限速方案优化方法及案例。

一、限速方式

依据实施限速方式所考虑的因素特性，将现有的限速方式划分成以下几个类别。

1. 按照空间划分

按照限速空间可把道路限速分成分段限速、分车道限速、施工区限速、建筑区限速。

1)分段限速

分段限速是将道路全线或道路中较长的路段划分成若干小的路段单元，每个路段单元依据各自线形、交通量、事故等因素的状况采取不同的限速值。分段限速通常相对于全线限速而言，全线限速是整条道路或较长路段采用单一的限速值，而分段限速则可以看作全线限速的一个细化，每个小的路段单元实施不同的限速值。每个小的路段单元在确定限速值大小时，所考虑的因素与全线限速是类似的。

我国在修建公路时，通常道路全线采用同一设计速度、同一技术等级，因此，全线限速与特殊点段局部限速相结合的限速方法在实际运用中占主导地位，分段限速采用的不多。目前，我国限速值的确定通常参照设计速度或管理经验，道路实施分段限速应用的示例较少，只有在全线采用不同的设计速度或技术等级时才有应用。

优点：不同路段限速值符合本路段线形、交通流、事故等因素所反映的行车条件，可充分利用道路行驶条件，满足驾驶员驾驶需求。

缺点：各限速路段的划分是一项十分困难的工作，目前尚无定量方法或严格的准则可以参照，在划分时通常需要开展详细的车速调查、事故分析、线形指标与标准的符合性检验等技术工作，并结合工程技术人员的经验来确定。

适用性：路线里程较长，部分路段因受地形条件限制而选用较低的设计速度或较低的技术等级，或部分路段的事故情况较为严重，部分路段的桥隧结构物较为集中，尤其是长大桥隧较多，都可以考虑选用分段限速。

2)分车道限速

分车道限速是指在不同车道采用不同限速值的限速方法，限速标志通常采用门架式或借助跨线桥附着于桥梁上。车道上方正对的限速标志标明了该车道的限速值，也可采用在路面上施画文字标记的方式(图 4-18)。

a)

b)

图 4-18　分车道限速

优点:减小同一车道车辆间的速度差(离散性),减少车辆变换车道操作,改善交通流的运行,有助于提高车辆运行的安全性。如果将最内侧超车道改为正常行驶车道(双向四车道的道路,将内侧车道设置为超车道的做法在国内非常普遍),在交通量较大时,还有助于提高道路的通行能力。

缺点:不同车道的限速值不同,但曲线处的超高却相同,如果某个车道的限速值偏高或偏低,则可能出现欠超高或过超高的现象,带来一定安全隐患;每个车道的限速值应该是一个范围,而不是单一的确定值,因此,限速值的确定较为复杂,需要考虑交通量、车道数、车辆速度分布比例等因素。

适用性:当同一车道的速度非常离散时,或者快车与慢车在同一车道混行时,需要考虑进行分车道限速。一般情况下,单方向为三车道及以上的道路更适宜采用分车道限速的方法,两个车道难以实现交通量的平衡分布,可能会带来通行能力下降的问题。

3)施工区限速

养护施工区限速属于特殊路段的限速问题,由于施工作业占用车道,行车道数量变少,车流密度增大,在一定程度上影响车辆的安全通行。此外,在养护施工区的施工人员,受到的保护有限,速度过高会给养护施工人员带来危害。养护施工区为一个特殊的限速路段。

4)建筑区限速

当公路穿过建筑区域,尤其是校区、住宅区行人交通流量较大的地区,较高的行车速度会对行人造成严重的危害。建筑区域为特殊限速路段。

2.按照时间划分

1)分时段限速

分时段限速即在不同的时间段实施不同的限速标准,较为常见的做法是按照白天和夜间划分时段。美国有一些州在某些类型的道路上采用了这一限速方法。夜间的视认性较差,且夜间相对于白天而言,事故率更高,事故的后果更严重。然而,驾驶员通常不愿意在夜间降低车速,从而需要开展进一步的研究以确定分时段限速的效果。目前,国内尚无此方面的应用案例。

2)分天气限速

由于不良天气条件(如雨、雪、雾)给行车安全带来了较大的不利影响,国内很多道路除规定了常规的限速外(良好的天气条件下),还给出了不良天气条件下的限速值。限速值的确定主要依据工程技术人员的经验。图 4-19 给出了特殊天气条件下的限速标志的设置实例。

3. 按照车型划分

分车型限速是指根据交通流运行特点、车辆运行安全、运营管理需要，对不同车型实施不同的限速值。图 4-20 为国内某道路上设置的限速标志，标志指明“小型载客车限速 120km/h，其他机动车限速为 100km/h”；对于大客车，限速标志虽没有给出。但《中华人民共和国道路交通安全法实施条例》第七十八条明确规定“道路上行驶的小型载客汽车最高车速不得超过每小时 120km，其他机动车不得超过每小时 100km”，这说明除小客车以外的其他客车最高限速为 100km/h。

图 4-19　分天气限速

图 4-20　分车型限速

优点：考虑了不同车型车辆间的性能差异，有助于改善特定类型车辆的安全运行状况。

缺点：车型分类的不确定性和多样性往往是实施分车型限速的主要障碍。如果，限速车型是按小客车和货车划分的，但 9 座以上的客车的限速并不明确，对《中华人民共和国道路交通安全法》不是十分了解的驾驶员可能会无意违章。如果车型按客车和货车来划分，虽然车型覆盖全了，但小型载客汽车和其他载客汽车的限速又没有很好地区分。目前，美国一些州已经采用了分车型限速的方法以适应客车和重型货车不同的运行特性，欧洲自 1994 年起就广泛应用这一做法。目前，国外通常按客车和大型货车（重型货车及拖挂车）划分车型。

适用性：某种车型车辆事故情况突出，需要从限速角度进行单独考虑，以减少事故发生。

4. 其他限速方式

(1)可变限速

伴随着技术的发展，能够反映行车条件（交通流状况、路面状况、能见度、交通事件与事故情况）的可变限速系统得到越来越广泛的应用。目前，国内道路路侧设置了一定量的可变限速标志，标志除显示限制速度值外，还显示其他多方面的信息。可变限速有如下问题：其一，限速值人为主观设定，而不是一个反映客观行车条件的自动化过程；其二，是否具有执法效力尚存在争议。

(2)建议限速

图 4-21 所示标志用于建议驾驶员在特定情况下的舒适行驶速度。它和警告标志一起使用。例如，在蜿蜒的公路上行驶时，弯道警告标志将和建议速度标志一起使用。

图 4-21　美国弯道处建议限速标志

建议限速是推荐的安全行驶速度，用来提醒驾驶员通过弯道或其他特殊的道路条件下最大的推荐速度，对于建议限速，仅和适当的警告标志同时使用。对于建议速度，并非强制执行。在道路上非危险路段但线形指标接近低限的点段（诸如小半径曲线段），设立相应的建议速度。图 4-22 为我国某高速公路上所使用的建议速度。

设置建议速度的目的是为了帮助驾驶员在危险点（如弯道、交叉口、出口匝道、陡坡）选择安全车速。危险点的车速应该比一般或者已设置限速的速度更低，在危险点设置了建议车速不意味着降低每个危险点的车速。建议速度并非强制执行，除非符合法规规定。驾驶员在任何情况下都必须在合理、谨慎的速度下行驶。研究表明，建议速度对驾驶员，特别是熟悉道路的驾驶员有小到中等程度的影响。驾驶员不遵守设置的建议速度的一个原因是，建议速度经常设定得不切实际，限速值比较低，另一部分原因是目前设置弯道的建议速度的标准是基于 19 世纪 30 年代的车辆和试验得出的，与目前的车辆性能相差较大。

图 4-22 建议限速示例

二、限速方式优化

1. 限速方式优化需考虑的因素

1）道路交通相关法规

在确定最终限速方式时，应考虑《中华人民共和国道路交通安全法》及其实施条例关于道路限速的规定。道路最大限速值不能超过 120km/h，最低限速不能低于 60km/h。在道路上行驶的小型载客汽车最高车速不得超过每小时 120km，其他机动车不得超过每小时 100km，摩托车不得超过每小时 80km。此外，确定限速方式时，还要考虑运输安全与运输效率之间的平衡及驾驶员的满足情况。

2）交通组成、车速特点

交通组成影响着交通流的运行特点，不同车型的交通运行特点不一样，所以在确定限速方式时要考虑交通组成和车速特点。交通组成中车型有小客车、客车和货车 3 种。限速时应参考小客车、客车和货车的 v_{85} 车速。该分析可作为分车道、分车型限速的依据。当大型货车所占的比例大于 40％时，考虑采用分车型限速，一般大型货车的限速值与小客车限速值相差 20km/h。针对单向 3 条及 3 条以上行车道的道路，宜采用分车型、分车道结合使用的限速方式。内侧车道为限速的最高值，并且只能小客车使用，外侧车道为混行车道。

3）空间因素

影响限速方式选择的空间因素包括道路长度及道路行车道数量。道路长度大于或等于 100km，可根据全线限速方法判断是否实行分段限速。一般单向两条行车道不宜设置分车道限速，而当单向行车道数量大于或等于 3 条时，宜选用分车道限速。行车方向内侧车道为高限速值车道，外车道为低限速值。相邻两个车道限速值相差 20km/h 或为零。同时，分车道限速，每个车道要有最低限速要求，最低限速值比车道最高限速值低 20km/h。

4）时间因素

分时间段限速主要是基于以下几种情况：第一种是道路交通事故中，夜间发生的事故数占总事故数比例较大，可考虑采用分夜间、白天限速方式；第二种是恶劣天气条件，如果全年中气候影响车辆行驶比较严重，比如雨、雪、雾等天气影响行车时间比较多，需考虑分天气条件限速；第三种是交通流量变化，交通流量随时间变化较大时，应考虑分时段限速。

2. 限速方式优化

由于道路限速方式较多，使用条件也不相同，而且不同的方案实施后效果也不一样。所以，在确定限速方式时，需要根据众多因素优化，确定一个合适的限速方式。

交通管理与控制中，道路交通空间控制级别要高于时间控制级别，时间控制级别要高于车型控制级别。据此，限速方式优化步骤如下。

(1)第一步：空间限速

在空间范围内限速时，首先考虑是否可以实施分段限速。分段限速的具体条件如下：

考虑道路线形、道路所处地理位置、事故发生情况、交通流量。

相邻不同限速路段总长度大于 30km，否则各段合并限速，限速值以低限速值为准。

连续分段限速中，平均每 100km 限速分段点不应多于 4 个。否则，要对分段点作适当合并，合并原则以低限速值为准。

其次考虑是否可以实行分车道限速。单向行车道数大于或等于 3 条时，可实行分车道限速。两条车道原则上不采用分车道限速方式。

(2)第二步：时间限速

实行分时间限速，是由于不同时间交通流量不同，不同时间发生交通事故的概率和事故的严重程度不同。应在分空间限速的基础上，考虑分时间限速的可行性。当道路交通事故中，夜间发生的事故数占总事故数的 60%以上，可采用分夜间、白天限速方式；在恶劣天气条件，如果全年中气候影响车辆行驶比较严重，比如雨、雪、雾的影响行车时间超过 40%以上，考虑分天气条件限速。

(3)第三步：车型限速

大型货车所占的比例大于 40%时，考虑采用分车型限速，一般大型货车的限速值与小客车限速值相差 20km/h，且低于小客车的限速值。表 4-16 为限速方式优化表。

限速方式优化表　　表 4-16

方案＼因素	空间因素				时间因素				车辆因素	
	$L \geq 100$	$L < 100$	$M \geq 3$	$M < 3$	CM≥80%	CM<80%	$T \geq 40\%$	$T < 40\%$	TZ≥40%	TZ<40%
分段限速	宜	不宜	—	—	—	—	—	—	—	—
分车道限速	—	—	宜	不宜	—	—	—	—	—	—
分夜间、白天限速	—	—	—	—	宜	不宜	—	—	—	—
分天气限速	—	—	—	—	—	—	宜	可	—	—
分车型限速	—	—	—	—	—	—	—	—	可	不可

注：1. L 表示道路限速路段的长度，km；M 表示道路单位行车道数量，个；CM 表示道路夜间发生交通事故数占事故总数百分比，%；T 表示道路全年中受雨、雪、雾等天气因素影响的时间所占百分比，%；TZ 表示道路交通组成中大型货车所占百分比，%。

2. 表中限速方式与影响因素之间的对应关系由强到弱分成 4 个等级：宜、可、不宜、不可。“宜”表示由影响因素判断选择该限速方式较好；“可”表示由影响因素判断选择该限速方式是可以的；“不宜”表示由影响因素判断选择该限速方式不适合采用；“不可”表示由影响因素判断选择该限速方式不能采用。

将道路中影响限速方式选择的因素按照表中参数要求计算后，依据表 4-17 即可判断选择道路主线限速方式。如果经过判断选择出多个限速方式，按照“分段限速>分车道限速>分白天、夜间限速>分天气限速>分车型限速”级别依次递减的顺序选择限速方式。限速方式可以组合形成综合限速方式，但综合限速方式中单个限速方式不能多于 3 个。由于有的限速方式之间不可以组合，下面给出限速方式间可以组合成综合限速方式的对应表，见表 4-17。

限速方式组合对应表 表 4-17

限速方式	分段限速	分车道限速	分黑天、白天限速	分天气限速	分车型限速
分段限速	—	+	+	+	+
分车道限速	+	—	+	+	+
分夜间、白天限速	+	+	—	×	×
分天气限速	+	+	×	—	×
分车型限速	+	+	×	×	—

注：+表示在综合限速方式中两个方案可同时出现；×表示在综合限速方式中两个方案不可以同时出现，必须舍去一个。

3. 案例

重庆渝宜高速公路全长 L 为 246km，单向行车道数 M 为 2 条，一型和大型货车（主要为小客车）占 89.2%，大型货车所占比例 TZ 约为 10.8%。夜间发生道路交通事故 CM 值为 60%。将上述值带入限速方式优化表中，结果见表 4-18。

限速方式优化结果 表 4-18

方案＼因素	空间因素		时间因素	车型因素
	L=246	M=2	CM=60%	TZ=10.8%
分段限速	宜	—	—	—
分车道限速	—	不宜	—	—
分夜间、白天限速	—	—	不宜	—
分天气限速	—	—	—	—
分车型限速	—	—	—	不可

从表 4-18 中可看出，渝宜高速公路适合采用分段限速。根据在各个典型路段调查获得的 v_{85} 速度值：长寿—梁平段 v_{85} 为 114km/h、重庆—长寿 v_{85} 为 108km/h、梁平—万州 v_{85} 为 106km/h。调查中没有发现长下坡路段，但存在隧道路段。最终综合其他因素考虑渝宜高速公路限速方式如下：分段限速，重庆—长寿、梁平—万州限速 100km/h，长寿—梁平限速 110km/h。隧道采用建议限速或管理限速，限速值为 80km/h。

第五章　公路运行速度控制设施

可以从不同角度对公路车辆行驶速度进行管理，使车辆达到符合安全要求的、科学的行驶状态。比如，设置监控摄像头、在车辆上安装行驶速度记录仪、宣传教育、设置安全设施等。本章主要从设置安全设施的角度出发，通过回顾现有减速设施的改善情况，并对其进行评价，对公路车辆运行速度进行控制给出相关使用建议。

第一节　减速设施调研与结论

在项目实施过程中，课题组对国内外已经设置的路面减速设施进行了大量调研，结果如下。

一、国内路面减速设施调研

在北京、四川、重庆、贵州、广东等省市对路面减速设施进行了大量的调研，调研案例及结果如下。

1.路面铺装类减速设施

1)北京门头沟路面设施薄层铺装(图 5-1)

图 5-1　薄层铺装设置

门头沟国省道公路上，为了控制车辆在弯道处的行驶速度，保障行车安全，在一些相对较小的平曲线路段前方一定距离处设置了薄层铺装。薄层铺装的厚度在 4mm 左右，宽度在 20cm 左右，设置间距在 3～5m。

2)广东省的高等级公路设置路面减速设施(图 5-2)

广东省的高等级公路上设置了连续的路面减速设施。

2.减速标线

在云贵川渝对路面上所用的横向减速标线进行了广泛的调查，减速标线设施位置多样，具体形式如图 5-3 所示。

图 5-2 路面减速设施

图 5-3 现场调研图

3. 视错觉标线及限速标志

路面设置视错觉标线如图 5-4 所示。

图 5-4 路面视错觉标线

4. 路面限速标志

路面限速标志如图 5-5 所示。

a)

b)

图 5-5　路面视错觉标线

对国内减速设施设置参数进行整理，结果见表 5-1。

国内减速设施设置参数表　　表 5-1

减 速 设 施	宽度(cm)	间距(cm)	每组数	连续组数	组间距(m)	高度(mm)
减速振动标线	30	30	4	5	20	4
	30	30	4	6	20	5
	30	30	6	3	60	2
	30	30	8	3	24.6	5
	30	30	5	3	24	3
	30	30	10	3	25	5
	15	15	9	3	12.5	2
	30	30	10	3	20	2
	30	30	10	3	15.4	5
	30	30	10	3	15	5
	30	30	5×4×3	3	15	2
	30	30	5×4×3	3	16.8×14.1	2

二、国外路面减速设施调研

1. 减速标线类设施

减速标线类设施如图 5-6～图 5-9 所示。

图 5-6　横向标线和行车道边缘减速标线的模拟场景(澳大利亚为左行)

图 5-7　车行道边缘横向标线

图 5-8　路面横向标线

图 5-9　防滑型鱼刺减速标线

2. 铺装类减速设施

铺装类减速设施如图 5-10 所示。

图 5-10 铺装类路面减速设施

3. 限速标志

限速标志如图 5-11 所示。

图 5-11 路面限速标志

国外路面减速设施设置参数调查结果见表 5-2。

国外路面减速设施设置参数调查结果 表 5-2

设置案例	连续设置条数	减速标线宽度(cm)	组内间距(cm)	高度(mm)	组数	连续间距(cm)
1	6	10.2	61.0	6.3	2	3 048
2	10	14.0	31.7	12.7	2	3 048
3	5	16.0	61.0	10.2	2	12 192
4	5	15.2	61.0	10.2		
5	5	15.2	61.0	3.2		
6	5	15.2	61.0	10.2		
7	6	15.0	35.0	12.0	2	3 000
8	6				1+2	4 500
9	3～6	10.2		6.3		

续上表

设置案例	连续设置条数	减速标线宽度(cm)	组内间距(cm)	高度(mm)	组数	连续间距(cm)
10		7.6	127～254	19.0		
11	6	8.9	63.5	12.7		
11	15～20	10.2	30.5	12.7		
11	15～21	20.3	30.5	12.7		
12	15～22	10.2	30.5	6.3～9.6		
12	8	10.2	61.0	9.6～12.7		
12		8.9	25.4	12.7		

三、国内外调研结论

经过对国内外路面减速设施的广泛调研，获得以下结论：

(1)国内外公路上广泛采用路面减速设施，在控制车辆行驶速度上发挥了重要的作用，这也充分说明了这种设施在控制车辆行驶速度上的意义和重要性。

(2)国内路面减速设施的高度最低在2mm左右，最高在5～6mm，通常为4mm左右。

(3)国外路面减速标线的高度相对较高，在6～12mm范围内。

(4)路面减速设施一般每一组都连续设置，路面减速设施设置宽度通常为10cm、15cm、30cm，每一块之间的间距通常为15cm、30cm和60cm。

(5)路面减速设施所使用的颜色以黄色和白色为主。

第二节　减速设施效果评价

在项目实施过程中，课题组对国内外已经设置或应用的路面减速设施进行了大量调研，测量了路面减速设施的几何指标、颜色，对这些设施的应用效果进行评价，以为研究提供基础的数据支撑并形成相关的研究框架，同时为确定路面减速设施尺寸作出决策。下面对几种常用的减速设施进行介绍，并结合国内外应用情况对其应用效果进行评价。

一、公路限速标志

公路限速标志是目前传递限速信息的主要途径和手段，设置限速标志的目的是使驾驶员明确当前路段的最高或最低限速信息，传递给驾驶员的只是信息，是否严格按照限速信息行驶，受到多种因素影响。总体而言，车辆的行驶速度需要依靠驾驶员对当前道路条件下的行车安全及违法成本进行综合考虑而决定。

图5-12　限速标志

限速标志(图5-12)主要包括固定限速标志和可变限速标志。限速标志是一种禁令标志，如图5-12所示。它表示车辆在标志设置区域内必须保持在限制速度的范围内，设置于需要限速区域的起点，对车辆通行进行法规限制，为最常见的强制性限速手段。

项目组开展了一项驾驶员问卷调查研究，统计分析了驾驶员对限速标志的态度及遵守情况，并将造成驾驶员违反限速标志的原因分为3类共10项，确定了各项原因对驾驶员违章超速的影响程度，认为限速标志在实际应用中起到了一定的作用，但是由于对限速标志的设计、设置缺少系统科学的依据，限速标志的作用不是很明显。

项目组在福建省开展了限速标志限速效果调查，对全线29个设置限速标志的断面进行了速度观测，结果显示：设置限速标志的路段断面，小客车平均超速率77％，客车超速率69％，货车平均超速率15％，总体平均超速率62％。可见，在我国，仅设置限速标志无法满足安全车速控制的需要。

项目组在全国个别路段开展了限速值（限速标志）与运行速度的调查，总体上来看，大部分驾驶员未按照限速信息行驶。

1. 高速公路限速与运行速度的关系

从图5-13中可以看出，限速值为60km/h时，所有断面的小车85％位速度均大于限速值，最高超速幅度为49.3km/h；限速值为80km/h时，93％的断面小车85％位速度大于限速值，最高超速幅度为40.3km/h；限速值为100km/h时，92％的断面小车85％位速度大于限速值，最高超速幅度为44.86km/h；限速值为120km/h时，所有断面小车85％位速度大于限速值，最高超速幅度为23.49km/h。调研数据表明，几乎所有的小车85％位速度均大于相应的限速值，小车85％位速度随限速值的升高而升高。个别断面小车85％位速度低于限速值，可能是受摄像头、限速牌、道路线形条件等的影响。

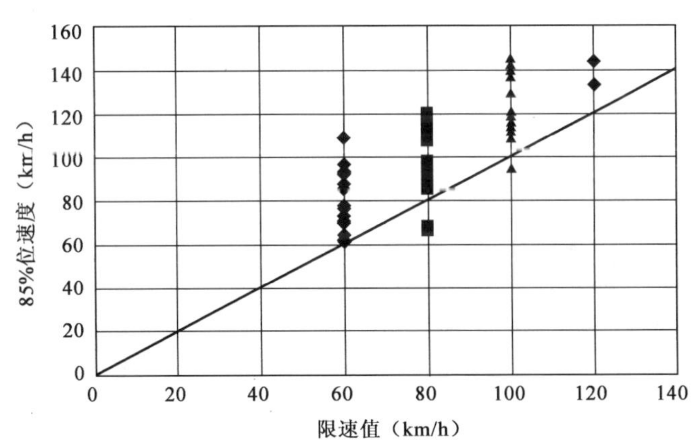

图5-13　小车85％位速度与限速的关系

从图5-14中可以看出，限速值为50km/h时，所有断面的大车85％位车速均大于限速值，最高超速幅度为36.44km/h；限速值为60km/h时，80％的断面大车85％位车速大于限速值，最高超速幅度为17km/h；限速值为80km/h时，80％的断面大车85％位车速大于限速值，最高超速幅度为24.72km/h；限速值为90km/h时，所有断面大车85％位车速接近或小于限速值；限速值为100km/h时，71％的断面大车85％位车速高于限速值，最高超速幅度为9.8km/h。由此可见，大多数大车的85％位车速均大于相应的限速值。随着限速值的升高，85％位车速超过限速值的比例和超速幅度有所下降。部分断面受到摄像头、限速牌、地形的影响，85%位车速低于限速值。

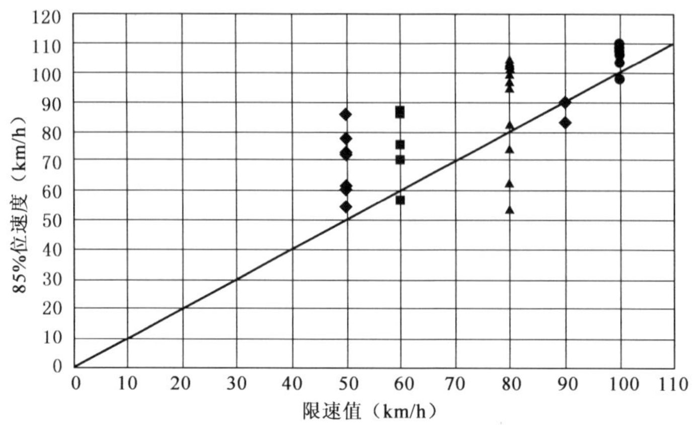

图 5-14　大车 85%位速度与限速的关系

2. 一级、二级公路限速与运行速度的关系

从图 5-15 可以看出：

(1)具有干线功能的一级、二级公路在限速值为 40km/h 及 60km/h 的断面，其运行速度远大于限速值，因此应综合考虑其他相关因素来确定道路的合理限速值。小车限速值为 80km/h 及 100km/h 时，77%断面的运行速度大于限速值，且不同的断面运行速度的变化较大，其中超速幅度最高为 40.5km/h。

(2)对于运行在具有干线功能的一级、二级公路上的小车，其运行速度随限速值的增加而增加。

从图 5-16 可以看出：

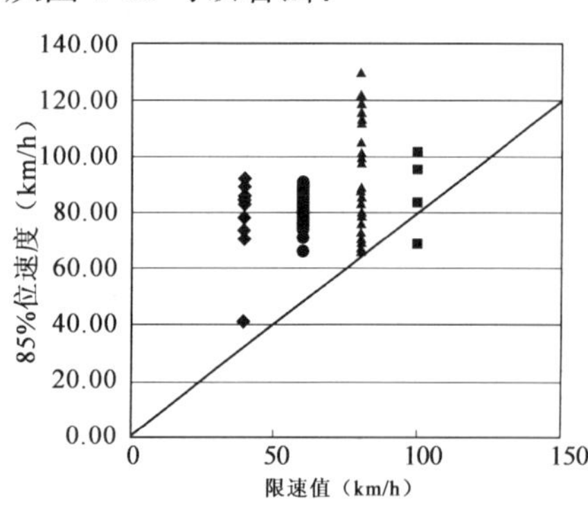

图 5-15　具干线功能的一级、二级公路上小车的 85%位速度与限速的关系

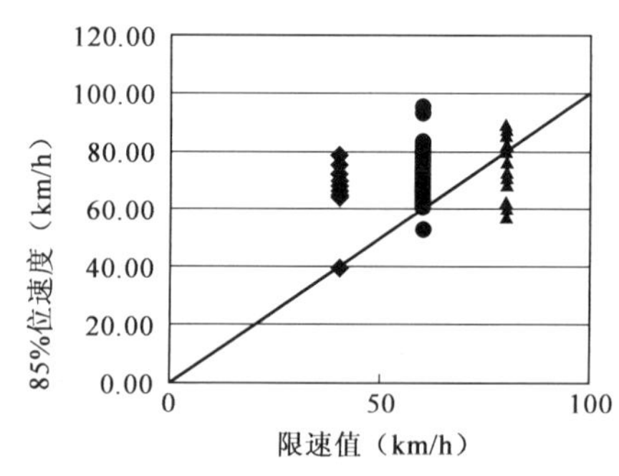

图 5-16　具干线功能的一级、二级公路上大车的 85%位速度与限速的关系

(1)当大车的限速值为 40km/h 时，所有断面的大车运行速度均高于限速值；当限速值为 60km/h 时，83%的大车运行速度高于限速值；当限速值为 80km/h 时，只有 34%的大车运行速度高于限速值。

(2)当限速值较低时，大车的运行速度普遍高于限速值；当限速值增加到一定程度时，运行速度随限速的增加而逐渐低于相应的限速值。

二、以振动、视觉为作用的减速设施

1.橡胶减速垄

在山区、丘陵地带交通事故多发路段的行车道上，全国很多地点安装了各式各样的减速设施。它们中有的属于强制性减速设施，也有半强制性减速设施，还有的属于警示性减速设施。从使用情况来看，有的产生了较好的交通安全改善效果，但也有效果不佳甚至由此造成车辆损坏和公路破坏的案例。

近年来，我国对公路强制性减速设施的使用效果已有了初步研究，强制性减速设施极有可能是一把双刃剑。根据减速设施的种类、设置的技术水平和状态，它可以有效地组织和控制车辆行驶节奏，从而改善道路交通安全状况；也可能无法收到预期效果，成为公路上的人为路障，扰乱交通流秩序，降低路段的通行能力和交通安全水平。

橡胶减速垄，属于典型的强制性减速设施。它使用橡胶与添加剂在专用模具里成型而得，横向铺设于路面上，中断面为圆弧状，表面有花纹，高度为5～8cm，表面黄黑相间，车辆通过时有较大振动，速度快时会有剧烈颠簸，通过影响驾乘人员的舒适性而达到减速效果，如图5-17所示。

对橡胶减速垄进行速度观察，橡胶减速垄控制车辆速度的程度与减速垄的宽度和高度有关：10cm高的减速垄控制车辆行驶速度在30km/h左右；5cm高的减速垄控制车辆行驶速度在50km/h左右。

1)成都至郫县快速通道减速丘

(1)调研断面信息

样本位于成都至郫县快速通道，成都富通光通信技术有限公司门口处，路段设计速度60km/h，双向四车道，路基宽24m，单车道宽3.75m，中央设有分隔带，路段平面前后线形衔接平顺，纵断面平缓，无路侧干扰，设置道口减速标线标志，无监控设施，设置两组减速丘，减速丘间距为6m。此调研路段采用雷达测速仪完成速度检测，得到的数据样本车型按客车、货车进行分类。表5-3为调研断面信息。图5-18为减速丘调研现场。

图5-17　橡胶减速垄

图5-18　减速丘调研现场

调研断面信息统计

表 5-3

项目	桩号	纵坡	横坡	备注
断面 1	K75＋600(减速丘前)	1%	2%	直线段
断面 2	K75＋750(减速丘后)	1%	2%	直线段

(2)速度统计性描述

表 5-4 为减速丘前后速度统计。

减速丘前后速度统计

表 5-4

统计指标	减速丘前(km/h)		减速丘后(km/h)	
	客车	货车	客车	货车
样本量	370	42	344	56
均值	48.0	52.1	12.8	27.6
标准差	11.4	15.6	11.3	8.8
最低速度	33.8	33.8	0.0	16.1
最高速度	77.2	91.7	49.9	54.7
v_{85}	57.9	66.0	24.1	37.0
v_{90}	59.5	80.5	27.4	37.0
v_{95}	64.1	80.5	32.2	41.2
v_{98}	69.2	87.2	33.8	48.6

进入限速区域前速度统计特性如下：

①客车的平均速度为 48.0km/h，最高速度为 77.2km/h，85%位速度为 57.9km/h，90%位速度 59.5km/h，95%位速度为 64.1km/h。由此可见，由于该路段线形较好，客车速度需求较高，速度较快。

②货车的平均速度为 52.1km/h，最高速度为 91.7km/h，85%位速度为 66.0km/h，90%位速度为 80.5km/h，95%位速度为 80.5km/h。由此可见，货车速度需求较高，且货车速度需求要高于客车。

进入限速区域后速度统计特性如下：

①客车的平均速度为 12.8km/h，最高速度为 49.9km/h，85%位速度为 24.1km/h，90%位速度 27.4km/h，95%位速度为 32.2km/h。结果表明，减速丘对驾驶员行车速度有显著影响。

②货车的平均速度为 27.6km/h，最高速度为 54.7km/h，85%位速度为 37.0km/h，90%位速度为 37.0km/h，95%位速度为 41.2km/h。结果表明，减速丘对货车行车速度有显著影响。

速度差异分析如下：

①客车平均速度降低 35.2km/h，最高速度降低 27.4km/h，85%位速度降低 33.8km/h，90%位速度降低 32.2km/h，95%位速度为降低 31.9km/h，速度标准差降低 0.1km/h。

②货车平均速度降低 24.5km/h，最高速度降低 37.0km/h，85%位速度降低 29.0km/h，90%位速度降低 43.5km/h，95%位速度为降低 39.3km/h，速度标准差降低 6.8km/h。

对两个断面的车辆速度数据进行对比分析发现，与减速丘前相比，减速丘后客车的平均速度以及 85%位车速、95%位车速分别下降了 73%、58%、53%；货车的平均速度以及 85%位车速、95%位车速分别下降了 47%、43%、54%。因此，此处的双减速丘有效地控制了车辆速度。

2)成都百草路与新科路减速垄

(1)调研断面信息

样本位于成都百草路与新科路的交叉口处，路段设计速度 60km/h，双向四车道，路基宽 18m，单车道宽 3.75m，路段平面前后线形衔接平顺，纵断面平缓，无路侧干扰，设置 40km/h 限速标志及地面限速标线，无监控设施。此调研路段采用雷达测速仪完成速度检测，得到的数据样本车型按客车、货车进行分类。表 5-5 为调研断面信息统计。图 5-19 为减速丘现场调研。

调研断面信息统计　　表 5-5

项　目	桩　号	纵坡	横坡	备　注
断面 1	K15+200(减速丘前)	2%	2%	直线段
断面 2	K15+050(减速丘后)	2%	2%	直线段

图 5-19　减速丘调研现场

(2)速度统计性描述

减速丘前后速度统计见表 5-6。

减速丘前后速度统计　　表 5-6

统计指标	减速丘前(km/h)		减速丘后(km/h)	
	客　车	货　车	客　车	货　车
样本量	270	60	310	80
均值	49.4	44.0	26.5	24.7
标准差	16.9	13.4	20.2	11.9

续上表

统计指标	减速丘前(km/h)		减速丘后(km/h)	
	客　车	货　车	客　车	货　车
最低速度	14.5	22.5	0.0	3.2
最高速度	85.3	67.6	67.6	43.5
v_{85}	61.8	61.2	48.7	37.0
v_{90}	62.8	62.8	51.5	40.2
v_{95}	71.5	66.0	62.8	41.8
v_{98}	85.3	66.9	66.1	42.8

进入限速区域前速度统计特性如下：

①客车的平均速度为 49.4km/h，最高速度为 85.3km/h，85%位速度为 62.8km/h，90%位速度 65.7km/h，95%位速度为 74.8km/h。由此可见，限速前的路段驾驶员的需求速度并不高，部分车辆速度较快。

②货车的平均速度为 44.0km/h，最高速度为 67.6km/h，85%位速度为 61.2km/h，90%位速度为 62.8km/h，95%位速度为 66.0km/h。由此可见，货车的速度需求较高。

进入限速区域后速度统计特性如下：

①客车的平均速度为 26.5km/h，最高速度为 67.6km/h，85%位速度为 48.7km/h，90%位速度 51.5km/h，95%位速度为 66.1km/h。结果表明，减速丘对驾驶员行车速度有显著影响。

②货车的平均速度为 24.7km/h，最高速度为 43.5km/h，85%位速度为 37.0km/h，90%位速度为 40.2km/h，95%位速度为 41.8km/h。结果表明，减速丘对货车行车速度有显著影响。

速度差异分析如下：

①客车平均速度降低 22.8km/h，最高速度降低 17.1km/h，85%位速度降低 13.1km/h，90%位速度降低 11.3km/h，95%位速度为降低 8.7km/h，速度标准差增加 3.3km/h。

②货车平均速度降低 33.8km/h，最高速度降低 38.6km/h，85%位速度降低 41.7km/h，90%位速度降低 40.7km/h，95%位速度为降低 39.7km/h，速度标准差降低 7.1km/h。

(3)小结

对两个断面的车辆速度数据进行对比分析发现，与减速丘前相比，减速丘后客车的平均速度以及 85%位车速、95%位车速分别下降了 46%、21%、17%；货车的平均速度以及 85%位车速、95%位车速分别下降了 43%、39%、36%。因此，减速丘有效地控制了车辆速度。

3)成都郫县犀浦村由北向南方向减速垄

(1)调研断面信息

样本位于成都郫县犀浦村处，路段设计速度 40km/h，双车道，路基宽 16m，单车道宽 3.5m，非机动车道宽 1.5m，停车带宽 3m，路段平面前后线形衔接平顺，纵断面平缓，非机动车辆干扰严重，行人经常横穿马路。此调研路段采用雷达测速仪完成速度检测，得到的数据样本车型按客车、货车进行分类。图 5-20 为减速丘调研现场。

图 5-20 减速丘调研现场

(2)速度统计性描述

表 5-7 为减速丘前后速度统计。

减速丘前后速度统计 表 5-7

统计指标	减速丘前(km/h)		减速丘后(km/h)	
	客车	货车	客车	货车
样本量	320	52	282	72
均值	33.2	24.5	19.0	18.2
标准差	12.6	9.4	14.6	8.4
最低速度	8.0	8.0	0.0	4.8
最高速度	77.2	41.8	64.4	37.0
v_{85}	49.9	37.6	30.6	24.1
v_{90}	53.1	40.2	33.3	24.1
v_{95}	57.9	40.5	45.1	29.9
v_{98}	62.0	41.3	57.5	34.2

进入限速区域前速度统计特性如下：

①客车的平均速度为 33.2km/h，最高速度为 77.2km/h，85%位速度为 49.9km/h，90%位速度 53.1km/h，95%位速度为 57.9km/h。由此可见，由于受行人及非机动车干扰，客车驾驶员均能谨慎驾驶，速度需求不高，但部分车辆速度较快。

②货车的平均速度为 24.5km/h，最高速度为 41.8km/h，85%位速度为 37.60km/h，90%位速度为 40.2km/h，95%位速度为 40.5km/h。由此可见，由于受行人及非机动车干扰，货车驾驶员均能谨慎驾驶，速度需求不高。

进入限速区域后速度统计特性如下：

①客车的平均速度为 19.0km/h，最高速度为 64.4km/h，85%位速度为 21.2km/h，90%位速度 27.4km/h，95%位速度为 32.2km/h。结果表明，减速丘对驾驶员行车速度有显著影响。

②货车的平均速度为 27.6km/h，最高速度为 54.7km/h，85%位速度为 33.3km/h，90%位速度为 33.3km/h，95%位速度为 45.1km/h。结果表明，减速丘对货车速度有显著影响。

速度差异分析如下：

①客车平均速度降低 14.3km/h，最高速度降低 12.9km/h，85%位速度降低 19.3km/h，90%位速度降低 19.8km/h，95%位速度为降低 12.9km/h，速度标准差提高 2.0km/h。

②货车平均速度降低 6.3km/h，最高速度降低 4.8km/h，85%位速度降低 13.4km/h，90%位速度降低 16.1km/h，95%位速度为降低 10.5km/h，速度标准差降低 1.0km/h。

(3)小结

对两个断面的车辆速度数据进行对比分析发现，与减速丘前相比，减速丘后客车的平均速度以及 85%位车速、95%位车速分别下降了 43%、39%、37%；货车的平均速度以及 85%位车速、95%位车速分别下降了 26%、36%、40%。因此，减速丘有效地控制了车辆速度。

4)成都郫县犀浦村由南向北方向减速垄

调研断面信息同 3)。

(1)速度统计性描述

表 5-8 为减速丘前后速度统计。

减速丘前后速度统计 表 5-8

统计指标	减速丘前(km/h)		减速丘后(km/h)	
	各类客车	各类货车	各类客车	各类货车
样本量	303	45	308	52
均值	33.8	29.1	17.1	20.4
标准差	13.3	10.1	15.8	8.7
最低速度	17.7	17.7	0.0	6.4
最高速度	80.5	48.3	66.0	33.8
v_{85}	48.3	40.1	30.6	30.3
v_{90}	54.7	43.1	32.2	32.8
v_{95}	61.2	46.0	51.0	33.8
v_{98}	67.6	47.4	56.1	33.8

进入限速区域前速度统计特性如下：

①客车的平均速度为 33.8km/h，最高速度为 80.5km/h，85%位速度为 48.3km/h，90%位速度 54.7km/h，95%位速度为 61.2km/h。由此可见，由于受行人及非机动车干扰，客车驾驶员均能谨慎驾驶，速度需求不高，但部分车辆速度较快。

②货车的平均速度为 29.1km/h，最高速度为 48.3km/h，85%位速度为 40.1km/h，90%位速度为 43.1km/h，95%位速度为 46.0km/h。由此可见，由于受行人及非机动车干扰，货车驾驶员均能谨慎驾驶，速度需求不高。

进入限速区域后速度统计特性如下：

①客车的平均速度为 17.10km/h，最高速度为 66.0km/h，85%位速度为 30.6km/h，90%位速度 32.2km/h，95%位速度为 51.0km/h。结果表明，减速丘对驾驶员行车速度有显著影响。

②货车的平均速度为 20.4km/h，最高速度为 33.8km/h，85%位速度为 30.3km/h，90%

位速度为 33.8km/h。结果表明，减速丘对货车速度有显著影响。

速度差异分析如下：

①客车平均速度降低 16.8km/h，最高速度降低 14.5km/h，85%位速度降低 17.7km/h，90%位速度降低 22.5km/h，95%位速度为降低 10.1km/h，速度标准差提高 2.5km/h。

②货车平均速度降低 8.6km/h，最高速度降低 14.5km/h，85%位速度降低 9.8km/h，90%位速度降低 10.3km/h，95%位速度为降低 12.2km/h，速度标准差降低 1.4km/h。

(2)小结

对两个断面的车辆速度数据进行对比分析发现，与减速丘前相比，减速丘后客车的平均速度以及 85%位车速、95%位车速分别下降了 49%、37%、41%；货车的平均速度以及 85%位车速、95%位车速分别下降了 30%、24%、24%。因此，减速丘有效地控制了车辆速度。

2.路面铺装类减速设施

项目组对薄层铺装的成本进行了调查，1m^2薄层铺装建造价格在 170 元左右。该种设施养护也比较方便，养护成本也在 170 元/m^2 左右。

通过问卷调查及具体设施处车辆行驶速度的观察，对该设施进行了评价，结果如图 5-22～图 5-25所示。

图 5-21 薄层铺装设置

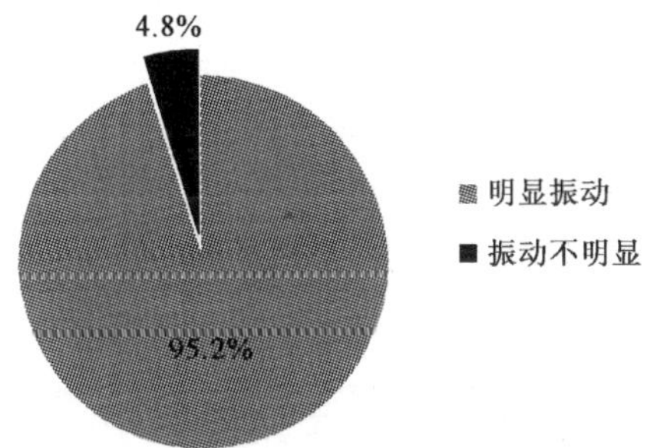

图 5-22 薄层铺装振动问卷调查结果

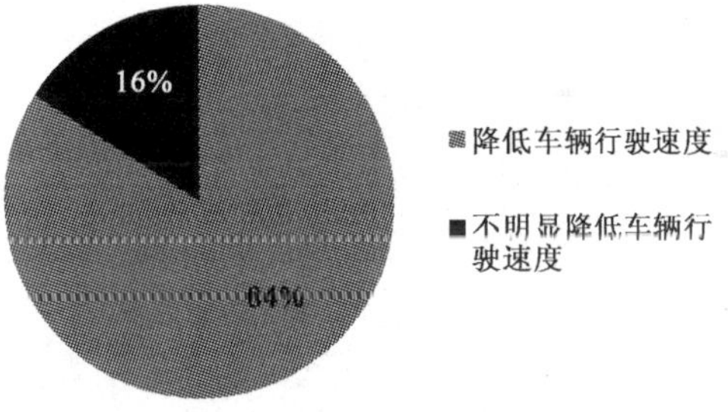

图 5-23 薄层铺装降低车辆行驶速度问卷调查结果

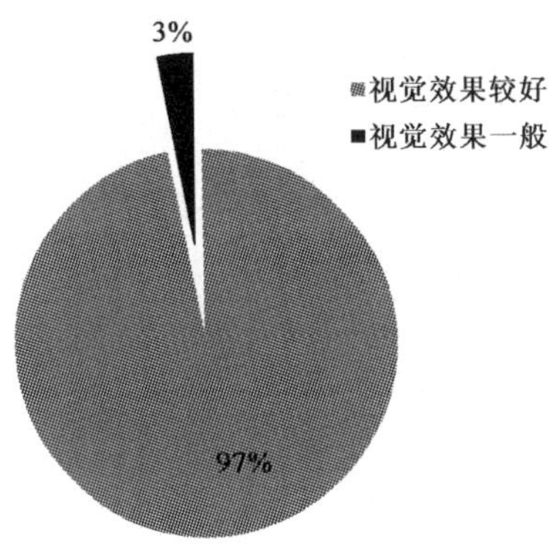

图 5-24 薄层铺装视觉效果调查结果

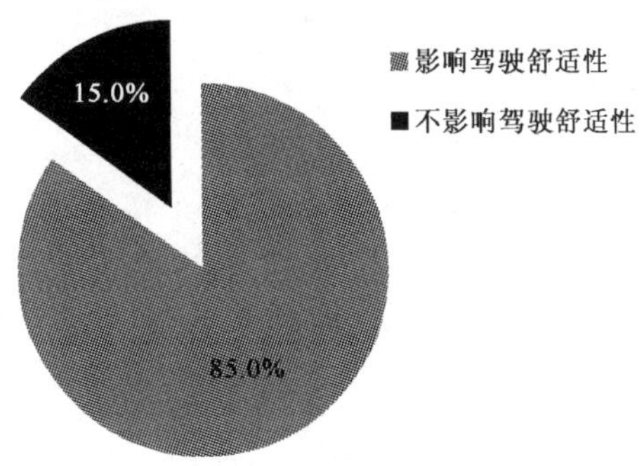

图 5-25 薄层铺装影响驾驶舒适性调查结果

在此次问卷调查中，95.2%的驾驶员认为车辆驶过薄层铺装，具有较为明显的振动感受，84%驾驶员认为驶过薄层铺装会降低车辆行驶速度，降低速度范围在10～20km/h。97%的驾驶员认为薄层铺装视觉效果较好，视认清晰，给予了驾驶员必要的警示作用。在行驶舒适性上，85%驾驶员认为薄层铺装不影响行驶的舒适性。对车辆的行驶速度也进行了分析，平均速度降低5.16km/h。对比分析结果见表5-9。

薄层铺装对车辆速度影响的分析结果 表5-9

项　目	85%位车速(km/h)	速度均方差(km/h)	平均速度(km/h)
设施处	51	5.27	43.68
设施前	55.6	6.30	48.84
对比差值	4.6	1.03	5.16

3.减速振动标线

减速振动标线是一种半强制性减速设施。设置在路面上的振动带，与道路平面有一定的垂直高度差，因此车辆行驶在上面时会产生轻微的振动，这种振动会降低驾驶员的舒适性。为了保证行车安全及舒适，驾驶员会主动降低车速，以达到减速的目的。

这种标线在具体使用时受到资金和技术能力的限制，经常会出现所选的喷涂材料与路面条件、气候条件不相符合的情况，或者随着车辆日复一日的不断碾压，因没有得到及时的养护而出现减速标线剥落、磨平的现象。另外，由于热塑振动型减速标线的设置高度一般都比较低，车辆振动强度并不足以促使大型车辆驾驶员迅速降低车速，而只给驾驶员提供一个警示。

这种减速标线宽度一般为15～30cm，高度在4～6mm，通常是连续设置。减速效果与设置的宽度、高度及连续设置条数相关，通常控制车辆行驶速度在40～80km/h。高度越高，条数越多，减速振动标线控制车辆行驶速度越低。

1)双白减速标线

(1)调研断面信息

数据采集于广东清连高速公路双白线减速标线附近，此处的减速标线共9组，前6组间距32m，后3组间距15m，每条标线厚度为一层白色标线，线宽45cm，线间距95cm，路段几何线形见图5-26。调研断面信息统计见表5-10。

图5-26　双白线减速标线

调研断面信息统计　　表 5-10

项　　目	桩　　号	纵坡	横坡	平曲线半径(m)
断面 1	K2180+442(减速标线前)	4.30%	3.1%	1 100
断面 2	K2179+791(减速标线后)	2.60%	1.5%	1 180

(2)速度统计性描述

减速标线前后大车、小车速度统计结果见表 5-11、表 5-12。

减速标线前后大车速度统计结果　　表 5-11

大车	断面 1(减速标线前)(km/h)	断面 2(减速标线后)(km/h)
均值	87.0	86.4
v_{15}	69.6	67.4
v_{50}	88.7	88.8
v_{85}	104.5	104.6
最小值	33.7	34.2
最大值	124.5	120.2
方差	282.99	292.13
标准差	16.82	17.09

减速标线前后小车速度统计结果　　表 5-12

小车	断面 1(减速标线前)(km/h)	断面 2(减速标线后)(km/h)
均值	92.0	90.9
v_{15}	74.5	75.1
v_{50}	92.6	91.8
v_{85}	107.9	107.2
最小值	41.9	39.3
最大值	132.9	129.7
方差	246.17	227.56
标准差	15.69	15.09

由速度的统计性描述可以看出，大车、小车在减速标线前和减速标线后两断面的各项速度指标没有明显差异。

(3)运行速度的时间分布

图 5-27、图 5-28 分别为往连州方向大车、小车 85%位速度的时间分布。

(4)速度差异显著性分析

独立样本 t 检验结果表明，减速标线前后两个断面的大车、小车速度均值不存在显著差异。

(5)小结

从统计结果可以看出，减速标线前后断面处大车、小车的速度均值和 15%位车速、50%位车速、85%位速度都几乎没有变化。速度差异的显著性分析也表明减速标线前后两断面大车、小车的速度均值没有显著差异。这说明此处的减速标线没有起到减速效果。分析原因可能是此处的减速标线位于长下坡路段，车辆在重力作用下速度增加得过快。

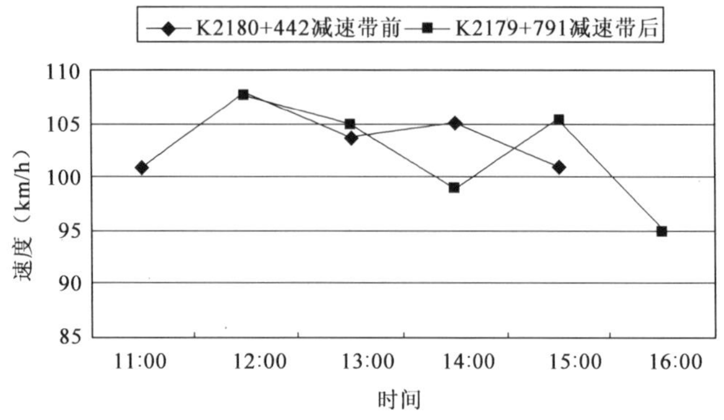

图 5-27　往连州方向大车 85%位速度的时间分布

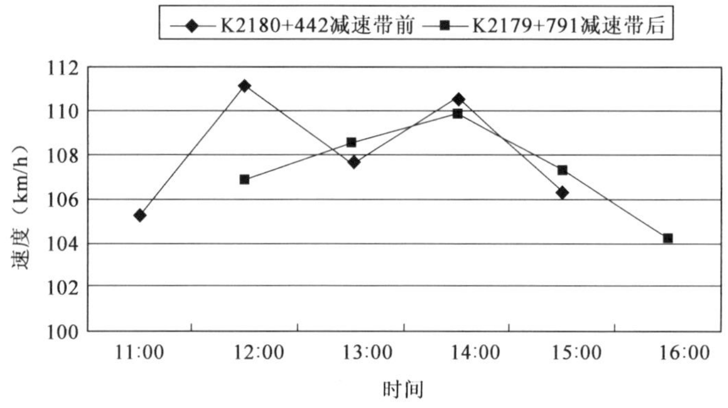

图 5-28　往连州方向小车 85%位速度的时间分布

2）单白减速标线

（1）调研断面信息

数据采集于广东清连高速公路单白线减速标线附近，此处的减速标线共 3 组，每组间距 30m，每组 11 条标线，每条标线厚度为三层白色标线的叠加，线宽 45cm，线间距 45cm，路段几何线形见图 5-29。表 5-13 为调研断面信息统计。

图 5-29　单白线减速标线

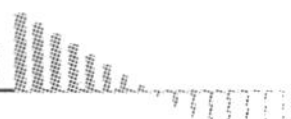

调研断面信息统计　　表 5-13

项　　目	桩　　号	纵坡	横坡	平曲线半径(m)
断面 1	K2203+355(减速标线前)	2.7%	5.9%	直线段
断面 2	K2203+808(减速标线后)	1.2%	3.4%	直线段

(2)速度统计性描述

减速标线前后大车、小车速度统计见表 5-14、表 5-15。

减速标线前后大车速度统计　　表 5-14

大车	断面 1(减速标线前)(km/h)	断面 2(减速标线后)(km/h)
均值	79.8	87.6
v_{15}	63.8	70.0
v_{50}	82.5	91.2
v_{85}	95.0	104.4
最小值	33.1	32.7
最大值	110.4	120.4
方差	244.54	293.89
标准差	15.64	17.14

减速标线前后小车速度统计　　表 5-15

小车	断面 1(减速标线前)(km/h)	断面 2(减速标线后)(km/h)
均值	83.3	93.6
v_{15}	70.9	78.6
v_{50}	83.4	93.7
v_{85}	96.5	109.3
最小值	27.6	39.0
最大值	124.2	144.0
方差	174.01	227.74
标准差	13.19	15.09

由速度的统计性描述可以看出，从减速标线前断面到减速标线后断面，大车的 85%位速度由 95.0km/h 上升至 104.4km/h，小车的 85%位速度由 96.5km/h 上升至 109.3km/h，大车、小车的其他速度指标也呈现出明显的上升趋势。此外，通过减速标线之后，大车、小车速度的标准差也有所增大。

(3)运行速度的时间分布

图 5-30、图 5-31 为往清远方向减速标线前后大车、小车 85%位速度的时间分布。

由运行速度的时间分布图可以看出，从减速标线前断面到减速标线后断面，大车和小车的运行速度均明显升高。对于同一断面来说，在观测时段 10:00～15:00 内，大车运行速度在 12:00～13:00 较高，而小车却在 13:00 出现了一个明显的速度低谷，其他时段速度较为平稳。

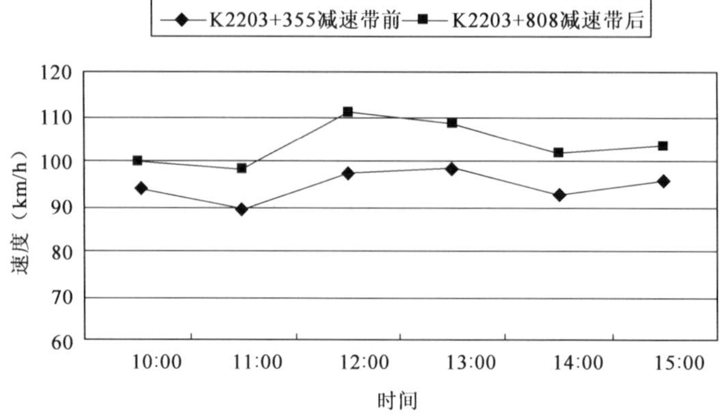

图 5-30　往清远方向减速标线前后大车 85%位速度的时间分布

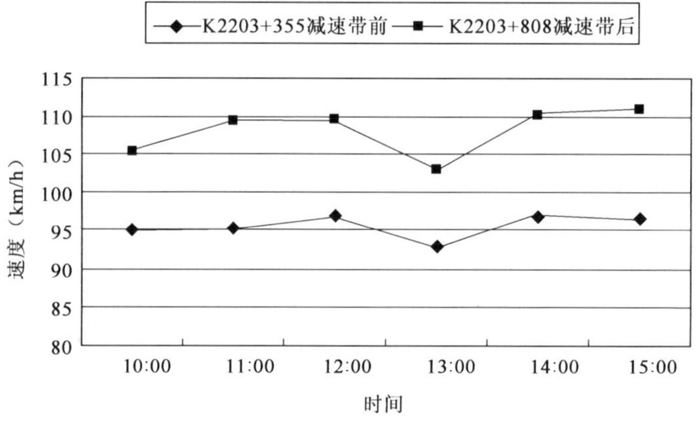

图 5-31　往清远方向减速标线前后小车 85%位速度的时间分布

(4)速度差异显著性分析

独立样本 t 检验结果表明，减速标线前后两个断面的大车、小车速度均值存在显著差异，且减速标线后断面处大车、小车速度均值显著增大。

(5)小结

从速度统计可以看出，减速标线后断面处大车、小车的平均车速和 15%位车速、50%位车速、85%位速度都较减速标线前有一定程度的增加。速度差异的显著性检验也表明减速标线后大车、小车的速度均值都显著增大。分析原因，可能是因为设备铺装的位置距离减速标线结束断面太远(228m)，车辆在经过减速标线之后，行驶至数据采集设备时车速已经恢复，甚至超过了减速标线前的速度。

3)多线式减速标线

(1)调研断面信息(表 5-16)

样本位于清连高速公路石潭路段 K2201＋400 处，路段设计速度 80km/h，分离式路基半幅宽 13.0m，单向车道宽 3.75m，路肩宽 3.0m。路段平面前后线形衔接平顺，纵坡 1.2%，无路侧干扰，设置减速标线(图 5-32)。此调研路段采用雷达测速仪完成速度检测，得到的数据样本车型按客车、货车进行分类。

图 5-32　石潭路段 K2201+400 测速点减速标线

观测时段内天气晴朗，路面干燥，交通量(机动车绝对数)为 150～200 辆/h，车辆组成小客车：货车=2：1，小客车与大客车的比例约为 4：1，7t 以上重载车比例小于 10%。

调研断面信息统计　　表 5-16

项　目	桩　号	断面位置	描　述
断面 1	K2201+350	减速标线前	石潭 2 号隧道前桥头
断面 2	K2201+450	减速标线后	石潭 2 号隧道前桥头

(2)速度统计性描述

表 5-17 为减速标线前、后断面速度统计。

减速标线前、后断面速度统计　　表 5-17

统计指标	限速牌前(km/h)		限速牌后(km/h)	
	客　车	货　车	客　车	货　车
样本量	219	111	219	111
均值	84.2	63.3	75.4	64.7
标准差	13.9	18.2	11.4	12.4
最低速度	45.0	26.0	45.0	26.0
最高速度	127.0	93.0	101.0	86.0
v_{85}	98.5	82.0	88.0	76.8
v_{90}	100.3	84.1	90.7	78.5
v_{95}	108.0	87.0	92.9	81.3
v_{98}	110.7	88.0	96.3	84.5

进入限速标线前速度统计特性如下：

①客车的平均速度为 84.2km/h，最高速度为 127.0km/h，85%位速度为 98.5km/h，90%位速度 100.3km/h，95%位速度为 108.0km/h。其中，小客车 85%位速度为98.2km/h，90%位速度 101.0km/h，95%位速度为 108.1km/h，最高速度为 127.0km/h；大巴车 85%位速度为 98.5km/h，90%位速度 100.0km/h，95%位速度为 107.0km/h，最高速度为 109.0km/h。

②货车的平均速度为 63.3km/h，最高速度为 93.0km/h，85%位速度为 82.0km/h，90%位速度为 84.1km/h，95%位速度为 87.0km/h。其中，小型货车的平均速度为69.3km/h，85%位速度为 81.6km/h；大型货车的平均速度为 59.0km/h，85%位速度为82.0km/h。

进入限速区域后速度统计特性如下：

①客车的平均速度为 75.4km/h，最高速度为 101.0km/h，85%位速度为 88.0km/h，90%位速度 90.7km/h，95%位速度为 92.9km/h。其中，小客车 85%位速度为 88.0km/h，90%位速度 90.0km/h，95%位速度为 92.8km/h，最高速度为 101.0km/h。大巴车 85%位速度为 90.0km/h，90%位速度 91.0km/h，95%位速度为 92.3km/h，最高速度为 95.0km/h。平均速度没有明显变化，但是最高速度减小幅度较大。

②货车的平均速度为 64.7km/h，最高速度为 86.0km/h，85%位速度为 76.8km/h，90%位速度为 78.5km/h，95%位速度为 81.3km/h。其中，小型货车的平均速度为62.7km/h，85%位速度为 76.0km/h；大型货车的平均速度为 66.6km/h，85%位速度为76.8km/h。

速度差异分析如下：

①客车平均速度降低 8.7km/h，最高速度减少 26.0km/h，85%位速度降低 10.5km/h，90%位速度降低 9.6km/h，速度标准差降低 2.5km/h。

②货车平均速度增加 1.4km/h，最高速度减少 7.0km/h，85%位速度减少 5.8km/h，90%位速度减少 5.6km/h，95%位速度降低 5.8km/h，速度标准差减少 5.7km/h。这说明，减速标线对于速度较低的货车来说，其作用非常小，或者说限速设施对货车驾驶员的作用微乎其微，货车的加速效果主要是由下坡作用引起的。

(3)小结

对多道白色振动式减速标线前后两个断面的车辆速度数据进行对比分析发现，进入减速标线前，车辆速度较高。当驾驶员遇到连续多条减速标线后，往往有意识地控制了行车速度。全部车辆的平均速度降低 4.9km/h，最高速度减少 26.0km/h，85%位速度减少 9.0km/h，90%位速度降低 9.3km/h，95%位速度减少 10.0km/h，速度标准差减少 5.6km/h。这说明多道白色振动式减速标线总体上对车速有一定影响，影响幅度较单道或双道减速标线大，具体降速幅度与进入减速标线前速度有关。通过分车型速度分析可知，多道白色振动式减速标线对小客车影响较大，而对于初速度较低的货车来说，多道白色振动式减速标线对其速度基本没有实质性的影响。

4)西汉高速公路白色组合式振动式减速标线

(1)调研断面信息(表 5-18)

数据采集地点为陕西西汉高速公路汉中往西安方向 K54＋180 附近的白色振动式减速标线前后，共 4 组减速标线(图 5-33)，每组减速标线由 11 小组减速标线组成，每小组减速标线由 3 条宽度为 20cm 的白色带方格凸起的标线组成，振动线间距为 20cm。此路段为急弯路段，在 K54＋100 处，设置有 1 号避险车道。在 K54＋180 处，设置有分车型限速标志(小车限速 60km/h，大车限速 50km/h)。

(2)速度统计性描述

减速标线前后大车、小车速度统计见表 5-19、表 5-20。

调研断面信息统计　　　　表 5-18

项　　目	桩　　号	纵坡	横坡	平曲线半径(m)
断面 1	K54+450(减速标线前)	3.1%	3.5%	600
断面 2	K54+180(减速标线)	2.4%	0.2%	—
断面 3	K54+000(减速标线后)	4.7%	4.6%	—

图 5-33　减速标线的形式

减速标线前后大车速度统计　　　　表 5-19

大车	断面 1(减速标线前)(km/h)	断面 2(减速标线处)(km/h)	断面 3(减速标线后)(km/h)
均值	59.5	57.4	50.7
v_{15}	46.8	42.8	39.7
v_{50}	58.5	56.4	50.6
v_{85}	73.7	72.6	62.4
最小值	16.1	17.4	8.7
最大值	116.0	106.7	78.9
方差	187.96	193.82	118.83
标准差	13.71	13.92	10.90

减速标线前后小车速度统计　　　　表 5-20

小车	断面 1(减速标线前)(km/h)	断面 2(减速标线处)(km/h)	断面 3(减速标线后)(km/h)
均值	71.1	67.3	59.1
v_{15}	54.6	50.2	48.6
v_{50}	69.1	67.0	59.0
v_{85}	91.5	86.5	70.2
最小值	15.9	14.2	20.1
最大值	121.5	115.0	99.1
方差	303.76	310.24	128.10
标准差	17.43	17.61	11.31

由速度的统计性描述可以看出，小车的85%位车速在减速标线前断面为91.5km/h，在减速标线处和减速标线后分别降低了5.5%和23.3%；在减速标线前和减速标线处两观测断面，大车的85%位车速基本持平，与前两个观测断面相比，大车的85%位车速在减速标线后90m断面处降至63.7km/h。此外，在减速标线后断面处，大车、小车速度标准差也有明显的下降。

(3)运行速度的时间分布

图5-34、图5-35分别为组合式减速标线前后大车、小车85%位车速的时间分布。

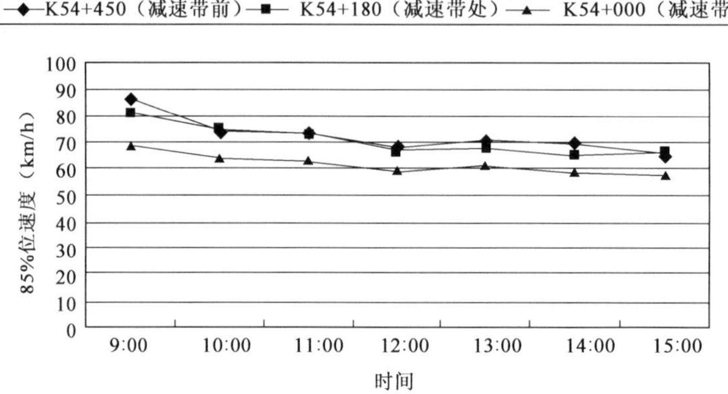

图5-34　组合式减速标线前后大车85%位车速的时间分布

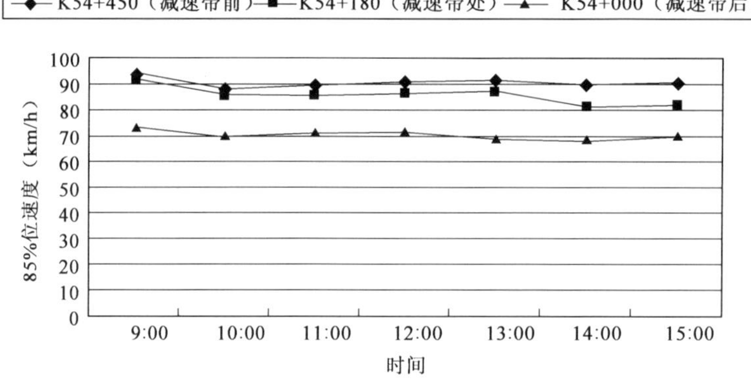

图5-35　组合式减速标线前后小车85%位车速的时间分布

由运行速度的时间分布图可以看出，从减速标线前断面到减速标线后断面，大车、小车的运行速度均呈现出降低的变化趋势。而在同一断面处，车辆的速度值随时间的变化较小，速度的时间分布曲线很平缓。

(4)速度差异显著性分析

独立样本t检验结果表明两个断面的大车、小车速度均值存在显著差异。

(5)小结

由前面的分析可知，与减速标线前断面相比，减速标线处和减速标线后断面处大车、小车的速度均值以及15%位车速、50%位车速、85%位车速以及速度的标准差等指标都有了不同程度的下降，其中减速标线后断面处大车、小车的85%位车速分别降低了15.4%和

23.3%。速度差异的显著性分析也表明减速标线前后两个断面的大车、小车速度均值都存在显著差异。由此可见，在白色振动式减速标线和限速标志的组合作用下，车辆速度得到了很好的控制。

5)罗富高速公路振动式减速标线及道钉减速标线

(1)调研断面信息(表 5-21)

数据采集于云南罗富高速公路 K44＋340 附近的减速标线前后，此处的减速标线由热塑振动式减速标线和道钉减速标线组成(图 5-36)。热塑振动式减速标线 6 组，共长 95m，呈箭头形状，颜色为黄色，道钉减速标线两组，所处位置接近坡底。断面 K44＋340 位于热塑振动式减速标线结束的位置。

调研断面信息统计　　表 5-21

项　　目	桩　　号	平曲线半径(m)
断面 1	K44＋245(减速标线前)	409
断面 2	K44＋340(减速标线)	409
断面 3	K44＋400(减速标线后)	409

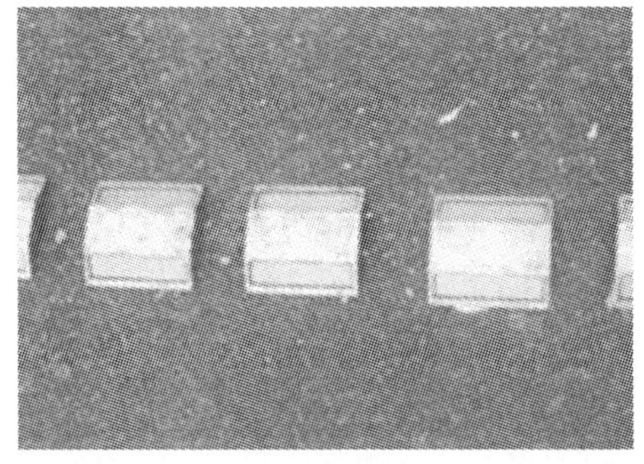

图 5-36　热塑振动式减速标线和道钉减速标线

(2)速度统计性描述

减速标线前后大车、小车速度统计见表 5-22、表 5-23。

减速标线前后大车速度统计　　表 5-22

大车	断面 1(减速标线前)(km/h)	断面 2(减速标线处)(km/h)	断面 3(减速标线后)(km/h)
均值	59.6	49.4	55.6
v_{15}	48.0	40.5	44.6
v_{50}	58.5	49.1	54.8
v_{85}	71.2	58.4	66.8
最小值	31.7	27.3	22.6
最大值	99.1	77.0	101.0
方差	146.51	77.90	134.63
标准差	12.12	8.80	11.64

减速标线前后小车速度统计 表 5-23

小车	断面 1(减速标线前)(km/h)	断面 2(减速标线处)(km/h)	断面 3(减速标线后)(km/h)
均值	75.4	58.6	67.2
v_{15}	58.8	43.9	49.7
v_{50}	76.1	58.8	67.0
v_{85}	91.2	72.9	86.1
最小值	43.7	8.5	8.4
最大值	113.9	96.5	117.9
方差	226.92	211.19	380.68
标准差	15.10	14.47	19.49

由速度的统计性描述可以看出，车辆到达断面 1 时速度比较高，大车和小车的 85%位车速都高于限速值，经过近百米长共 6 组热塑振动式减速标线后速度有了明显的下降，大车 85%位车速降低了 18.0%，小车的 85%位车速降低了 20.1%，车辆的速度均值和 85%位车速都降低到限速范围。车辆通过断面 3 的速度又有较大幅度的提高，大车运行速度提高了 14.4%，小车运行速度提高了 18.1%。

(3)运行速度的时间分布

图 5-37、图 5-38 分别为减速标线前后大车、小车 85%位车速的时间分布。

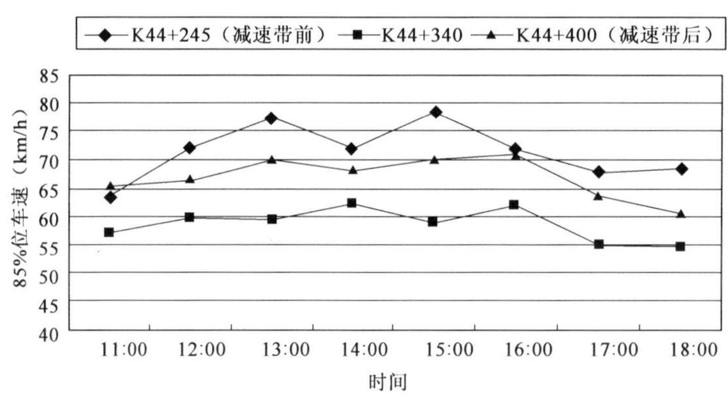

图 5-37 减速标线前后大车 85%位车速的时间分布

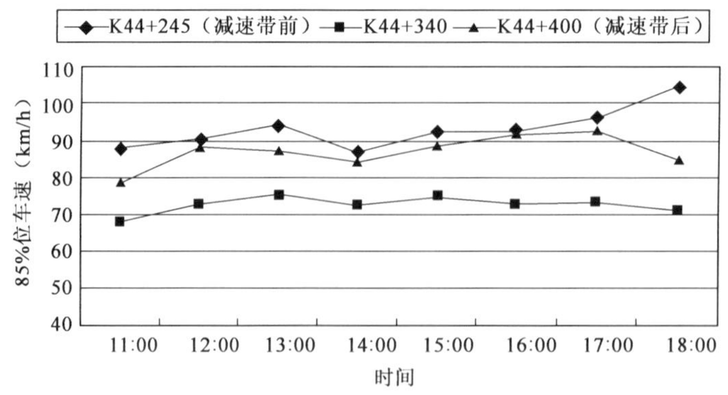

图 5-38 减速标线前后小车 85%位车速的时间分布

大车、小车85%位车速在减速标线断面处最低，减速标线前断面最高，减速标线后断面次之。驾驶员在减速标线前开始减速，过了减速标线后加速行驶，以弥补减速损失的时间。在减速标线后断面，车速还没有加速到测速前水平，说明减速标线的减速效果具有一定的连续性。

(4)速度差异显著性分析

独立样本 t 检验结果表明减速标线前和减速标线后两个断面的大车、小车速度均值存在显著差异。

(5)小结

从速度统计性描述的结果可以看出，车辆到达热塑振动式减速标线之前速度较高，经过6组共95m长的热塑振动式减速标线后速度有了较为明显的下降，大车、小车的85%位车速分别降低了18%和20.1%。坡底位置的道钉减速标线结束后车辆的速度又有所提高，但仍然低于热塑振动式减速标线前断面的速度，比减速标线前大车、小车的85%位车速分别降低了6.18%和5.59%。速度差异的显著性分析也表明，减速标线前后大车、小车的速度均值都存在显著差异，再加上此处为一下坡路段，所以认为热塑振动式减速标线和道钉减速标线起到了不错的减速效果。

6)具有干线功能的一级、二级公路横向减速标线

(1)调研断面信息(表5-24)

样本位于G109线北京段K33+650处，路段设计速度40km/h，路基宽8.5m，单向车道宽3.5m，土路肩宽0.75m。路段平面前后线形衔接平顺，纵断面平缓，无路侧干扰。振动式减速标线(图5-39)为红色，宽40cm，单道，每道间距15m。观测时段内天气晴朗，路面干燥，交通量(机动车绝对数)为40～60辆/h，车辆组成小客车：货车为1：1,7t以上重载车比例小于8%。此调研路段采用雷达测速仪完成速度检测，得到的数据样本车型按客车、货车进行分类。

调研断面信息统计　　表5-24

项　目	桩　号	断面位置	描　述
断面1	K33+580	减速标线前	下坡急弯之前
断面2	K33+700	减速标线后	下坡急弯之后

图5-39　K33+650振动式减速标线样本

(2)速度统计性描述

减速标线前后速度统计见表5-25。

减速标线前后速度统计　　表 5-25

统计指标	减速标线前(km/h)		减速标线后(km/h)	
	客　车	货　车	客　车	货　车
样本量	42	30	42	30
均值	57.6	47.8	59.7	48.3
标准差	8.1	8.6	11.9	9.0
最低速度	41.0	30.0	40.0	31.0
最高速度	70.0	60.0	76.0	61.0
v_{85}	68.1	56.6	74.1	56.9
v_{90}	69.4	59.1	75.4	60.1
v_{95}	70.0	59.6	76.0	60.6
v_{98}	70.0	59.8	76.0	60.8

进入减速标线前速度统计特性如下：

①客车的平均速度为 57.6km/h，最高速度 70.0km/h，85%位速度为 68.1km/h，90%位速度 69.4km/h，95%位速度为 70.0km/h。其中，小客车 85%位速度为 68.1km/h，90%位速度 69.4km/h，95%位速度为 70.0km/h，最高速度为 70.0km/h。

②货车的平均速度为 47.8km/h，最高速度为 60.0km/h，85%位速度为 56.6km/h，90%位速度为 59.1km/h，95%位速度为 59.6km/h。其中，小型货车的平均速度为 50.8km/h，85%位速度为 59.4km/h；大型货车的平均速度为 53.5km/h，85%位速度为 60.0km/h。

进入减速标线后速度统计特性如下：

①客车的平均速度为 59.7km/h，最高速度为 76.0km/h，85%位速度为 74.1km/h，90%位速度 75.4km/h，95%位速度为 76.0km/h。其中，小客车 85%位速度为 59.7km/h，90%位速度 76.0km/h，95%位速度为 76.0km/h，最高速度为 76.0km/h。相比进入减速标线前的速度来说，特征速度增加了 2～5km/h。

②货车的平均速度为 48.3km/h，最高速度为 61.0km/h，85%位速度为 56.9km/h，90%位速度为 60.1km/h，95%位速度为 60.6km/h。其中，小型货车的平均速度为 43.7km/h，85%位速度为 50.4km/h；大型货车的平均速度为 41.5km/h，85%位速度为 44.0km/h。

速度差异分析如下。

对振动式减速标线前后两个断面的车辆速度数据进行对比分析发现，通过振动标线后各种车辆的平均速度、85%位车速等均有较大幅度的增加，并没有体现出减速标线的减速效果。究其原因为：本路段存在急弯和陡下坡组合，车辆通过本路段之后由于下坡的影响，车速有不同程度的增加。如果不剔除陡下坡的影响，则很难评价振动式减速标线对减速的贡献。以上这种情况在具有干线功能的一级、二级公路振动式减速标线的其他调研路段中均有体现。

为针对具有干线功能的一级、二级公路的振动式减速标线控制效果进行定量分析，宜采用对比试验进行分析。与本断面进行对比试验的路段选取 G109 北京段 K39+300 路段，此路段的纵坡、平曲线半径及周围景观、转弯方向等与设置减速标线(图 5-40)的考量断面非常相近，但未设置振动式减速标线。从总体情况看，可以作为对比路段进行试验和数据分析。

图 5-40　K39＋300 减速标线的设置

对比路段的速度统计性描述见表 5-26。

对比路段(无减速标线)速度统计分析　　表 5-26

统 计 指 标	各类客车(km/h)	各类货车(km/h)
样本量	35	27
均值	60.4	49.5
标准差	11.9	9.0
最低速度	42.5	32.1
最高速度	79.0	62.0
v_{85}	76.2	58.1
v_{90}	75.5	60.3
v_{95}	78.2	60.9
v_{98}	78.4	61.2

对具有干线功能的一级、二级公路横向振动式减速标线的效果进行定量分析:通过设置减速标线路段的车辆特征速度(减速标线后)与无减速标线的对比路段车辆速度的差值来计算,见表 5-27。

横向振动式减速标线控制效果(速度差值)统计分析(单位:km/h)　　表 5-27

统 计 指 标	全 部 车 辆	客　车	货　车
样本量	—	—	—
均值	−2.0	−0.7	−1.2
标准差	−0.1	0.0	0.0
最低速度	−2.0	−2.5	−1.1
最高速度	−3.0	−3.0	−1.0
v_{85}	−1.0	−2.1	−1.3
v_{90}	−1.6	−0.1	−0.2
v_{95}	−1.5	−2.2	−0.4
v_{98}	−2.0	−2.4	−0.4

从表 5-27 可看出：

①客车平均速度降低 0.7km/h，最高速度降低 3.0km/h，85%位速度降低 2.1km/h，90%位速度降低 0.1km/h，95%位速度降低 2.2km/h，速度标准差降低 2.4km/h。

②货车平均速度降低 1.2km/h，最高速度减少 1.0km/h，85%位速度减少 1.3km/h，90%位速度降低 0.2km/h，95%位速度增加为 0.4km/h，速度标准差基本无变化。

(3)小结

通过对等级路振动式减速标线进行对比路段车辆速度数据对比分析发现，相比线形和景观环境极为相近的对比路段，全部车辆通过振动式减速标线后的末速度平均降低 2.0km/h，最高速度降低 3.0km/h，85%位速度降低 1.0km/h，90%位速度降低 1.6km/h，95%位速度降低 1.5km/h。考虑试验仪器——雷达测速枪的测量误差得出振动式减速标线总体上对车速有一定影响，但是影响幅度极为有限。通过分车型速度分析可知，振动式减速标线对客车的影响稍大于货车，而对于初速度较低的货车来说，振动式减速标线对其速度基本没有实质性的影响。

7)横向减速标线效果

(1)对交通流的特征速度的作用

从上面的调查样本来看，设置横向减速标线后不同速度区间的车速变化特性各不相同。对特征速度的具体作用表现在：

①横向减速标线具有良好的警示效果，大部分高速行车或者超速行车的驾驶员在减速标线前会控制车速，然后匀速或减速通过减速标线区域。

②横向减速标线对小客车的作用明显高于对货车的作用。由于振动标线凸出路面，车辆通过时出现颠簸，颠簸的幅度与车辆质量和速度有密切的关系。一般来说，速度越大颠簸的幅度越大，质量越大颠簸的幅度越小。因此，横向减速标线对小客车作用明显大于对货车的作用。

③尽管具有干线功能的一级、二级公路横向减速标线设置在下坡、弯道等不同的地点(通常设置方法为 100m 内设 5～10 组，每组设 2～3 道)，但是其对速度控制的效果没有明显的差别。通常，平均速度降低 1.0～3.0km/h；最高速度减少 3.0～6.0km/h；85%位速度减少1.0～2.0km/h；90%位速度降低 1.0km/h～3.0km/h；95%位速度减少 1.0～5.0km/h；速度标准差减少 0～2.0km/h。

④高速公路横向减速标线对于速度超过 100km/h 的车辆控制效果较为明显，并且减速标线的区段越长，其效果相对越显著。通常，平均速度降低 1.0～3.0km/h；最高速度减少 3.0～6.0km/h；85%位速度减少 1.0～2.0km/h；90%位速度降低 1.0～3.0km/h；95%位速度减少 1.0～5.0km/h；速度标准差减少 0～2.0km/h。

(2)对单辆车辆速度的作用

①设计速度为 40～80km/h 的无出入口控制的具有干线功能的一级、二级公路设置横向减速标线设施后，单辆车辆的速度变化规律总体上符合上文描述的速度变化特性。根据样本进入减速标线后的速度变化特性(表 5-28、图 5-41)，建立以下模型：

$$v = -6 \times 10^{-05} v_0^3 + 0.007 v_0^2 - 0.326 v_0 + 5.288 \tag{5-1}$$

上述模型回归相关系数：$R^2 = 0.97$

式中：v——进入减速标线后的速度；

v_0——进入减速标线前的速度。

具有干线功能的一级、二级公路设置减速标线后的减速效果　　表 5-28

进入减速标线前速度(km/h)	通过减速标线后相对原速度的增量百分比(%)	通过减速标线后相对原速度减少值(km/h)
30	0.00	0.00
40	−0.50	−0.20
45	−1.00	−0.45
50	−2.00	−1.00
55	−3.00	−1.65
60	−4.50	−2.70
65	−6.00	−3.90
70	−6.50	−4.55
75	−7.47	−5.60
80	−9.50	−7.60
85	−11.76	−10.00
90	−14.33	−12.90
100	−20.00	−20.00

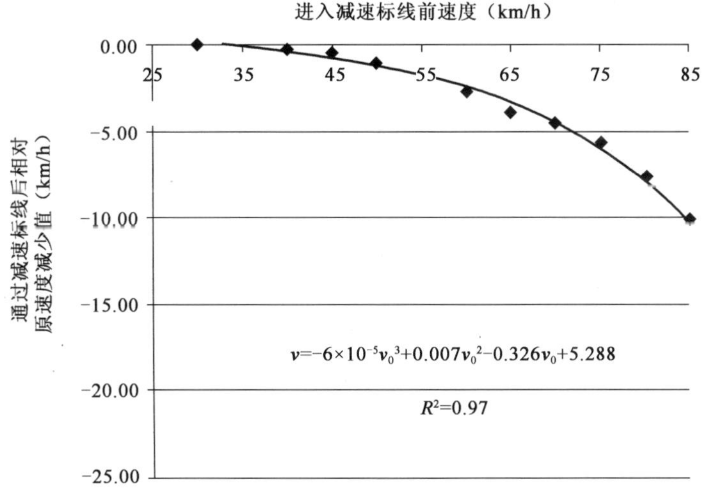

图 5-41　具有干线功能的一级、二级公路减速标线效果图

②设计速度为 80～120km/h 的高速公路设置横向减速标线设施后，单辆车辆的速度变化规律总体上符合上文描述的高速公路交通流特征速度变化特性。根据样本进入减速标线后的速度变化特性(图 5-42)建立以下模型：

$$v = -6\times10^{-5}v_0^3 + 0.010v_0^2 - 0.622v_0 + 13.40 \qquad (5\text{-}2)$$

上述模型回归相关系数：$R^2=0.98$

式中：v——进入减速标线后的速度；

v_0——进入减速标线前的速度。

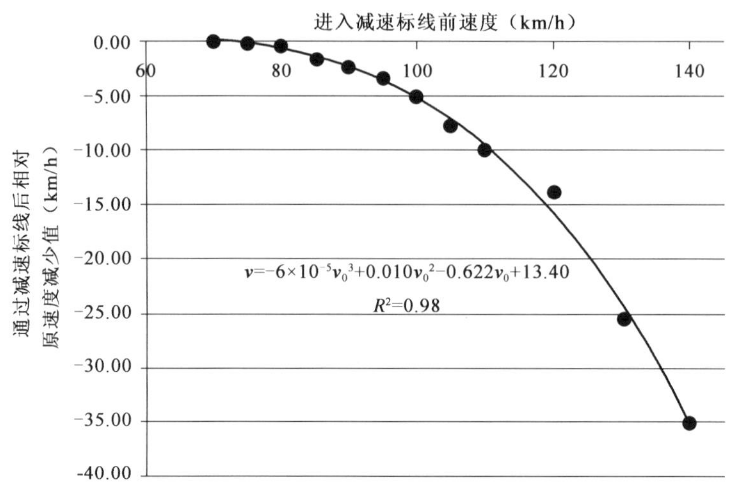

图 5-42　高速公路减速标线效果图

4. 减速丘

以设置在北京市门头沟区斋堂镇的减速丘（图 5-43）为对象，分析减速丘对车辆所起到的减速效果。

图 5-43　减速丘设置

这种设施对降低驾驶员行驶速度具有明显的作用，由于与标线标志配合使用，在视觉效果及驾驶警惕性上也比较好。通过问卷调查，100%的驾驶员认为在这种设施处车辆行驶速度要降低。通过观测现场车辆行驶速度，对设置这种设施后车辆行驶速度进行了分析。设置这种设施后车辆行驶速度降低了 7km/h 左右，见表 5-29。

减速丘速度分析结果表　　表 5-29

项　　目	85%位车速(km/h)	速度均方差(km/h)	平均速度(km/h)
设施处	46.65	9.53	32
设施前	50.65	9.71	39
对比差值	4	0.18	7

5. 凸起道钉减速带

道钉是固定于路面上起标线作用的凸起标记块，一般由壳体和反射体两部分组成，见图5-44。它的壳体多为塑钢等材料制作，通过特殊工艺处理，能承受较大的碾压和冲击，抗腐蚀性和耐磨性能良好。

图 5-44　凸起道钉减速带

凸起道钉减速带在高等级公路上用作中心标记线、车辆分道线、边缘线；也可用来标记弯道、进出口匝道、导流标线、车道变窄、路面障碍物等的危险路段。

经过观察，这种设施的控制速度宜在 60km/h 以下。

三、视错觉减速设施

视错觉减速设施是利用人的视错觉原理，在公路路面上施画的一种标线。它利用人的视错觉以及心理上的自然反应来影响驾驶员在道路危险地点前采取减速措施，以保障行车安全。

国外公路，尤其是山区或丘陵地带的公路，通过设置视错觉类的减速设施来限制车辆的行驶速度，成本低廉且效果明显。

1. 视错觉标线减速机理

1)视错觉原理简介

错觉是人在特定条件下产生的对外界事物错误的知觉。这种错误和歪曲带有固定的倾向，只要条件具备，它就必然产生，人的主观努力是难以克服的。但是，人们可以通过掌握错觉产生的规律，在实践活动中利用错觉，或者设法辨认出错觉，以避免它所产生的影响。

错觉有许多种，如视错觉、听错觉以及由不同感觉器官之间的相互作用而产生的错觉。其中，视错觉在各类错觉中表现得最明显。

所谓视错觉，就是知觉判断的视觉经验同所观察物体实际特征之间存在着矛盾，或者说人们对所看见的外界客观事物不正确的反映。当观察者发现自己主观上的把握和规律之间不均衡时，就产生了错觉作用的混乱。人的视错觉是空间错觉的一种特殊情况。

在视错觉中，人们研究较多的是几何图形错觉。有些简单的图形通过视觉的辨识就会变形，有时这种歪曲变形的程度还相当严重。在周围不同状况的线条或图形影响下，或视觉受到某些因素的诱导，以及视觉的惯性作用使原有图形或线条发生了一些变形，图形的某个部分看起来会比真实长度多出许多或少了许多或是一段直线能变成弓形曲线。这些视觉变形对每个人来说具有普遍性。

常见的几何图形错觉主要有以下几种。

(1)线条长短和面积大小的错觉

①缪勒—莱尔错觉,如图5-45a)所示。两条等长度的线段,其中一条线段的两端加上箭头,另一条加上箭尾,实际上这是两条一样长的线段,但看起来后者比前者要长。

②横竖错觉,如图5-45b)所示。一条线段垂直平分另一条线段,且线段等长,但是看起来垂直线段比水平线段长。

③庞佐错觉,如图5-45c)所示。两条等长平行线放到一个锐角内,放在顶角处的线段看起来要长一些。

④艾宾浩斯错觉,如图5-45d)。两个同等大小的圆,只不过其中一个外边有几个较小的圆,另一个外边有几个较大的圆,使得前者看起来比后者大。

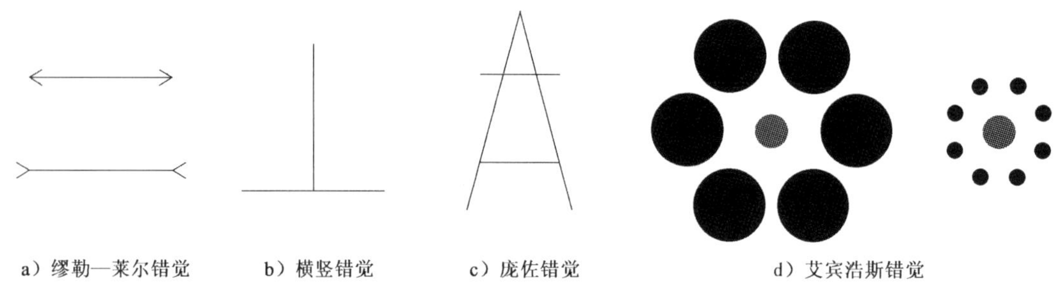

a) 缪勒—莱尔错觉　b) 横竖错觉　c) 庞佐错觉　d) 艾宾浩斯错觉

图5-45　线条长短的错觉

(2)图形和线条方向错觉

①厄任斯错觉,如图5-46a)所示。一个正方形放在一组斜线背景上,看起来就不像是正方形了。

②黑灵错觉,如图5-46b)所示。中间两条竖线是平行的,由于一组放射性线条的影响,看上去两条线段中间向外扩展而弯曲了。

③冯特错觉,如图5-46c)所示。该图与黑灵错觉相反,本来是两条平行的直线,但看起来两条直线的中间部分向里缩,似乎成为曲线。

④厄勒纳错觉,如图5-46d)所示。正方形内的竖线为一组平行线,但是由于受方向不同的另外一组平行线的影响,看起来也不平行了。

⑤"充满"空间错觉效果,如图5-46e)所示。线的左半部分由于充满了短线段,所以显得比右半段稍长。

2)视错觉减速标线作用机理分析

驾驶员在行车过程中,受生理、心理、年龄、性别、身体条件以及天气变化、道路行车环境等诸多因素的影响,往往会产生各种各样的错觉,导致错误操作而造成险情。

如上所述,视错觉的类型有多种,它们可以是在快中见慢,在大中见小,在虚中见实,在矮中见高。若在道路交通中能够有效利用这种视错觉,有针对性地对交通标志、标线作出科学合理的布置,就能有效地控制车速,提高道路交通安全水平。

目前,国内外使用的视错觉减速标线主要是通过一系列颜色和图案搭配的标线给驾车驶过标线路段的驾驶员以自身车速快于实际车速、车道逐渐变窄、路面或路侧有障碍物等错觉,从而引导驾驶员主动降低车速。本文将前两种标线分别称为车速增加式减速标线和车道渐窄式减速标线。

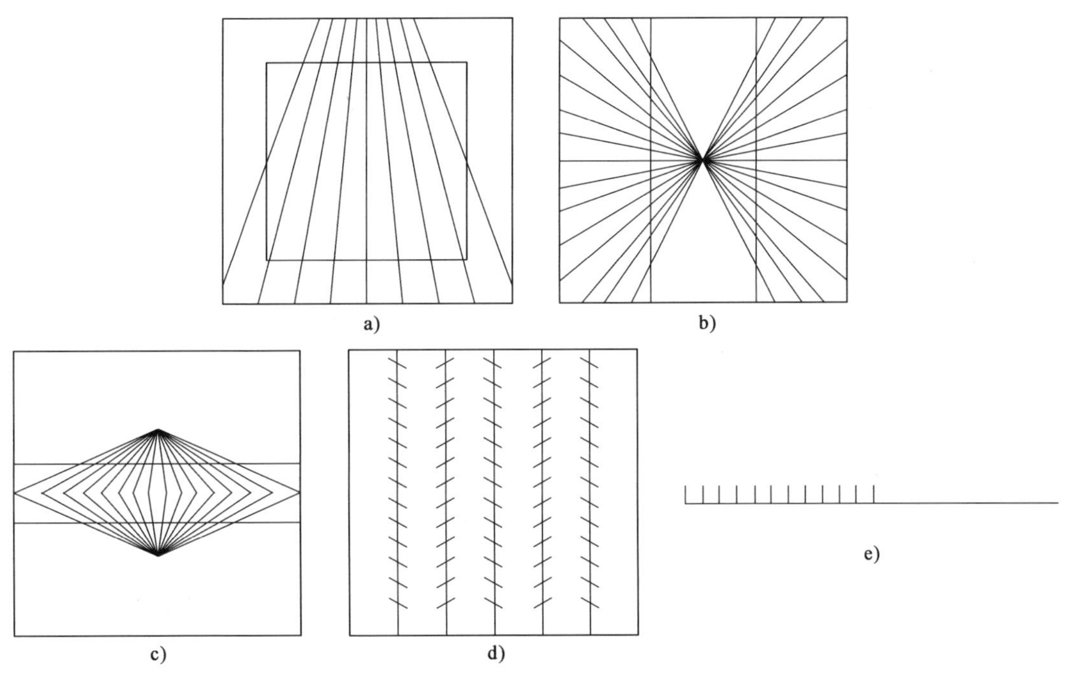

图 5-46　图形和线条方向错觉

车速增加式视错觉减速标线,通过影响驾驶员对实际车速的误感知而使驾驶员降低车速。当相邻标线的设置间距沿车辆运动方向不断降低时,这些标线可以有效降低驶过车辆的行车速度。这种标线布设方式给驾驶员造成车速增加的错觉,从而导致驾驶员下意识地采取制动措施。其减速机理是如果驾驶员驶过标线路段时不减速行车,那么出现在视野内标线条数会越来越多,标线的闪现频率也越来越快,对感觉器官刺激越来越强烈;但如果行车速度逐渐降低,标线将可能会以恒定速度闪现。现有研究证明,车速增加式视错觉减速标线特别适合应用在回转线或急弯前,以将运行车速降至安全车速。

国外相关研究发现,行车道宽度越窄,通常行车速度越低。车道渐窄式减速标线主要是通过合理设计车道中心线和车道边缘线的形式,使驾驶员产生行车道逐渐变窄的错觉,在狭窄的道路上行驶需要更精确的转向操作,且车辆驶离道路的可能性以及与其他车辆碰撞的风险也大大增加。因此,驾驶员需要采取制动措施,以降低车辆速度来保障行车安全。

车道渐窄式减速标线在实际应用时,若能结合车速渐增式减速标线的优点,逐渐缩短相邻标线之间的间隔,则可以从多方面起到减速的效果。

2. 视错觉标线的基本形式

视错觉标线类减速设施通过在行车道上施画特定标线以干扰驾驶员对速度的感知,使其产生行车速度逐渐增加的错觉,从而引导驾驶员降低行车速度。此外,视错觉标线还可以作为一种警告标志。在标线施画初期，道路使用者并不了解这种新型的减速标线，若出现与驾驶员期望相反的情况，驾驶员便会采取制动措施降低车辆行驶速度。

近年来，减速标线在我国城市道路和高速公路中已被应用，我国关于道路交通标志和标线的最新国家标准《道路交通标志和标线》(GB 5768—2009)于2009年7月1日开始实施。在此之前，标准和规范中没有统一的关于行车道减速标线设计应用的规定，致使公路上各种各样的减速标线都有应用。这些标线中相当一部分设置不够合理，难以达到速度管理和保障安全的目的。最新修订的GB 5768—2009也只是增加了行车道横向和纵向减速标线各一组，形式比较单一，且标准中也没有明确说明减速标线设置的初始车速和目标控制车速，实际的减速效果还有待验证。

国外研究认为，与传统减速设施相比，视错觉标线类减速设施有以下优点：

①能使驾驶员在下意识的情况下降低行驶速度；

②视错觉标线没有传统减速设施的突然性，其减速效果持续时间较长；

③路面视错觉标线通常施工价格低廉，易于安装、维护和清除。

通过对国内外情况的相关调研发现，目前国内外广泛使用的视错觉标线类减速设施主要分为以下几种：三维彩色立体减速标线；行车道纵向减速标线；行车道横向减速标线；鱼刺形减速标线；梳齿形减速标线。

1)三维彩色立体减速标线

三维彩色立体减速标线利用人们对颜色的视觉反差，使驾驶员在很远的地方就能看到前方道路出现“立体状物体”而制动减速。这种标线既能造成驾驶员产生前方道路有障碍物的感觉，又不会因为振动对车辆造成损坏。目前，我国乌鲁木齐、杭州等城市都在部分路段使用这种设施，如图5-47所示。

图5-47 三维彩色立体减速标线

该减速装置由“蓝、白、黄”三色标带组成，呈菱形，远远望去俨然一副连绵的“凸起丘”。但车辆经过时，车身并未发生颠簸振动，而是和驶过平常路面一样平稳。

这种标线的缺点是驾驶员在不了解的情况下会紧急制动，如果后车跟随前车行驶距离过近，极易引发追尾事故，且该类减速标线的长期效果值得商榷。

2)行车道纵向减速标线

国外相关研究发现，行车道宽度越窄，通常行车速度越低。但用于减少行车道宽度的纵向标线可能为驾驶员提供了足够的视线诱导，驾驶员有可能会提高行车速度。日本、美国等国都将纵向标线与鱼刺形减速标线结合铺装，很少单独施画纵向减速标线。

纵向减速标线主要设立在主干道，还可施画在交通量比较大的交叉路口。它是在平行于车道分道线或行车道边缘线的位置设置平行的四边形虚线块，利用交通工程学和交通心理学原理，使驾驶员认为前方车道越来越窄，从而达到减速行车的目的。图5-48是两种纵向减速标线设置的实例。

我国最新颁布的 GB 5768—2009 首次加入了行车道纵向减速标线，为一组平行于行车道分界线的菱形虚线块。其具体规定为：在行车道纵向减速标线的起始位置，设置 30m 的渐变段，菱形块虚线由窄变宽。渐变段尺寸以及行车道纵向减速标线设置示例如图 5-49 所示，图中箭头表示行车方向。

图 5-48　行车道纵向减速标线

3）鱼刺形减速标线

鱼刺形（V 形）减速标线是另一种用于降低行车速度、减少交通事故发生的路面减速标线。鱼刺（箭头）形类似于屋顶，来源于法语单词椽子（Chevron）。鱼刺形减速标线由一组按一定间距布置的倒 V 形或箭头形标记组成，首次出现于 20 世纪 70 年代。鱼刺形标线直接铺装在行车道或路肩上，最初作为交通静化设施用于改善交通安全，各国在不同环境中使用均收到了不错的效果。图 5-50 是美国俄亥俄州的一处鱼刺形路面减速标线。

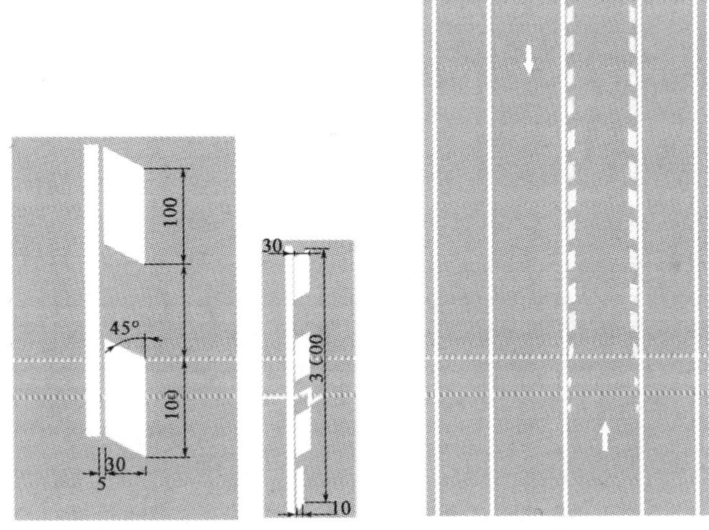

图 5-49　行车道纵向减速标线尺寸及设置示例（尺寸单位：cm）

（1）日本

20 世纪 90 年代初期，日本大阪首先在淀川大桥行车道上施画鱼刺形减速标线，同时车道边缘还画有纵向虚线，如图 5-51 所示。

这种标线的相邻鱼刺线间距随行车方向逐渐减小，当驾驶员在不减速的情况下驶过该路段，出现在视野内的标线数量会逐渐增加，造成行车速度不断增加的错觉。与此同时，车道边缘线纵向布置的虚线给驾驶员造成车道逐渐变窄的错觉，以提醒驾驶员在车辆运行过程中集中注意力。

美国马凯特大学的研究者们对日本一些研究报告进行了讨论，认为鱼刺形减速标线和行车道纵向减速标线都能有效降低行车速度，如图 5-52 所示。

图 5-50 施画有鱼刺形减速标线的行车道

图 5-51 日本淀川大桥上的鱼刺形减速标线

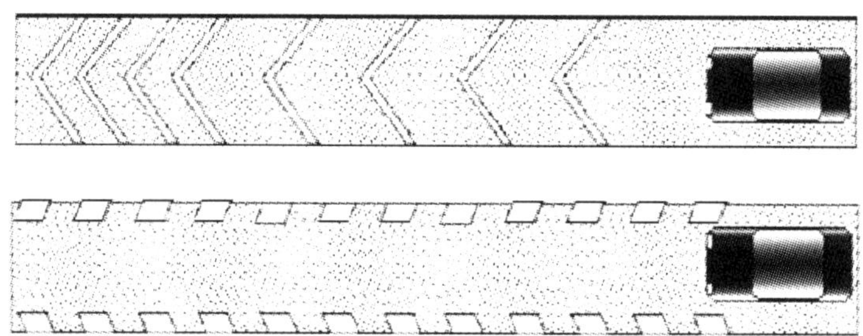

图 5-52 日本的鱼刺形减速标线和行车道纵向减速标线

图 5-53 为日本在道路上铺装的防滑型减速标线，它可以增强路面附着系数，防止路面潮湿时对车辆行驶稳定性产生影响。这种减速标线特别适用于高速弯道或多雨潮湿地区。

图 5-53 防滑型鱼刺形减速标线

(2)欧洲国家

英国运输研究实验室对另一组不同形式的鱼刺形标线进行了研究，其最初的研究目的并不是通过在行车道上施画这些标线来降低车辆的行驶速度，而是鼓励驾驶员与前车保持足够的安全距离，降低追尾碰撞事故发生的可能性。这些标线施画在一条 3 车道公路的慢车道以及中央行车道上，相邻鱼刺形标线的间隔为 40m。这些标线与“保持两个鱼刺间隔”等标志相互补充，目的是使车速 70mile[1]/h 时车头时距为 2.4s。图 5-54 为鱼刺形减速标线在英国的使用实例。

图 5-54　英国 M1 高速公路上的鱼刺形标线

通过对施画标线前 3 年以及后两年的事故统计资料进行统计对比分析可知：施画标线后该路段事故总数降低了约 56％，多车碰撞事故数也减少了大约 40％。施画标线前单车碰撞事故每年发生 8 起，而施划标线后两年，该类事故总共才发生了两起。研究人员的进一步调查分析发现，该标线甚至能够有效地提高标线段下游的道路交通安全水平。

英国研究人员针对这种形式的标线开展了一次大范围的公众态度调查，收到了积极的反馈。总体研究结果表明，施画这种鱼刺形标线能够在减少交通事故和提高道路交通安全性两个方面起到预期效果。

丹麦研究人员研究了鱼刺形标线对速度、车间距离以及交通安全性的影响。他们根据以下规则选定了 5 处试验路段：

①试验路段需装有固定探测设备，以记录交通流量数据；

②路段交通流量合适，且变化不大；

③所选道路必须为双向四车道；

④所选道路没有改扩建或路面重新铺装计划；

⑤路段有追尾事故记录。

图 5-55　丹麦的鱼刺形标线

施画了鱼刺形标线的路段如图 5-55 所示。

在标线铺装后的 4～6 个月内，研究人员通过电话采访对 916 名道路使用者的感受和对鱼刺形标线的满意度进行了采访，得到了以下主要结果：

①80％的受访者表示他们已经注意到了高速公路上的鱼刺形标线。

②在这 80％（注意到了鱼刺形标线）的受访者中：96％的人知道设置标线的作用和目的；88％的人表示标线能帮助他们与前车保持两个鱼刺形标线的间距，或 2s 的车间时距；60％的受访者认为其他驾驶员与前车保持的距离比规定的更大；30％的人认为鱼刺形标线既不能提供帮助，也不会带来任何不便；3％的受访者认为鱼刺形标线会引起不便。

❶ 1mile＝1.6km/h。

当然，总体结果表明，大部分道路使用者肯定了标线的作用。

研究认为，行车道上施画的使车辆保持与前车足够安全距离的鱼刺形标线在短期内能起到一定效果，如降低车速(1～3km/h)减少近距离跟车驾驶行为(减少7%～11%)。驾驶员都能明白标线的作用，标线能够有效地帮助他们与前车保持足够的安全车距。但由于事故数量太少，暂时还无法定量判断鱼刺形标线对交通安全的改善作用。

(3)美国

1997年，美国明尼苏达州伊根市在一个限速为30mile/h的居民区交叉口前方(交通流量约为5 000ADT)施画了鱼刺形减速标线。

同年，俄亥俄州哥伦布市在一条双向两车道的某处S形转弯前方也设置了鱼刺形减速标线，设置地点的限速为35mile/h，建议行车速度为15mile/h。

鱼刺形标线在日本的成功应用促使威斯康星州的研究人员在1999年引入这一新的减速设施。鱼刺形标线被施画在I-94～I-894号高速公路互通连接线上，以降低过高的行车速度。图5-56为匝道上的鱼刺形标线。

该标线与日本淀川大桥上施画的标线相似，标线段总长度约185m，由16组白色的鱼刺形标线组成，各组标线之间的间距随行车方向逐渐缩短，以获得前文所述的"使驾驶员感觉行车速度越来越快"的效果，行车道边线画有纵向布置的虚线。根据工程学分析，该组标线的两个设计速度分别是：车辆进入标线段的速度为65mile/h，而离开标线段时车速应降到50mile/h。研究人员发现，标线能使车流平均速度降低15mile/h，85%位车速降低的更多，从70mile/h降低到53mile/h，降幅达到17mile/h，可见这些标线能够有效地降低车辆行驶速度。

2007年，Anthony等人在得克萨斯州埃尔帕索一处高速公路连接匝道上设计施画了一种组合型鱼刺减速标线，如图5-57所示，并对标线施画前、施画标线后早期以及较长时间后3个时间段内，对连接段上游、连接段开始处及坡道中间处3个地点的车速情况进行了测量。在详细分析后认为，施画鱼刺形减速标线后，车辆驶过标线段时的速度比施画标线前有所降低。

图5-56 威斯康星州密尔沃基驶出匝道处的鱼刺形标线

图5-57 高速公路连接段鱼刺形减速标线(得克萨斯州)

4)梳齿形减速标线

梳齿形减速标线是指标线施画在行车道两侧，呈对称分布，它是从横向减速标线演变而来的，也有别于纵向减速标线。其减速机理是行车道横向减速标线和纵向标线的综合，既能使驾驶员产生行车速度越来越快的感觉，还能使驾驶员产生行车道逐渐变窄的错觉。根据标线与车辆行驶方向的夹角，又分为正梳齿形减速标线和斜梳齿形减速标线，如图 5-58 所示。

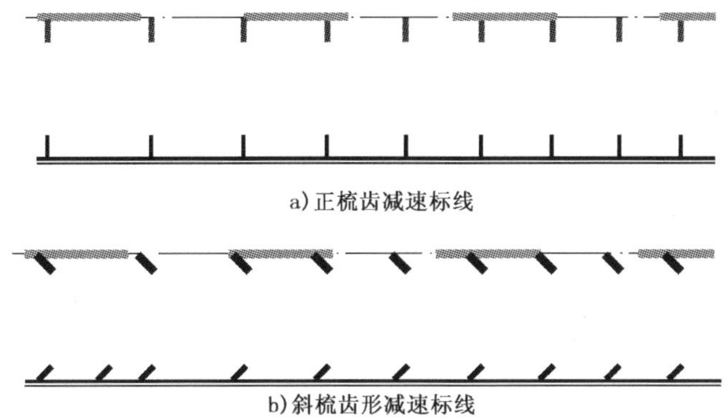

a）正梳齿减速标线

b）斜梳齿形减速标线

图 5-58　正、斜梳齿形减速标线

梳齿形减速标线有以下几个优点：首先，与全车道宽度的横向减速标线相比，施画这种标线所需材料较少，施工费用较低，更容易铺装和维护；其次，这种标线能降低雨天或潮湿地区的公路由于路面附着系数降低导致的潜在事故风险。

Goldey 通过驾驶模拟器进行仿真试验对正梳齿形减速标线的减速效果进行了研究，结果表明这种标线能获得较好的减速效果，如图 5-59 所示。

图 5-59　正梳齿形减速标线

Katz 等人在纽约、密西西比以及得克萨斯州等地方各选择了一处道路进行正梳齿形减速标线的短期和长期减速效果研究，如图 5-60所示。其研究结论认为施画道路减速标线能有效地降低整体车流的平均速度。驾驶员对道路的熟悉程度、弯道半径以及路面减速标线的可视认性等，都对标线的实际减速效果有一定影响。

图 5-60　正梳齿形减速标线

2006 年 9 月，TimothyJ. Gates 等人在威斯康星州密尔沃基市 I-43 和 I-93 公路平原镇一处弯道南北双向所有车道上施画了正梳齿形减速标线，并对标线的短期及长期减速效果进行了试验研究。各组标线总长度为304.8m（1 000ft），由一组间距逐渐减小的白色标线组成，每条标线横向宽度为45cm，纵向宽度为30cm。结论表明路面视错觉减速标线能有效降低车辆的行驶速度，短期效果尤其明显。

减速标线用于提醒驾驶员前方应减速慢行，一般设置在长下坡路段（下坡方向车道）、小半径曲线段（曲线外侧车道）、上坡凸形竖曲线前方视距不良路段（上坡方向车道）等处，以提示车辆减速。减速标线可有效预防交通事故，在公路上的应用越来越多。

视错觉标线是一种减少交通隐患的新型减速设施，它充分利用人的视错觉原理，通过在路面上施画减速标线，改善视觉效果。驾驶员行驶在铺有这种标线的路段，从心理上感觉车速逐渐增加或车道越走越窄，由于受到这种强烈的视觉冲击，驾驶员则选择减速慢行，可减少交通事故发生率。这种标线在国外采用较多，国内也在很多地方使用这种方法，以减少交通事故的发生，但大量标线设置的形式、尺寸、位置等均未经过充分的实验验证，随意性较强，其减速效果并不是很明显。

目前，国内关于减速标线的视认性和减速效果的研究大都是根据国外研究情况，在公路上选点设置一组标线，对设置标线前后的交通量进行观察记录分析，鲜有不同参数规格减速标线的对比试验，且大量标线设置存在不同的问题，减速效果不够理想。针对在实际应用中的缺陷，急需开展对公路减速标线设计参数和设置位置等关键技术指标的研究。

3. 纵向视觉减速标线

1）白色视觉减速标线

（1）调研断面信息

样本位于通顺路双埠头加油站附近，路段设计速度80km/h，路基半幅宽22m，单向四车道，车道宽3.75m，路肩宽0.75m。路段平面前后线形衔接平顺，纵断面略有纵坡，无路侧干扰，设置纵向白色菱形块状视觉减速标线（图5-61）。此调研路段采用雷达测速仪完成速度检测，得到的数据样本车型按客车、货车进行分类。

图5-61 双埠头加油站纵向视觉减速标线

观测时段内天气晴朗，路面干燥，交通量（机动车绝对数）为300～400辆/h，车辆组成小客车∶货车为4∶1，7t以上重载车比例小于8%。

调研断面信息统计 表5-30

项　目	桩　号	断面位置	描　述
断面1	K12+100	视觉减速标线前	小半径平曲线路段
断面2	K12+380	视觉减速标线中间	小半径平曲线路段
断面3	K12+750	视觉减速标线后	小半径平曲线路段

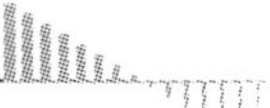

(2)速度统计性描述(表 5-31)

减速标线前、中、后断面速度统计　　表 5-31

统计指标	进入减速标线前(km/h)		进入减速标线中间(km/h)		通过减速标线后(km/h)	
	客车	货车	客车	货车	客车	货车
样本量	243	42	243	42	72.7	53.7
均值	77.9	57.5	75.1	54.6	13.6	9.4
标准差	14.0	6.0	13.1	6.9	43.0	40.0
最低速度	52.0	36.0	50.0	39.0	107.0	72.0
最高速度	141.0	66.0	108.0	67.0	84.2	61.5
v_{85}	90.0	61.5	88.0	62.5	87.7	62.7
v_{90}	98.0	63.0	92.0	64.0	96.7	65.0
v_{95}	103.5	64.5	103.0	65.5	104.7	67.2
v_{98}	113.2	65.4	104.0	66.4	72.7	53.7

进入减速标线前速度统计特性如下：

①客车的平均速度为 77.9km/h，最高速度为 141.0km/h，85%位速度为 90.0km/h，90%位速度 98.0km/h，95%位速度为 103.5km/h。其中，小客车(轿车)85%位速度为 77.9km/h，90%位速度 98.0km/h，95%位速度为 103.5km/h，最高速度为 141.0km/h；大巴车的平均速度比小客车略为低，85%位速度为 80.0km/h。

②货车的平均速度为 57.5km/h，最高速度为 66.0km/h，85%位速度为 61.5km/h，90%位速度为 63.0km/h，95%位速度为 64.5km/h。其中，小型货车的平均速度为 58.0km/h，85%位速度为 60.0km/h；大型货车的平均速度为 54.0km/h，85%位速度为 55.4km/h。

进入减速标线中间速度统计特性如下：

①客车的平均速度为 75.1km/h，最高速度为 108.0km/h，85%位速度为 88.0km/h，90%位速度 92.0km/h，95%位速度为 103.0km/h。其中，小客车(轿车)85%位速度为 77.9km/h，90%位速度 98.0km/h，95%位速度为 103.5km/h，最高速度为 108.0km/h。小客车的特征速度数值比较接近客车数值，大巴车的平均速度为 74.8km/h，85%位速度为 75.7km/h。

②货车的平均速度为 54.6km/h，最高速度为 67.0km/h，85%位速度为 62.5km/h，90%位速度为 64.0km/h，95%位速度为 65.5km/h。其中，小型货车的平均速度为 53.6km/h，85%位速度为 55.0km/h；大型货车的平均速度为 48.2km/h，85%位速度为 49.6km/h。

通过减速标线后速度统计特性如下：

①客车的平均速度为 72.7km/h，最高速度为 107.0km/h，85%位速度为 84.2km/h，90%位速度 87.7km/h，95%位速度为 96.7km/h。其中，小客车(轿车)85%位速度为 85.1km/h，90%位速度 87.9km/h，95%位速度为 96.9km/h，最高速度为 107.0km/h。小客车的特征速度数值比较接近客车数值，大巴车的平均速度为 72.0km/h，85%位速度为 68.4km/h。

②货车的平均速度为 53.7km/h，最高速度为 72.0km/h，85%位速度为 62.7km/h，90%位速度为 65.0km/h，95%位速度为 67.2km/h。其中，小型货车的平均速度为 52.8km/h，

85%位速度为 55.7km/h；大型货车的平均速度为 47.8km/h，85%位速度为 48.6km/h。

速度差异分析如下：

①客车平均速度降低 5.1km/h，最高速度降低 34.0km/h，85%位速度降低 5.9km/h，90%位速度降低 10.3km/h，速度标准差降低 0.5km/h。

②货车平均速度降低 3.8km/h，最高速度增加 6.0km/h，85%位速度增加 0.0km/h，90%位速度降低 0.3km/h，95%位速度增加 0.5km/h，速度标准差增加 3.4km/h。这说明减速标线对于速度较低的货车来说，其作用非常小，或者说限速设施对货车驾驶员的作用微乎其微。

③从所有车辆的减速过程来看，前半段车辆平均速度减少 2.9km/h，后半段平均速度减少 1.6km/h，85%位速度前半段平均速度减少 1.9km/h，后半段平均速度减少 3.9km/h，90%位速度前半段平均速度减少 5.2km/h，后半段平均速度减少 4.6km/h，最高速度前半段平均速度减少 33.0km/h，后半段平均速度减少 1.0km/h。

(3)小结

通过对纵向白色视觉减速标线前、中、后三个断面的车辆速度数据进行对比分析发现，进入减速标线前，车辆速度较高；当车辆进入白色视觉减速标线后，全部车辆的平均速度降低 4.5km/h，最高速度减少 34.0km/h，85%位速度减少 5.8km/h，90%位速度降低 9.8km/h，95%位速度减少 7.3km/h。这说明纵向视觉减速标线使行车道在视觉上变窄和醒目的效果对驾驶员产生了一定影响，但减速的效果并没有预期的大。通过分车型速度分析可知，纵向白色视觉减速标线对客车的影响大于对货车的影响。对于初速度较低的货车来说，纵向白色视觉减速标线对其速度基本没有产生实质性的影响。从车辆的减速过程来看，所有车辆减速标线前半段平均速度减少 2.9km/h，后半段平均速度减少 1.6km/h，85%位速度前半段平均速度减少 1.9km/h，后半段平均速度减少 3.9km/h，90%位速度前半段平均速度减少 5.2km/h，后半段平均速度减少 4.6km/h，最高速度前半段平均速度减少 33.0km/h，后半段平均速度减少 1.0km/h。这说明无论是客车，还是货车，前半段减速标线对车辆的平均速度减速效果比后半段减速标线的作用要大。

2)彩色视觉减速标线

(1)调研断面信息

样本位于 G109 线北京段 K54＋000 处(图 5-62)，路段设计速度 40km/h，路基宽 8.5m，单向车道宽 3.5m，土路肩宽 0.75m。路段平面前后线形衔接平顺，纵断面平缓，无路侧干扰，设置彩色视觉减速标线。此调研路段采用雷达测速仪完成速度检测，得到的数据样本车型按客车、货车分类。

观测时段内天气晴朗，路面干燥，交通量(机动车绝对数)为 40～60 辆/h，车辆组成小客车∶货车为 1∶1，7t 以上重载车比例小于 8%。

调研断面信息统计 表 5-32

项　目	桩　号	断面位置	描　述
断面 1	K53＋800	视觉减速标线前	小半径平曲线路段
断面 2	K54＋200	视觉减速标线后	小半径平曲线路段

图 5-62　K54＋000 的彩色视觉减速标线

(2)速度统计性描述(表 5-33)

减速标线前、后断面速度统计　　表 5-33

统计指标	进入减速标线前(km/h)		通过减速标线后(km/h)	
	客车	货车	客车	货车
样本量	72	32	72	32
均值	61.2	54.5	54.5	52.1
标准差	11.4	4.5	7.5	5.4
最低速度	40.0	36.0	40.0	44.0
最高速度	80.0	65.0	72.0	66.0
v_{85}	72.8	58.8	60.2	55.9
v_{90}	75.0	59.5	64.4	57.8
v_{95}	79.3	61.3	66.8	61.1
v_{98}	80.0	63.5	68.0	64.0

进入减速标线前速度统计特性如下：

①客车的平均速度为 57.6km/h，最高速度为 80.0km/h，85%位速度为 70.4km/h，90%位速度 72.9km/h，95%位速度为 76.8km/h。其中，小客车(轿车)85%位速度为 72.9km/h，90%位速度 75.0km/h，95%位速度为 79.3km/h，最高速度为 80.0km/h；大巴在样本采集期间只有 3 辆，没有统计意义。可见，此路段客车中小客车的速度具有代表性。

②货车的平均速度为 54.5km/h，最高速度为 65.0km/h，85%位速度为 58.8km/h，90%位速度为 59.5km/h，95%位速度为 61.3km/h。其中，小型货车的平均速度为 53.3km/h，85%位速度为 55.8km/h；大型货车的平均速度为 54.3km/h，85%位速度为 58.2km/h。

通过减速标线后速度统计特性如下：

①客车的平均速度为 54.5km/h，最高速度为 72.0km/h，85%位速度为 60.2km/h，90%位速度 64.4km/h，95%位速度为 66.8km/h。其中，小客车(轿车)85%位速度为 60.2km/h，90%位速度 64.4km/h，95%位速度为 66.8km/h，最高速度为 72.0km/h。小客车的特征速度数值比较接近客车数值，大巴车的平均速度为 72.0km/h，85%位速度为 68.4km/h。

②货车的平均速度为 52.1km/h，最高速度为 66.0km/h，85%位速度为 55.9km/h，90%

位速度为57.8km/h，95%位速度为61.1km/h。其中，小型货车的平均速度为53.5km/h，85%位速度为53.9km/h；大型货车的平均速度为51.8km/h，85%位速度为56.3km/h。

(3)速度差异分析

对纵向彩色视觉减速标线前、后两个断面的车辆速度数据进行对比分析发现，通过纵向彩色视觉减速标线后各种车辆的平均速度、85%位车速等均有所降低，这体现出减速标线有一定的减速效果。但由于本试验路段存在小半径平曲线，如果不剔除小半径平曲线的影响，则很难评价纵向彩色视觉减速标线对减速的实际贡献。以上这种情况在纵向彩色视觉减速标线的其他调研路段中均有体现。

为针对纵向彩色视觉减速标线控制效果进行定量分析，宜采用对比试验进行分析。与本断面进行对比试验的路段选取G109北京段K53+300路段，此路段的纵坡、平曲线半径及周围景观、转弯方向等与设置纵向彩色视觉减速标线的考量断面非常相近，但未设置纵向彩色视觉减速标线，从总体情况看，可以作为对比路段进行实验和数据分析。

①对比路段的速度统计性见表5-34。

对比路段(无视觉减速标线)速度统计分析 表5-34

统计指标	各类客车	各类货车
样本量	—	—
均值	62.3	48.3
标准差	12.3	13.3
最低速度	40.0	37.0
最高速度	70.0	55.0
v_{85}	70.0	56.4
v_{90}	73.0	57.8
v_{95}	72.0	56.0
v_{98}	71.0	55.6

②差异性分析见表5-35。纵向彩色视觉减速标线的效果定量分析通过设置减速标线路段的车辆特征速度(减速标线后)与无减速标线的对比路段车辆速度的差值来计算。

纵向彩色视觉减速标线控制效果(速度差值)统计分析(单位:km/h) 表5-35

统计指标	全部车辆	各类客车	各类货车
样本量	—	—	—
均值	−1.8	−7.8	3.8
标准差	−4.8	−4.9	−7.9
最低速度	3.0	0.0	7.0
最高速度	2.0	2.0	11.0
v_{85}	−9.0	−9.8	−0.5
v_{90}	−7.8	−8.6	0.0
v_{95}	−5.9	−5.2	5.1
v_{98}	−4.0	−3.0	8.4

客车平均速度降低 7.8km/h，最高速度增加 2.0km/h，85%位速度降低 9.8km/h，90%位速度降低 8.6km/h，速度标准差降低 4.9km/h。

货车平均速度增加 3.8km/h，最高速度增加 11.0km/h，85%位速度减少 0.5km/h，90%位速度无变化，95%位速度增加 5.1km/h，速度标准差减少 7.9km/h。这说明减速标线对于速度较低的货车来说，其作用非常小，但是有助于调整速度标准差。

(4)小结

通过对等级路纵向彩色视觉减速标线进行对比路段车辆速度数据对比分析发现，相比线形和景观环境极为相近的对比路段，全部车辆通过纵向彩色视觉减速标线后的末速度平均降低 1.8km/h，最高速度增加 2.0km/h，85%位速度降低 9.0km/h，90%位速度降低 7.8km/h，95%位速度降低 5.9km/h。以上数据说明，纵向彩色视觉减速标线能够对车辆起到一定的减速作用，但由于对比试验路段不可能与样本路段完全相同，故数据分析结论以及纵向彩色视觉减速标线的效果可能没有数据分析结果乐观。通过分车型速度分析可知，振动式减速标线对客车的影响远大于货车，而对于初速度较低的货车来说，纵向彩色视觉减速标线对其速度基本没有实质性的影响。

3)高速公路纵向视觉减速标线

(1)调研断面信息(表 5-36)

样本位于清连高速公路 JK2208＋000～JK2207＋300(图 5-63)，路段设计速度 80km/h，路基宽 28m，单向二车道，车道宽 3.75m，右路肩宽 3.0m。路段平面前后线形衔接平顺，纵断面略有纵坡，无路侧干扰，设置纵向视觉减速标线。此调研路段采用雷达测速仪完成速度检测，得到的数据样本车型按客车、货车进行分类。

调研断面信息统计 表 5-36

项　　目	桩　　号	纵坡	横坡	备　　注
断面 1	JK2208＋000(视觉减速标线前)	2%	2%	直线段
断面 2	JK2207＋300(视觉减速标线后)	2%	4%	圆曲线半径 R 为 1 311m

图 5-63　K2208＋000—K2207＋300 测速点(清远—连州方向)

(2)速度统计性描述(表 5-37)

进入限速区域前速度统计特性如下：

①客车的平均速度为 99.0km/h，最高速度为 127.0km/h，85%位速度为 113.0km/h，90%位速度 114.6km/h，95%位速度为 120.0km/h。可见，客车速度需求较高，部分车辆速度

较快。

②货车的平均速度为70.5km/h，最高速度为96.0km/h，85%位速度为78.8km/h，90%位速度为81.2km/h，95%位速度为88.6km/h。可见，货车速度需求较高，部分货车速度较快。

视觉减速标线前后速度统计 表5-37

统计指标	视觉减速标线前(km/h)		视觉减速标线后(km/h)	
	客车	货车	客车	货车
样本量	95	28	87	20
均值	99.0	70.5	95.4	62.9
标准差	14.6	10.7	10.8	2.6
最低速度	42.0	35.0	23	36
最高速度	127.0	96.0	117	77
v_{85}	113.0	78.8	103	66.6
v_{90}	114.6	81.2	102.5	70.1
v_{95}	120.0	88.6	107.7	71.4
v_{98}	121.6	93.3	108.2	73.3

进入限速区域后速度统计特性如下：

①客车的平均速度为95.4km/h，最高速度为117.0km/h，85%位速度为103.0km/h，90%位速度102.5km/h，95%位速度为107.7km/h。可见，客车经过减速标线后速度有所下降。

②货车的平均速度为62.9km/h，最高速度为77.0km/h，85%位速度为66.6km/h，90%位速度为70.1km/h，95%位速度为71.4km/h。可见，货车速度与客车速度差异明显。

(3)速度差异分析

①客车平均速度降低3.6km/h，最高速度降低10.0km/h，85%位速度降低10.0km/h，90%位速度降低12.1km/h，速度标准差降低3.8km/h。

②货车平均速度降低7.6km/h，最高速度降低19.0km/h，85%位速度降低12.2km/h，90%位速度降低11.1km/h，95%位速度降低17.2km/h，速度标准差降低8.1km/h。可见，视觉减速标线对于高速度的货车来说，车道压窄后速度降低明显。

(4)小结

对两个断面的车辆速度数据进行对比分析发现，与视觉减速标线前相比，视觉减速标线后客车的平均速度以及85%位车速、95%位车速分别下降了4%、9%、11%；货车的平均速度以及85%位车速、95%位车速分别下降了11%、15%、14%。因此，此处的视觉减速标线有效地控制了车辆速度。

4)纵向视觉减速标线效果

(1)对交通流的特征速度的作用

从上面的调查样本来看，设置纵向视觉减速标线后不同的速度区间的车速变化特性各不相同。对特征速度的具体作用表现在以下方面：

①纵向视觉减速标线不仅具有车道线醒目和良好的警示效果，而且高速车辆驾驶员会感觉到车道变窄，从而大部分高速行车或者超速行车的驾驶员在减速标线区域后会控制车速。

②总体上来看，纵向减速标线对大型货车的作用明显高于小车的作用。由于车道变窄后，大车会感到侧向净空减小，从而明显减速，小客车则根据车流密度适当调节速度。从大巴驾驶员习惯后向减速标线后，纵向减速标线对其作用不大。

③视觉减速标线常设在弯道或者下坡路段，其速度控制的效果与设置的长度和驾驶员进入标线区域的速度有关。

④从统计上来看，通常平均速度降低 2.0～5.0km/h；最高速度减少 10.0～35.0km/h；85%位速度减少 1.0～8.0km/h；90%位速度降低 3.0km/h～8.0km/h；95%位速度减少 3.0～5.0km/h；速度标准差减少 0～2.0km/h。

(2)对单辆车辆速度的作用

①设计速度为 40～80km/h 的无出入口控制的具有干线功能的一级、二级公路设置纵向减速标线设施后，单辆车辆的速度变化规律总体上符合上文描述的交通流特征速度变化特性。根据样本进入减速标线后的速度变化特性(表 5-38、图 5-64)建立以下模型：

$$v = -8 \times 10^{-5} v_0^2 + 0.006 v_0 - 0.141, R^2 = 0.98 \tag{5-3}$$

式中：v——进入减速标线后的速度；

v_0——进入减速标线前的速度。

具有干线功能的一级、二级公路纵向减速标线效果　　表 5-38

进入减速标线前速度(km/h)	通过减速标线后相对原速度的增量百分比(%)	通过减速标线后相对原速度减少值(km/h)
45	0.0	0.0
50	−0.2	−0.1
55	−0.5	−0.3
60	−2.5	−1.5
65	−3.5	−3.3
70	−6.0	−4.2
75	−7.5	−5.6
80	−9.5	−7.6
85	−14.8	−12.6
90	−19.3	−17.4
100	−25.0	−25.0

②设计速度为 80～120km/h 的高速公路设置纵向减速标线设施后，单辆车辆的速度变化规律总体上符合上文描述的高速公路交通流特征速度变化特性。根据样本进入减速标线后的速度变化特性(表 5-39、图 5-65)建立以下模型：

$$v = -0.007 v_0^2 + 1.076 v_0 - 36.42 \tag{5-4}$$

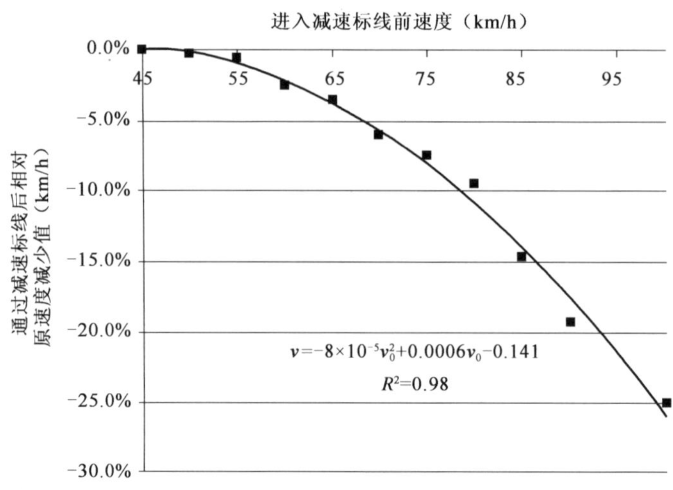

图 5-64　具有干线功能的一级、二级公路减速标线效果图

式中：v——进入减速标线后的速度；

v_0——进入减速标线前的速度。

上述模型回归相关系数 $R^2=0.99$。

表 5-39

高速公路纵向减速标线效果图

进入减速标线前速度(km/h)	通过减速标线后相对原速度的增量百分比(%)	通过减速标线后相对原速度减少值(km/h)
80	0.0	0.0
85	−0.2	−0.2
90	−0.5	−0.5
95	−2.5	−2.4
100	−5.0	−5.0
105	−7.5	−7.9
110	−10.0	−11.0
120	−14.5	−17.4
130	−20.0	−26.0
140	−25.0	−35.0

四、评价结论

经过对国内外路面减速设施的评价，获得以下几点结论：

(1)限速标志适应于路段，通过法定信息表达控制速度信息，降低速度效果不明显。

(2)10cm 高减速垄(单处)适用于直线段、支路口，控制速度范围 0～30km/h，通过振动刺激降低速度，平均速度降低 35%～50%。

(3)5cm 高减速垄(单处)适用于直线段、支路口，控制速度范围 30～50km/h，通过振动刺激降低速度，平均速度降低 20%～30%。

(4)薄层铺装(单处)适用于弯道、直线段、交叉口等速度突变路段，控制速度范围 50～80km/h，通过振动、视觉刺激降低速度，平均速度降低 10%～20%。

(5)减速振动标线(单处)适用于弯道、直线段、交叉口等速度突变路段，速度快控制范围为50～100km/h，通过振动、视觉刺激降低速度，平均速度降低0～10%。

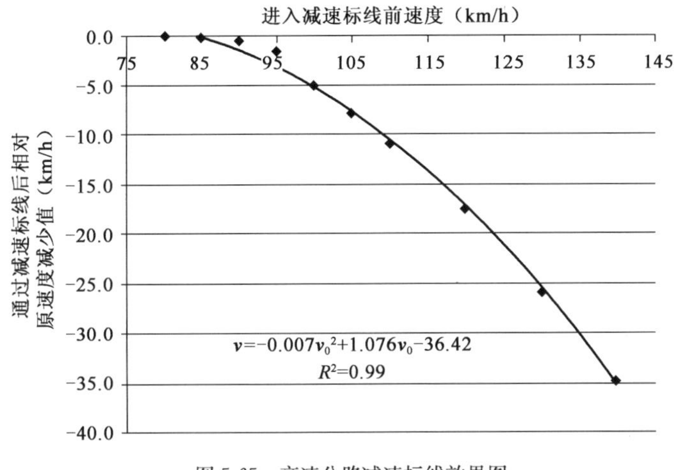

图5-65　高速公路减速标线效果图

(6)减速丘适用于设置在支路口，控制速度范围20～40km/h，通过振动、视觉刺激降低速度，平均速度降低10%～40%。

(7)视错觉减速设施适用于设置在直线段、交叉口，控制速度范围50～120km/h，通过视觉刺激降低速度，平均降低速度范围0～5%。

(8)路面限速标志适用于直线段，适合控制速度范围20～120km/h，通过法定信息刺激降低速度，控制速度效果不显著。

第三节　公路运行速度控制设施设计与案例

一、急弯路路段速度控制设施设计

急弯路段一般在公路上较为多见，平曲线半径相对较小，在急弯内通常存在山体或灌木等。这些物体在一定范围内影响了行车视线，弯道外侧高差通常较大，车辆坠落后事故较严重。急弯路段车辆行驶速度过快造成的危险有：

(1)弯道内侧障碍物影响行车视距，在车辆速度过快下，易造成车辆停车视距不足。

(2)弯道半径较小，随着道路使用时间的增长，路面质量下降，若行车速度过快有可能发生车辆侧翻、侧滑、冲出路外等事故。

对于急弯路段可采用两种方式进行限速，当平曲线半径较大时，可采用弯道建议限速。建议限速值要比相邻一般路段限速值低，采用警告的形式告知驾驶员最好以建议限速标志所示速度行驶。采用建议限速标志限速如图5-66所示。建议限速标志设置位置应根据《道路交通标志和标线》(GB 5768—2009)相关规定确定。建议限速值根据一般路段限速值、弯道半径、转角、车辆类型等因素综合确定。此外，为了达到较好限速效果，还可以在弯道进口处设置薄层铺桩或减速标线，薄层铺桩或减速标线需按照相关标准规定设置。

当弯道半径较少时，路侧物体较严重影响行车视距时，应采用禁令限速标志(图5-67)。

在驶入弯道处设置禁令限速标志，在进入弯道直线段，距弯道适当距离处设置薄层铺装或减速标线，薄层铺桩或减速标线间距由疏到密。限速标志、薄层铺装或减速标线的设置位置根据《道路交通标志和标线》(GB 5768—2009)相关规定确定。限速标志限速值需根据曲线半径、视距、路面状况等实际情况确定。

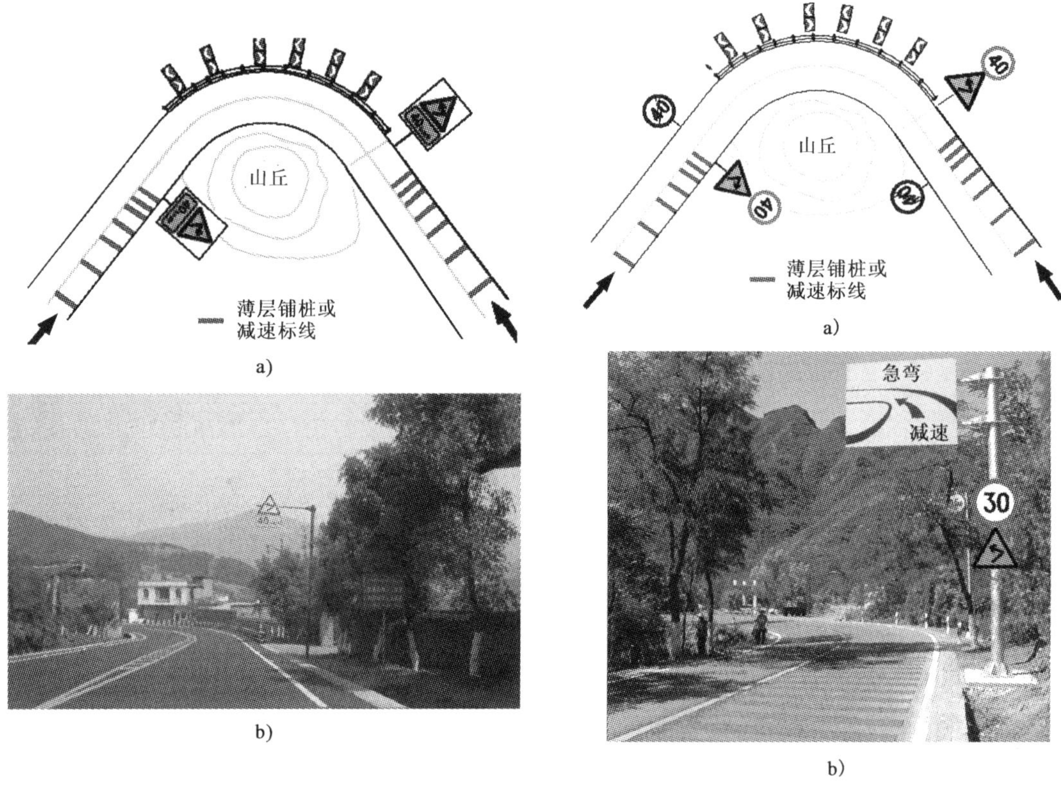

图 5-66　弯道路段建议限速　　图 5-67　弯道禁令限速

除上述两种处理方式外，根据路段实际情况，也可以采用图 5-68、图 5-69 所示形式设置相关设施。

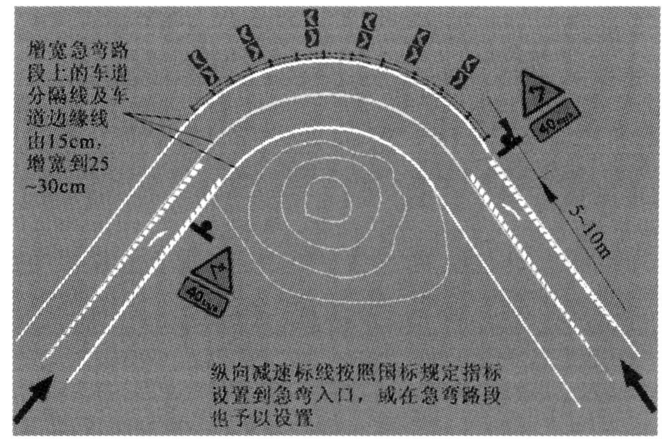

图 5-68　应用纵向减速标线、建议速度标志、增宽车道分隔线及边缘线

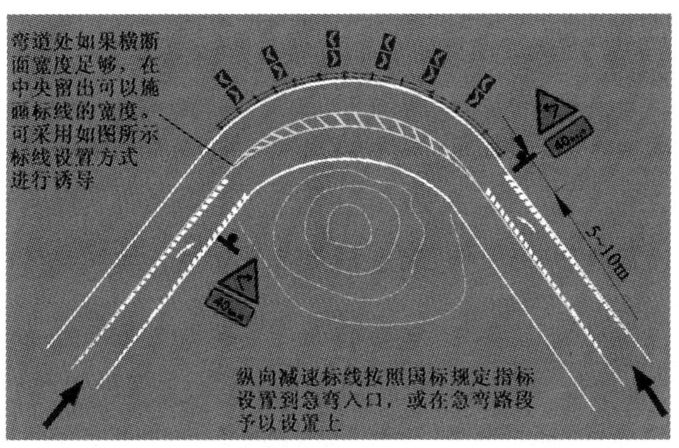

图 5-69　应用纵向减速标线、建议速度标志、中央分隔标线

二、连续弯路路段限速

连续弯路路段，其总体平曲线半径相对较小，对行车视距有一定影响。根据路侧高差的不同，可设置防护栏，也可不设置防护栏，在弯道处设置线形诱导标。

该类型路段在山区公路较为多见，从行车速度角度考虑该路段主要存在以下安全隐患：

①弯道影响车辆的行车视距，车辆在连续弯路路段行驶，速度过快易造成车辆驶出路侧。

②车辆种类及性能不同，在连续弯路行驶，易造成车辆间速度差，在视距影响下引发交通事故。

对于该种路段状况进行限速，同样采用两种形式。当平曲线半径相对不大，宜采用建议限速标志(图 5-70)。建议限速标志设置在连续弯路的入口处适当位置，该距离位置需根据《道路交通标志和标线》(GB 5768—2009)相关规定确定。建议限速标志值需根据连续弯路的平曲线半径、相连接的一般路段的限速状况而定。为了达到更好的限速效果，还可以在连续弯路的直线路段部分设置减速标线或薄层铺装。

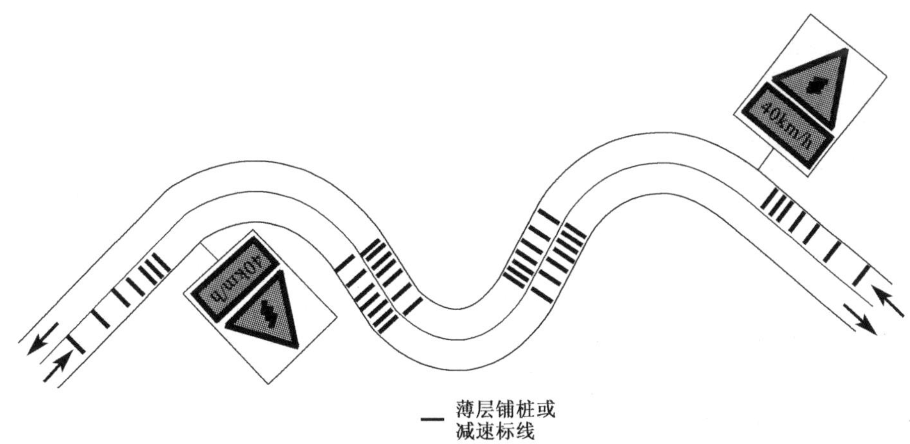

图 5-70　连续弯路建议限速

当连续弯路整体平曲线半径比较小时，部分路段出现严重影响行车视距情况，应采用禁令限速标志(图 5-71)，分别在连续弯路的进口设置禁令限速标志。为了能达到较好的限速效

果，还需要在驶入弯道前的直线段部分设置薄层铺桩或减速标线。为了增大减速效果，薄层铺桩或减速标线的厚度应增加。在此种类型路段确定连续弯路的最高限速值，需要根据连续弯路路段的设计速度、平曲线半径分布、路侧危险程度及相连接路段的限速值等因素综合确定，连续弯路限速标志及薄层铺桩设置位置需根据《道路交通标志和标线》(GB 5768—2009)相关规定确定。

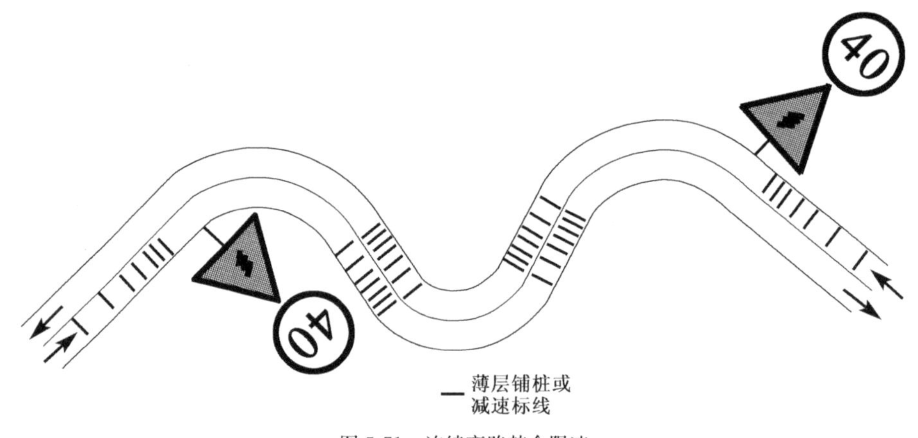

图 5-71 连续弯路禁令限速

三、匝道出口区域路段限速

高速公路或城市快速路都设有互通立交和匝道，对这部分路段进行限速是有必要的。车辆在该类路段行驶，由于行驶速度过快或者驾驶员不合理的减速行为容易造成的事故发生。

①车辆驾驶员在驶出主路过程中由于采取的减速措施不当，造成车辆在匝道处行驶速度过大，引起发生侧翻、侧滑事故危险。

②车辆减速过程中，由于车辆类型及性能分布的不均匀，造成车辆之间速度差，可能引起车辆发生追尾交通事故。

匝道可采用逐级建议限速形式进行限速，如图 5-72 所示。在车辆起始变换车道处设置出口建议限速标志，在快要驶入匝道处设置更低的建议限速标志，到匝道处设置比前一个更低的建议限速标志。相邻建议限速标志之间差值应为 20km/h。具体设置位置可根据主线限速、匝道减速段的长短、匝道半径并结合《道路交通标志和标线》(GB 5768—2009)来确定。

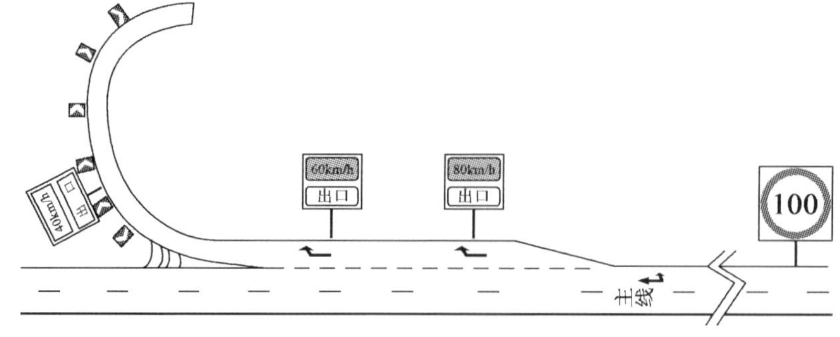

图 5-72 匝道建议限速

四、学校区域路段限速

学校一般位于道路的一个侧面。这种类型的路段在国省道穿村镇路段、城镇的学校区域较为多见。这种类型的路段存在的潜在交通危险表现在：在学校区域路段，由于上学、放学等活动造成学生穿过马路的行为增多，在车辆行驶速度过快下，易引起较为严重的交通事故。

对于这种路段应采用禁令限速标志，在临近学校路段设置禁令限速标志，在学校附近路段配合限速标志，设置减速标线或薄层铺装，强制限制车辆驶过速度，设置儿童过街警告标志，设置斑马线，如图 5-73 所示。学校区域路段最高限速值一般为 40km/h，可根据具体情况确定更低的限速值。

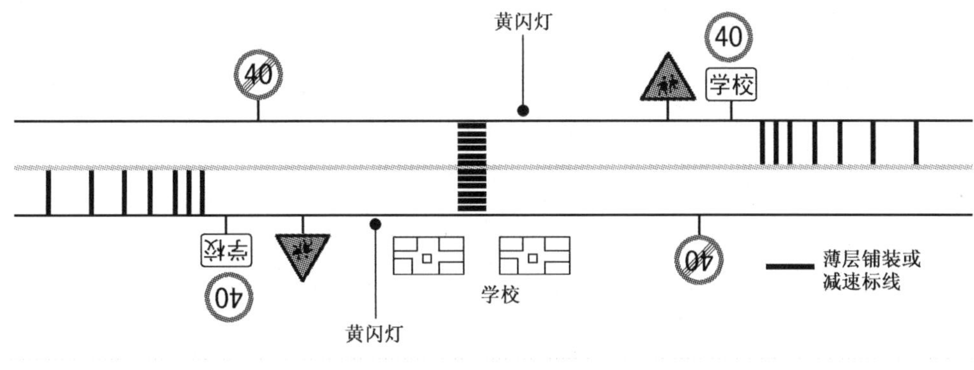

图 5-73　学校附近路段限速

五、村镇路段限速

村镇一般分布在道路两侧。这类型的路段在我国分布较为广泛，由行车速度带来的交通安全危险主要有：

①村庄分布在道路的两侧，车辆由于行驶速度过快，可能出现车辆冲进路侧村镇建筑的危险。

②村镇分布在道路的两侧，由于村镇居民的出行活动，在车辆行驶速度过快下，易造成车辆与居民之间发生碰撞事故。

③村镇中存在有小型的接入口，进出车辆影响主路车辆交通运行，在速度过快下易造成交通冲突。

对于该类路段的处理如图 5-74 所示。在快进入村庄路段设置限速标志，配合限速标志，在临近村庄的适当位置路段[根据《道路交通标志和标线》(GB 5768—2009)的相关规定，结合现场道路、其他设施设置情况确定]，设置薄层铺桩或减速标线，强制过往车辆降低行驶速度，限制车辆在该路段的行驶速度。设置行人过街指示标志，设置行人过街斑马线。在支路设置减速丘，设置停车让行标志，设置减速丘建议限速标志，限制驶入主路车辆的行驶速度。当车辆驶出村庄后，还需要设置解除村庄限速标志，标志设置位置根据《道路交通标志和标线》(GB 5768—2009)的相关规定确定。

图 5-74 限速标志与解除限速标志

1. 限速标志

限速标志采用禁令性限速标志，具有法定意义，村庄路段限速值为 40km/h。驶过村镇路段后，设置解除限速标志，见图 5-72。

2. 路面减速设施

考虑村镇路段的特殊性，为更强烈地控制驶入村镇处车辆的行驶速度，使用具有明显振动效果的物理限速设施，在村镇路段的入口范围，设置图 5-75 所示的路面减速设施(需要连续设置 3 组)。用固定颜色及标线组合的形式来表示前方穿村路段，以物理振动提示车辆减速行车。该种设施采用热熔型防滑标线涂料。

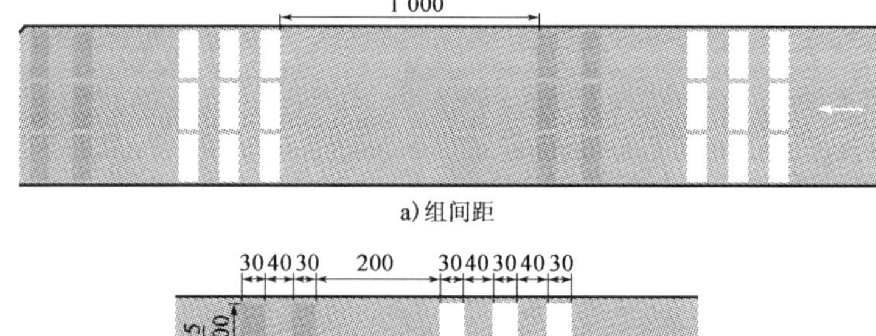

图 5-75 村镇路段路面减速设施(尺寸单位:cm)

3. 其他安保设施

①村庄警告标志。

②行人过街指示标志。

③人行横道标线。

④人行横道预告标志线。

(4)设计示意图及互相位置关系

限速标志与路面减速设施、其他相关设施互相设置位置关系见图 5-76。

六、隧道路段

隧道路段主要集中在山区高速公路路段，由于行驶速度过快可能存在的安全危险主要有：

①驶入隧道车辆行驶速度过快，造成驾驶员视觉反映跟不上环境变化速度，看不清楚前方路况，引发交通事故。

②在隧道内行驶速度过快，由于隧道比较潮湿，尤其是在有水的状态下，易造成路面摩擦

系数降低，车辆行驶出现打滑、侧面碰撞等危险。

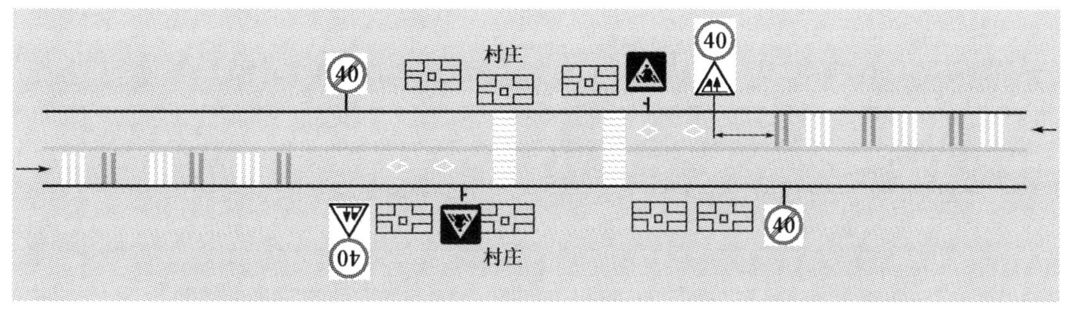

a)

b)

图 5-76　村镇路段限速

对于隧道路段应采用禁令限速标志(图 5-77)，在隧道进口前一定适当距离，根据《道路交通标志和标线》(GB 5768—2009)相关规定确定位置，设置限速标志，给予驾驶员限速信息。在隧道进口，限速标志前适当距离设置减速标线或薄层铺桩，限制驶入隧道车辆的速度，通过设置抗滑的路面材料等，增加隧道内路面的抗滑能力。隧道路段最高限速值应根据隧道的宽度、行车条件、隧道路面条件及交通条件确定。车辆驶出隧道后，应设置解除隧道限速标志。

七、窄路限速

城市道路及公路都存在窄路路段，如道路工程扩建出现施工路段，一般路段连接窄桥，与城内道路相连接的郊区道路等都会形成窄路路段。

从行车速度角度考虑窄路路段主要存在以下安全隐患：

①在较宽路段车辆行驶速度较快，道路突然变窄，会突然要求车辆行驶速度下降，在没有较适当的禁令、警告提示下，易造成紧急危险情况出现。

②在窄路处，行驶中的前车车辆影响后车车辆驾驶视野，前车车辆突然发现窄路，紧急制

动，会造成后车跟随车辆制动置后，发生追尾交通事故危险。

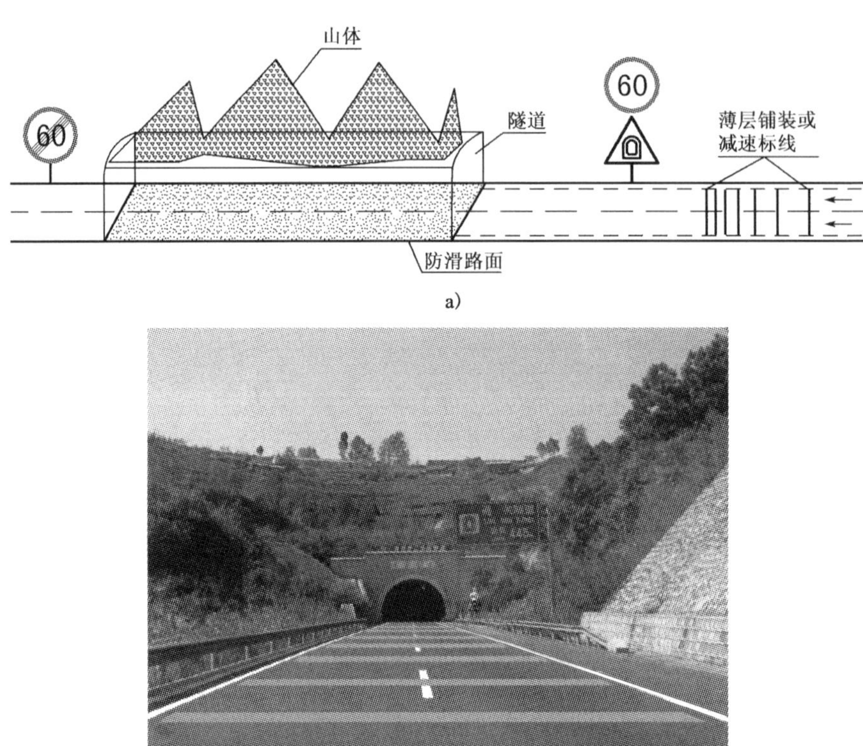

a)

b)

图 5-77 隧道路段限速

对于该种路段状况进行限速，采用两种形式。当窄路横断面宽度变化不大时，宜采用建议限速形式(图 5-78)，建议限速标志设置在窄路的入口处距窄路起始点适当位置[根据《道路交通标志和标线》(GB 5768—2009)相关规定确定]。建议限速标志值需要根据窄路的宽度、相连接的一般路段的限速状况而定。

当窄路横断面宽度变化较大时，应采用禁令限速标志(图 5-79)，限速标志设置在窄路的入口处距离窄路起始点适当位置[根据《道路交通标志和标线》(GB 5768—2009)相关规定确定]。限速标志值需要根据窄路的宽度、相连接的一般路段的限速状况而定，车辆驶过窄路后，在恢复原道路行驶条件后适当位置处设置解除窄路限速标志。

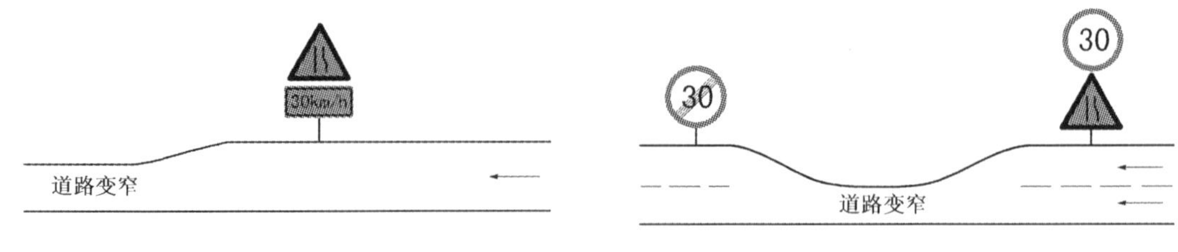

图 5-78 道路变窄建议限速

图 5-79 道路变窄禁令限速标志

八、弯下坡路段

车辆在公路路段运行过程中，弯下坡路段往往成为事故多发的路段。在弯下坡路段出现交通事故主要原因是行车速度相对较快，侧向离心力较大，往往会造成行车的不稳定。因此，在弯下坡路段设计梯形抗摩擦的减速振动带。具体弯下坡路段梯形抗摩擦的减速振动带结构设计见图 5-80。

梯形减速带设置在弯下坡路段的下坡方向，梯形减速带的窄面宽度为 20cm，距离路侧边缘线的距离为 15～20cm，梯形斜边与半径法线方向的夹角为 3°～5°。设施厚度在 0.5～0.7cm。颜色为暗红色，材料采用 CRM 薄层环氧抗滑层材料。该种设施(图 5-81)应用在弯下坡路段，弯道处平均下坡坡度在 3%以上，平曲线半径在 100～30m 的事故多发段。事故特征为冲出路侧、对向碰撞等。

如果符合上述设置条件的弯下坡路段同时也是急弯路段，应按照急弯路段的要求设置其他相关安全设施。

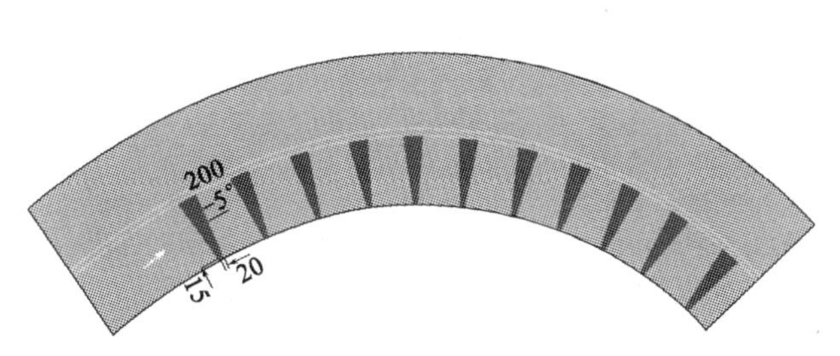

图 5-80　弯下坡减速设施设计图(尺寸单位：cm)

图 5-81　弯下坡减速设施设计

九、交叉口路段

1. 限速设施

(1)减速丘

图 5-82 为减速丘结构设计图。

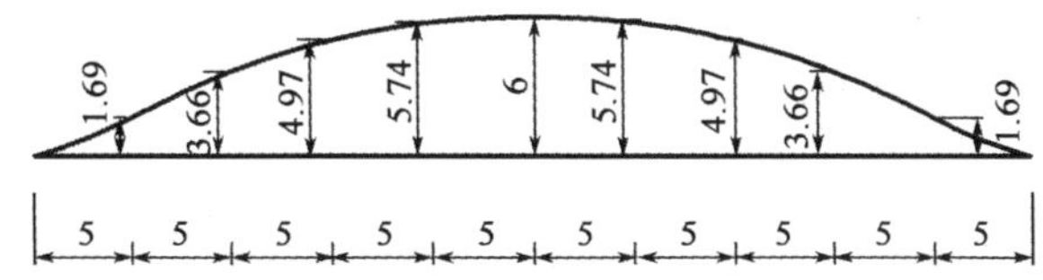

图 5-82　减速丘结构设计图(尺寸单位：cm)

材料使用水泥混凝土材料，可以有基础。该种设施设置在交叉口的支路上。

(2)视错觉性质的减速设施

交叉口减速标线设计如图 5-83 所示。

2. 其他安全设施

(1)交叉口警告标志；

(2)可能存在过街人行横道。

3.设计示意图及其互相位置关系

以梯形交叉口为例,说明交叉口所用的视错觉减速设施及支路所用的减速丘设置示例(图5-84)。

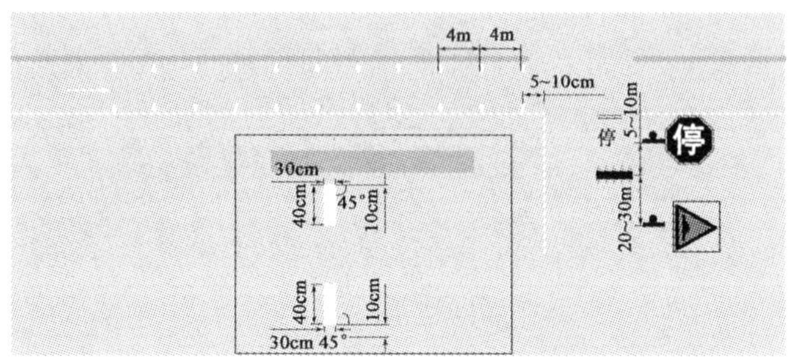

图5-83　交叉口减速标线设计图

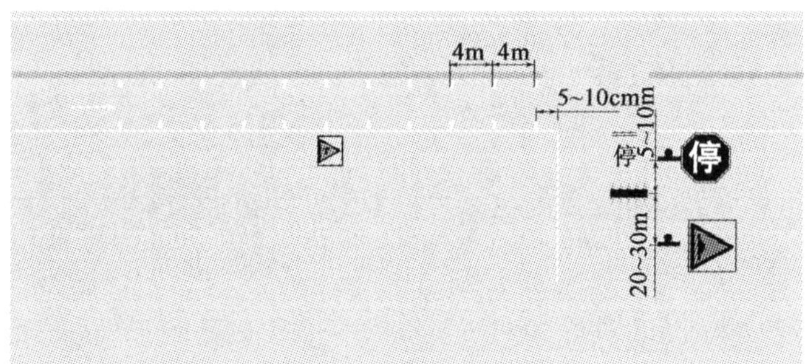

a)

b)

图5-84　交叉口减速标线设计与应用案例

第六章　速度管理决策案例

第一节　高速公路速度管理决策案例

一、高速公路调研概况及问题分析

1. 调研概况

对某高速公路进行调研，收集道路线形资料、事故资料、速度资料、问卷调查资料、录像资料。

1)收集资料

(1)道路线形资料

收集某高速公路平面线形资料，主要是平曲线半径、超高；纵段面线形资料，主要包括纵坡度、坡长、凸凹曲线。

(2)事故资料

收集某高速公路事故资料，事故发生时间范围为 2004～2007 年，事故数据包括事故发生地点、事故发生严重程度、事故发生时间。

(3)速度资料

使用行驶记录仪测量某高速公路全线的运行速度，选择典型直线路段和典型曲线路段共 30 处，测量车辆的地点行车速度。

(4)问卷调查资料

在某高速公路进行了问卷调查工作，对驾驶员发放了 102 份问卷，并全部收回，问卷填写质量达到要求；对路边村镇居民发放了 85 份问卷，共抽查了 5 个村镇的居民，问卷回收率达到 100％。

(5)录像资料

对某高速公路两个方向全程进行了录像，记录路侧信息。

2)分析资料

(1)线形资料分析

某高速公路全线设计速度并不相同，K0＋000～K93＋300 段设计速度为 100km/h，K93＋300～K138＋000 段设计速度为 80km/h，K138＋000～K179＋900 段设计速度为 60km/h。这三段的平纵横断面各不相同，宜分别叙述说明。

①K0＋000～K93＋300 段。

a. 横断面特征。路基宽度 26m，中央分隔带宽 2m，路缘带宽 2×0.75m，行车道宽度 2×7.5m，硬路肩宽 2×3m，土路肩宽 2×0.75m。按照公路工程技术标准，满足设计速度

100km/h的要求，也满足设计速度 120km/h 的要求。

b. 平面特征。

a)平曲线半径及超高。K0＋000～K93＋300 段平曲线半径及超高分布见表 6-1，曲线半径小于 2 000m 的曲线段共有 4 处，最小平曲线半径为 1 200m，超高为 4％。

K0＋000～K93＋300 段平曲线半径及超高分布　　表 6-1

平曲线半径 R(m)	超高(％)	曲线段数量	平曲线半径 R(m)	超高(％)	曲线段数量
7 000	0	1	4 000	0	10
6 000	0	4	3 000	2	1
5 500	0	1	2 500	2	2
5 000	0	9	2 097	2	1
4 798	0	1	2 000	2	8
4 500	0	1	1 519	3	1
4 305	0	1	1 500	3	1
4 200	0	2	1 300	4	1
4 120	0	1	1 200	4	1

b)直线及连续平曲线长度。K0＋000～K93＋300 段线形主要是以直线—平曲线—直线线形为主。较特殊的曲线线形有 S 形曲线、反向曲线及曲线间最小直线长度为 146m 曲线线形。这些线形分布见表 6-2。

S 形曲线和反向曲线分布　　表 6-2

曲线特征	直缓点(桩号)	缓圆点(桩号)	圆缓点(桩号)	缓直点(桩号)	圆曲线半径 R(m)	曲线长(m)	直线长(m)
反向曲线＋S形曲线		1.379	2.086		5 000	707	0
		2.086	2.820		4 798	734	0
	2.820	3.120	3.417	3.717	2 097	296	
S形曲线		9.623	10.339		4 305	716	0
	10.339	10.559	10.807	11.027	2 000	248	
圆曲线＋短直线＋S形曲线		46.374	46.981		4 200	607	242
	47.223	47.533	47.859	48.169	1 300	326	0
		48.169	48.804		4 120	635	
圆曲线＋短直线＋圆曲线	49.508	49.858	50.270	50.620	1 200	413	143
		52.477	53.627		7 000	1 150	189
	53.816	54.616	55.308	56.108	2 000	692	

续上表

曲线特征	直缓点（桩号）	缓圆点（桩号）	圆缓点（桩号）	缓直点（桩号）	圆曲线半径 R(m)	曲线长（m）	直线长（m）
S形曲线＋S形曲线＋S形曲线	81.800	82.071	82.401	82.672	2 000	330	0
	82.672	82.952	83.251	83.531	2 500	299	
	83.531	83.819	84.153	84.440	2 000	334	0
S形曲线	84.838	85.338	86.086	86.586	2 500	748	0
		86.586	87.633		5 257	1 046	

c. 纵断面特征。

K0＋000～K93＋300 段纵断面线形都很平缓，最大纵坡度为－3.31％。由于坡度都比较小，不存在较长且坡度较大的连续下坡路段。

②K93＋300～K138＋000。

a. 横断面特征。路基宽度 24.5m，中央分隔带宽 2m，路缘带宽 2×0.5m，行车道宽度 2×7.5m，硬路肩宽 2×2.75m，土路肩宽 2×0.50m。计算行车速度 80km/h。按照公路工程技术标准，除土路肩宽 0.5m 外，其余指标均满足设计速度 100km/h 的要求。

b. 平面特征。

a)平曲线半径及超高。

K93＋300～K138＋000 段平曲线半径及超高分布见表 6-3，曲线半径小于或等于 1 500m 的曲线段占到绝大部分（约为 80％）。最小平曲线半径为 500m，超高为 6％。

K93＋300～K138＋000 段平曲线半径及超高分布 表 6-3

平曲线半径 R(m)	超高(％)	曲线段数量	平曲线半径 R(m)	超高(％)	曲线段数量
3 571	0	1	976	3	1
3 000	0	1	964	3	1
2 700	0	3	919	3	1
2 600	0	1	900	3	2
2 500	0	3	874	3	1
2 000	0	1	868	3	1
1 709	2	1	858	3	1
1 500	2	1	818	4	1
1 438	2	1	800	4	2
1 428	2	1	797	4	1
1 404	2	1	760	4	1
1 350	2	1	714	4	1
1 310	2	1	713	4	1

续上表

平曲线半径 R(m)	超高(%)	曲线段数量	平曲线半径 R(m)	超高(%)	曲线段数量
1 257	2	1	650	4	1
1 252	2	1	624	4	1
1 250	2	1	620	4	1
1 233	3	1	610	5	1
1 140	3	1	600	5	4
1 112	3	1	550	5	2
1 064	3	1	500	6	1
1 000	3	2			

b)直线及连续平曲线长度。

K93＋300～K138＋000 段线形主要以直线—平曲线—直线线形为主。较特殊的曲线线形有 S 形曲线及曲线间最小直线长度为 169m 曲线线形。这些线形分布见表 6-4。

S形曲线和反向曲线分布 表 6-4

曲线特征	直缓点(桩号)	缓圆点(桩号)	圆缓点(桩号)	缓直点(桩号)	圆曲线半径 R(m)	曲线长(m)	直线长(m)
S形曲线	96.750	96.950	97.196	97.396	976	646	0
	97.396	97.586	97.808	97.998	610	601	0
	97.998	98.198	98.449	98.649	500	652	
S形曲线	99.532	99.742	99.994	100.204	800	672	0
	100.204	100.424	100.661	100.881	868	677	
S形曲线	101.943	102.143	102.349	102.549	2 000	606	0
	102.549	102.749	102.999	103.199	1 404	650	0
	103.199	103.479	103.810	104.090	1 257	891	
S形曲线	108.837	108.997	109.166	109.326	1 140	489	0
	109.326	109.496	109.690	109.860	1 233	533	0
	109.860	110.010	110.175	110.325	858	465	0
	110.325	110.476	110.656	110.806	919	482	0
	110.806	111.056	111.351	111.601	1 428	795	
S形曲线		113.110	113.585		2 700	475	0
	113.585	113.845	114.127	114.387	1 438	802	
S形曲线	115.893	116.093	116.298	116.498	900	605	0
	116.498	116.718	116.948	117.168	760	670	

续上表

曲线特征	直缓点（桩号）	缓圆点（桩号）	圆缓点（桩号）	缓直点（桩号）	圆曲线半径 R(m)	曲线长（m）	直线长（m）
S形曲线	119.386	119.586	119.792	119.992	600	607	0
	119.992	120.142	120.305	120.455	797	462	
S形曲线		121.449	121.977		3 571	528	0
	121.977	122.137	122.289	122.449	1 709	472	0
	122.449	122.649	122.890	123.090	1 252	641	0
	123.090	123.330	123.573	123.813	1 112	723	0
	123.813	123.973	124.172	124.332	874	519	
S形曲线	125.684	125.864	126.043	126.213	600	528	169
	126.382	126.582	126.830	127.030	550	648	189
	127.219	127.419	127.716	127.916	550	697	0
	127.916	128.106	128.302	128.492	624	576	
S形曲线	128.779	128.969	129.187	129.377	964	598	0
	129.377	129.577	129.786	129.986	1 064	609	0
	129.986	130.226	130.490	130.730	713	744	
S形曲线	134.245	134.415	134.622	134.792	1 310	547	0
	134.792	135.012	135.271	135.491	714	699	0
	135.491	135.701	135.964	136.174	818	683	0
	136.174	136.424	136.706	136.956	800	782	

c.纵断面特征。

K93＋300～K138＋000段纵断面线形都很平缓，最大纵坡度为－4.8%，坡长为500m。连续下坡坡度值都较小，不存在较长且坡度较大的连续下坡路段。

③K138＋000～K179＋900。

a.横断面特征。

某高速公路K137＋000～K180＋500段设计速度为60km/h，路基宽为22.5m，行车道宽为2×7m。中央分隔带宽2.0m，左侧路缘带宽2×0.25m，硬路肩宽2×2.5m，土路肩宽2×0.50m。最小平曲线半径为200m。按照公路工程技术标准，行车道宽度满足设计速度

60km/h的要求，不满足设计速度 80km/h 的要求。

b. 平曲线半径及超高。

K137+000～K180+500 段平曲线半径及超高分布见表 6-5。曲线半径小于或等于 1 200m的曲线段占该段总曲线数量的 91%，最小平曲线半径为 200m，超高为 8%。

K137+000～K180+500 段平曲线半径及超高分布 表 6-5

平曲线半径 R(m)	超高(%)	曲线段数量	平曲线半径 R(m)	超高(%)	曲线段数量
4 300	0	1	640	3	1
3 992	0	1	629	3	1
3 500	0	1	602	3	1
3 000	0	1	530	4	1
2 600	0	1	510	4	1
2 500	0	2	500	4	3
2 300	0	1	490	4	1
2 215	0	1	450	4	1
2 150	0	1	439	5	1
2 000	0	3	403	5	1
1 800	0	2	400	5	4
1 600	0	2	364	5	1
1 550	0	1	359	5	1
1 528	0	1	340	5	1
1 514	0	1	305	6	1
1 500	0	2	290	6	1
1 200	2	3	280	6	1
1 000	2	1	230	7	1
800	3	2	211	8	1
695	3	1	209	8	1
650	3	2	200	8	1

c. 直线及连续平曲线长度。

K137+000～K180+500 段线形主要以直线—平曲线—直线线形为主。较特殊的曲线线形有 S 形曲线及反向曲线及曲线间直线短长度较短曲线线形。这些线形分布见表 6-6。

S 形曲线和反向曲线分布 表 6-6

曲 线 特 征	直缓点（桩号）	缓圆点（桩号）	圆缓点（桩号）	缓直点（桩号）	圆曲线半径 R(m)	曲线长(m)	直线长(m)
反向曲线		154.687	155.104		2 000	416	0
		155.104	155.675		2 215.27	571	

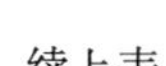

续上表

曲线特征	直缓点（桩号）	缓圆点（桩号）	圆缓点（桩号）	缓直点（桩号）	圆曲线半径 R(m)	曲线长（m）	直线长（m）
圆曲线＋短直线＋S形曲线		159.661	159.981		1 500	320	139
	160.130	160.240	160.375	160.485	694.59	355	0
	160.485	160.585	160.708	160.808	400	323	
圆曲线＋短直线＋S形曲线	161.645	161.745	161.866	161.966	400	321	123
	162.089	162.209	162.320	162.440	230	351	0
	162.440	162.550	162.689	162.799	629.02	359	0
	162.799	162.909	163.075	163.185	304.87	386	0
	163.185	163.320	163.416	163.551	210.99	366	0
	163.551	163.691	163.837	163.971	209.32	421	0
	163.971	164.107	164.266	164.396	403.45	419	
S形曲线	167.248	167.358	167.456	167.556	358.64	308	0
	167.556	167.661	167.753	167.858	290	302	
反向曲线		173.162	173.472		1 500	310	0
		173.472	173.674		1 528.43	202	
S形曲线＋短直线＋缓和曲线＋短直线＋S形曲线		175.825	176.058		1 513.99	233	0
	176.058	176.153	176.264	176.359	490	306	120
	176.479	176.579	176.688	176.788	340	309	122
	176.910	177.045	177.170	177.305	200	394	0
	177.305	177.405	177.523	177.623	529.9	318	0
	177.623	177.743	177.866	177.986	639.78	363	0
	177.986	178.086	178.223	178.323	364.14	337	0
	178.323	178.473	178.637	178.787	601.58	464	

d. 纵断面特征。

由于 K137＋000～K180＋500 段设计速度为 60km/h，纵断面线形相对上述两段较差。断面最大纵坡度为－5%，长度为 500m。纵断面线形满足设计速度 80km/h 的要求。纵断面连续下坡相对较长的路段分布见表 6-7。

较长下坡路段分布 表 6-7

较长下坡路段		路段长度	坡度(%)	坡长(m)
161.800～164.610	161.800～162.900	1 100	2.15	2 810
	162.900～163.780	880	4.80	
	163.780～164.200	420	3.00	
	164.200～164.610	410	1.00	
166.180～166.180	166.180～165.180	570	－2.50	1 570
	165.180～165.800	620	－5.50	
	165.800～166.180	380	－2.90	
173.310～175.340	173.310～174.170	860	1.20	2 030
	174.170～174.530	360	2.30	
	174.530～174.930	400	3.08	
	174.930～175.170	240	3.75	
	175.170～175.340	170	5.20	

(2)速度资料分析

典型路段速度分布见表 6-8。

典型路段速度分布表 表 6-8

典型路段	调查地点(桩号)	v_{85}(km/h)	小客车 v_{85}(km/h)	断面速度差(km/h)
直线段	16.5	120	126	22
直线路段	41	127	130	19
圆曲线＋短直线＋圆曲线	50	111	130	22
S形曲线	97.7	111	114	19
直线段	115	114	115	20
S形曲线＋短直线＋S形曲线	163	73	78	6
S形曲线＋短直线＋S形曲线	177	69	70	12

(3)事故资料分析

经过对某高速公路全线调查，收集到路政养护部门的 2006 年的事故数据。经过对事故数据的分类处理，整理出分上下线的事故数据。事故数据的完整格式见表 6-9～表 6-11。

某高速公路上行线 2006 年事故分布表 表 6-9

月	日	地点	原　因	车　型
9	27	10.85	爆胎	桂 F01410 乘龙货车
5	29	14.3	机械故障	桂 FC1816 乘龙货车

续上表

月	日	地点	原　因	车　型
3	22	20.6	疲劳驾驶	桂 A51168 乘龙罐装车
2	20	21.3	机械故障	桂 A12938 红岩半挂车
11	8	21.66	爆胎	桂 AC5238 普通轻型货车
10	27	22.8	爆胎	鲁 AH5985 小型普通客车
8	22	22.95	操作不当	桂 FC0191
4	30	23.1	操作不当	皖 AC3738(临)江淮轻型货车
4	17	23.5	操作不当	桂 A18006 乘龙货车
1	20	23.59	操作不当	粤 B. KQ617
6	11	23.95	机械故障	桂 N20733 小轿车
12	4	25.2	①车操作不当追尾②车	①桂 FA1568;②桂 B60195 小车;
8	30	25.825	操作不当	桂 F03953
12	27	37.4	疲劳驾驶	桂 F03151 重型罐式货车
12	22	38.36	疲劳驾驶	皖 S13723 货车
11	23	42.9	操作不当	桂 F90198 货车
5	11	44.15	操作不当	桂 AB1055 小轿车
9	5	44.67	操作不当	桂 A51693 小轿车
8	4	47.45	操作不当	赣 A77456
11	5	48.5	操作不当	川 H03713 乘龙货车
8	12	49.8	行人上路被车撞死	肇事车辆已逃逸,交警估计为大型货车
8	21	51.108	疲劳驾驶	桂 F02273 大型货车
1	24	52.27	超速行驶	桂 A18708
8	20	53.5	操作不当	桂 AE9716 货车
8	16	54.4	操作不当	桂 FA1378 小轿车
11	21	54.46	操作不当	桂 AB0903 小型普通客车
7	4	54.5	轮胎爆炸	桂 AF023 小轿车
12	11	54.54	操作不当	桂 AN0195 小轿车
8	23	54.575	操作不当	桂 F01256 大型货车
3	14	55	疲劳驾驶	皖 S12907 半挂在货车
1	20	59.93	疲劳驾驶	桂 A22976
4	7	63.3	操作不当	桂 A82373 小型货车
10	29	63.65	操作不当	桂 C07591 东风货车
5	11	64.5	轮胎爆炸	桂 A89927 小轿车
9	21	69.3	机械故障	桂 K11760 大型货车

续上表

月	日	地点	原　　因	车　　型
10	19	69.95	操作不当	桂 AF9852 小轿车
7	25	71.8	①车操作不当追尾②车	①桂 AA1176 丰田越野;②宁 D04099 大型货车
8	31	72.5	疲劳驾驶	桂 AE9852 轿车
5	7	72.55	操作不当	桂 A88371 小轿车
12	9	77.75	操作不当	桂 F82256 小轿车
7	3	81.9	操作不当	桂 A19430 吊车
8	19	81.9	疲劳驾驶	桂 A25019 轿车
5	24	82.3	操作不当	桂 A75868 小轿车
8	11	87.65	操作不当	桂 A68702 小型货车
7	16	98.8	操作不当	桂 AD7757 皮卡货车
8	29	98.85	操作不当	桂 A27563 大型货车
10	16	101.4	车辆自燃	桂 FT0021 小轿车
5	2	104.91	操作不当	粤 GL1538 马自达轿车
7	10	107.8	疲劳驾驶	桂 A14754 大型货车
11	28	112.35	操作不当	桂 AM6820 小轿车
3	27	113.25	①车操作不当追尾②车	①鲁 Q51817 解放货车②桂 A13219 大型货车
7	27	114.9	爆胎	桂 L20889 大型货车
10	10	116.8	疲劳驾驶	桂 A23766 大型货车
4	1	119.45	操作不当	桂 KA0867 小轿车
9	5	121.5	操作不当	桂 A12722 大型货车
11	8	126.45	操作不当	桂 A28888 大型货车
5	3	126.47	轮胎漏气	桂 K17801 越野车
6	4	131.18	操作不当	桂 K11935 大型货车
9	7	136.53	疲劳驾驶	桂 A19597-1211 挂大型货车
11	7	138	操作不当	浙 GC9156 大型货车
11	20	144.35	操作不当	桂 B37541 小客车
7	22	155.27	疲劳驾驶	鲁 G33333 大型货车
3	22	156.75	操作不当,车辆失控	桂 H11896 小轿车
12	19	156.76	车轮爆胎	桂 B03131 小轿车
8	15	166.15	操作不当	渝 C16202 大型货车
3	20	173.38	行人横穿高速公路	桂 FB1988 小轿车

某高速公路下行线 2006 年事故分布表　　表 6-10

月	日	地点	原　　因	车　　型
5	15	0.97	轮胎爆炸	桂 FC2099 重型罐式货车
5	15	0.97	轮胎爆炸	桂 FC2099 重型罐式货车

续上表

月	日	地点	原　因	车　型
1	21	4.70	操作不当,方向失控	桂 F80465
5	20	6.63	操作不当	桂 FC0678 重型罐式货车
1	22	7.51	操作不当	皖 S12910
5	4	9.9	①车操作不当追尾②车	①桂 AB9811 小轿车;②桂 A01440 大型货车
5	7	9.93	轮胎爆炸	桂 A19827 殡仪车
6	12	11.25	操作不当	桂 F00690 货车
2	3	11.76	轮胎漏气	桂 A09464 桑塔纳小轿车
7	19	11.85	轮胎爆炸	广 Y24002 小轿车
2	16	16.25	疲带驾驶	桂 AE0731 小型货车
12	13	19.66	爆胎	桂 AM9817 货车
8	11	19.68	操作不当	广 K58037 小轿车
2	20	21.3	因操作不当	桂 A78034 小轿车
5	28	21.8	操作不当	桂 F80436 乘龙大型货车
9	22	24.15	操作不当	桂 A97159 中型货车
11	15	29.13	操作不当	桂 A97961 小车
12	8	29.62	操作不当	桂 A98700 小车
1	4	29.70	右后轮爆胎	桂 F03229
5	7	31.8	①车操作不当追尾②车	①桂 A50705 福达小型货车;②桂 A12781 大型货车
11	24	32.4	操作不当	桂 AM3728 小轿车
2	5	35.16	机械故障	桂 AK0055 大型普通客车
1	16	40.25	超速行驶	桂 A92259
9	9	40.6	爆胎	桂 A58075 微型普通客车
1	20	42.20	右后轮爆胎	桂 FA2493
1	3	42.27	后轮着火	豫 PA3751 挂
11	27	52.56	机械故障	桂 F02891 大客车
1	26	53.72	轮胎着火	豫 PA5086 挂
5	25	55.9	疲劳驾驶	桂 A12749 乘龙货车
4	14	60.58	疲劳驾驶	桂 A17059 普通客车
7	21	61.3	疲劳驾驶	桂 A13479 大型货车
8	31	72.5	疲劳驾驶	桂 AE9852 轿车
12	24	79	操作不当	桂 FA0218 大型货车
1	9	86.15	线路起火	桂 A23360 东风全挂车
5	10	89.65	①车操作不当追尾②车	①桂 AE5882 小轿车;②桂 A11453 大型货车
1	6	89.69	操作不当	桂 A85911 马自达轿车
8	29	98.85	操作不当	桂 A27563 大型货车

续上表

月	日	地点	原　因	车　型
5	24	100.73	操作不当	桂 GA5073 轿车
2	17	101.95	车辆爆胎	桂 AD6019 皮卡货车
6	25	102.2	操作不当	桂 AD5867 小轿车
10	2	102.35	爆胎	桂 A28902 大型货车
7	4	102.5	操作不当	桂 F92136 小轿车
5	4	107.9	操作不当	桂 F91712 货车
12	4	108.4	操作不当	桂 AN2238 大型货车
11	28	109.85	操作不当	桂 A55513 皮卡车
10	4	111.1	机械故障	桂 K02058 大型货车
7	25	114.32	操作不当	桂 A57799 小轿车
5	9	118.55	机械故障，车辆自燃	桂 L02577 丰田佳美轿车
1	2	121.70	操作不当	桂 A78112
6	17	135.16	操作不当	桂 F81677 小轿车
3	14	171.8	操作不当	桂 O7529 警小轿车
4	28	176.43	操作不当	桂 FB2235 货车

某高速公路收费站 2006 年事故分布表　　表 6-11

月	日	原　因	车　型
1	1	制动失灵	桂 K15201
1	3	制动失灵	桂 F01455
1	15	制动失灵	桂 K10796
1	17	①车操作不当追尾②车	①桂 F01918；②蒙 K34220
1	23	①车制动失灵追尾②车	①豫 M00055；②桂 A76298
2	10	因操作不当	桂 A11631 大巴客车
2	16	操作不当	贵 B32205 大型货车
3	17	刹车失灵	桂 C07514 大型货车
5	26	操作不当	桂 A73790 福田厢式货车
7	1	刹车失灵	鲁 H94413 半挂牵引车
9	7	操作不当	桂 A13294 中型普通货车
9	11	操作不当	皖 KB8387 大型货车
9	18	①车操作不当追尾②车	①桂 AF80279 大型货车；②桂 AC5238 大型货车
10	6	操作不当	桂 A10787 中型货车
11	28	刹车失灵	桂 F01766 货车
11	20	操作不当	桂 P88057 大型货车
12	4	操作不当	桂 A13191 大型货车

续上表

月	日	原　因	车　型
12	17	操作不当	桂 A22878 大型货车
12	21	①车操作不当追尾②车	①桂 A16027 大型货车；②桂 F71262 大型货车
12	31	操作不当	桂 A15795 大型货车
1	1	制动失灵	桂 K15201
1	3	制动失灵	桂 F01455
1	15	制动失灵	桂 K10796
1	17	①车操作不当追尾②车	①桂 F01918；②蒙 K34220
1	23	①车制动失灵追尾②车	①豫 M00055；②桂 A76298
2	10	因操作不当	桂 A11631 大巴客车
2	16	操作不当	贵 B32205 大型货车
3	17	制动失灵	桂 C07514 大型货车
5	26	操作不当	桂 A73790 福田厢式货车
7	1	制动失灵	鲁 H94413 半挂牵引车
9	7	操作不当	桂 A13294 中型普通货车
9	11	操作不当	皖 KB8387 大型货车
9	18	①车操作不当追尾②车	①桂 AF80279 大型货车；②桂 AC5238 大型货车
10	6	操作不当	桂 A10787 中型货车
11	28	制动失灵	桂 F01766 货车
11	20	操作不当	桂 P88057 大型货车
12	4	操作不当	桂 A13191 大型货车
12	17	操作不当	桂 A22878 大型货车

(4)问卷调查资料分析

对驾驶员问卷调查结果见表 6-12。

驾驶员问卷表　　表 6-12

驾龄	见到限速标志是否会减速	限速(km/h)多少合理	车型	目前限速是否合理			限速(km/h)多少合理			限速(km/h)多少合理	
				K0+000～K93+300	K93+300～K138+000	K138+000～K179+900	K0+000～K93+300	K93+300～K138+000	K138+000～K179+900	直线段	曲线段
			货车	否	否	否	110	110	80	110	80
3	会	80	货车	是	是	是	120	100	80	120	60
3	会	100	货车	是	否	否	100	100	90	100	80
8	会	130	小客车	否	否	否	120	110	90	120	100
10	会	120	小客车	否	否	否	120	100	90	120	100
9	不会	130	小客车	否	否	否	120	110	90	120	100

续上表

驾龄	见到限速标志是否会减速	限速(km/h)多少合理	车型	目前限速是否合理			限速(km/h)多少合理			限速(km/h)多少合理	
				K0+000~K93+300	K93+300~K138+000	K138+000~K179+900	K0+000~K93+300	K93+300~K138+000	K138+000~K179+900	直线段	曲线段
8	会	120	小客车	是	是	否	120	110	90	120	100
7	会	120	小客车	否	否	否	120	110	90	120	120
4	会	120	小客车	是	否	否	120	110	90	120	100
5	会	120	小客车	否	否	否	120	110	90	120	110
	会	100~110	客车	否	否	否	110	110	80	110	110
15	会	140	小客车	否	否	否	120	110	90	120	100
1	会	100	小客车	否	否	否	120	100	80	120	80
2	会	100	小客车	否	是	是	120	80	60	120	80
5	会	100	小客车	否	否	否	120	100	80	120	100
5	会		小客车	否	否	否	120	100	90	120	90
2	会	100	小客车	是	否	是	110	100	70	120	70
3	会	100	小客车	否	否	否	120	100	80	120	80
12	会	120	小客车	是	是	是	100	110	80	120	100
2	会	118	小客车	否	否	否	120	100	80	120	80
10	会	80	小客车	否	否	否	120	110	70	120	70
1	会	90	小客车	否	否	否	120	110	90	120	100
3	会	100	小客车	否	否	是	120	110	80	120	90
17	会	120	小客车	是	否	否	120	110	90	120	80
18	会	100	客车	是	是	否	100	90	80	100	80
7	会	80	小客车	是	是	否	100	80	80	100	60
2	会	90	小客车	否	是	是	120	80	60	120	60
13	会	110	货车	是	是	是	120	100	80	120	80
15	会	110	小客车	否	否	否	120	100	80	120	80
主要选择值	会	100~120	小客车	否	否	否	120	100~110	80~90	120	80~120
	97%	90%	86%	65%	72%	75%	75%	69%	72%	58%	72%

从表 6-12 中可看出,关于"见到限速标志是否会减速"问题,有 97%的驾驶员选择会,说明限速标志在这条公路可以达到较好的限速效果;关于"高速公路限速是否合理"问题,65%的驾驶员认为 K0+000~K93+300 段限速 100km/h 不合理,72%的驾驶员认为 K93+300~K138+000 段限速 80km/h 不合理,75%的驾驶员认为 K138+000~K179+900 段限速 60km/h 不合理;关于"高速公路限速多少合理"问题,75%的驾驶员认为 K0+000~K93+300 段应该限速 120km/h,69%的驾驶员认为 K93+300~K138+000 段应该限速 100~110km/h,72%的驾驶

员认为 K138＋000～K179＋900 段应该限速 80～90km/h；关于“直线路段和曲线路段限速多少合理”问题，58％的驾驶员认为直线段限速应该为车辆最高的法定行车速度 120km/h，72％的驾驶员认为曲线段限速应该在 80～120km/h。

(5)交通流量调查资料分析

依据在某高速公路管理处收集的交通流量数据及车型分类关系，交通流及交通组成分析结果见表 6-13～表 6-15。

2006 年各个收费站日平均交通流量表　　表 6-13

收费站	出口(辆/d)	进口(辆/d)	路段流量	V/C
1	567	664	4 043	0.08
2	334	270	3 946	0.08
3	425	410	4 010	0.08
4	52	46	4 026	0.08
5	810	808	4 031	0.08
6	65	77	4 033	0.08
7	261	241	4 020	0.08
8	837	806	4 040	0.08
9	256	262	4 071	0.08
10	2 023	2 042	4 065	0.08

从 2006 年各个路段间交通流量看，路段交通流量非常小，V/C 值平均在 0.08，交通流状态属于自由畅通流，车辆可以以较高的速度行驶。

车型分类见表 6-14。机动车组成见表 6-15。

车型分类表　　表 6-14

车　型	车型分类
1 类(小型)	≤2t 货车；≤7 座客车
2 类(中小型)	2～5t(含 5t)货车； 8～19 座客车

续上表

车　　型		车 型 分 类
3 类(中型)		5～10t(含 10t)货车; 20～39 座客车
4 类(大型)	4.1 类	10～15t(含 15t)货车; 20 英尺集装箱车
	4.2 类	≥40 座客车
5 类(特大型)		＞15t 货车;40 英尺集装箱车

机动车组成表　　表 6-15

车　　型	1 类	2 类	3 类	4 类	5 类
所占百分比(%)	71.21	10.09	12.21	4.41	2.08

从表 6-15 中可以看出,1 类车型占有绝大部分比重,达到 71.21%。1 类车型是行车速度最快的车型,对于限速值期望整体要高。

2. 高速公路限速问题分析

从平曲线线形看,某高速公路全线设计速度并不相同,K0＋000～K93＋300 段设计速度为 100km/h,K93＋300～K138＋000 设计速度为 80km/h,K138＋000～K179＋900 设计速度为 60km/h。经过对道路线形调查和驾驶员问卷调查发现,整体上某高速公路的限速值要低于实际通行条件及驾驶员期望。

①K0＋000～K93＋300 段平纵线形较好,最小平曲线半径为 1 200m,不存在连续急弯和长下坡路段。由驾驶员问卷调查统计发现,该段的限制速度 100km/h 指标明显低于其实际驾驶员期望。

②K93＋300～K138＋000 段平纵线形较好,最小平曲线半径为 500m,不存在连续急弯和长下坡路段。由驾驶员问卷调查统计发现,该段的限制速度 80km/h 指标低于其实际驾驶员期望。

③K138＋000～K179＋900 段平纵线形相对较好,存在 6 处反向、连续急弯,最小平曲线半径为 200m,存在 1 处相对较长的长下坡路段。由驾驶员问卷调查统计发现,该段的限制速度 60km/h 指标低于其实际驾驶员期望。

二、运行速度分析

1. 典型断面速度分析

某高速公路线形以直线段、较急弯路段为主。在这些路段选择 7 处典型断面,其中直线段 3 处,较急弯路段为 4 处。

每一处调查样本量为 100 辆车辆,调查车型组成与实际车型组成一致。分析断面速度数据指标有 85%位车速、速度差。经过逐点分析,分析结果见表 6-16。

典型路段速度分布表　　表 6-16

典 型 路 段	调查地点(桩号)	v_{85}(km/h)	小客车 v_{85}(km/h)	断面速度差(km/h)
直线段	16.5	120	126	22
直线路段	41	127	130	19
圆曲线+短直线+圆曲线	50	111	130	22
S形曲线	97.7	111	114	19
直线段	115	114	115	20
S形曲线+短直线+S形曲线	163	73	78	6
S形曲线+短直线+S形曲线	177	69	70	12

速度调查显示：K0+000～K93+300 段，直线段 85%位车速都大于 120km/h，小客车车速都大于 125km/h；曲线段速度为 111km/h，小客车速度大于 120km/h，为 130km/h。K93+300～K138+000 段，直线段为 114km/h，小客车为 115km/h，曲线段为 111km/h。K138+000～K179+900 段，直线段为 83km/h，小客车为 91km/h，曲线段小客车为 70～80km/h。

2. 全线运行速度分析

使用行驶记录仪对某高速公路全程进行速度测量，测量速度时选用两辆越野车，速度分布见图 6-1～图 6-4。

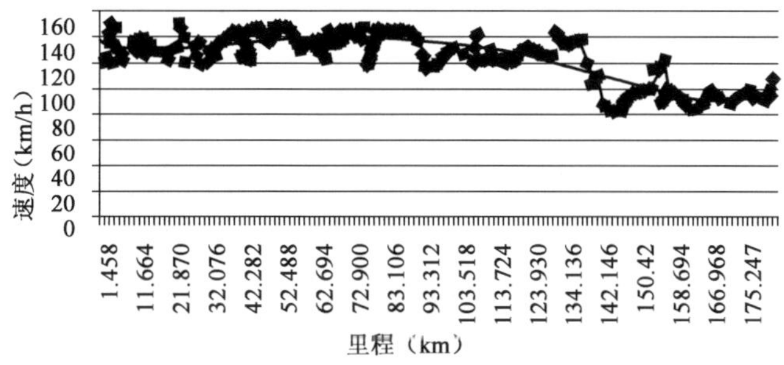

图 6-1　速度分布图(一)

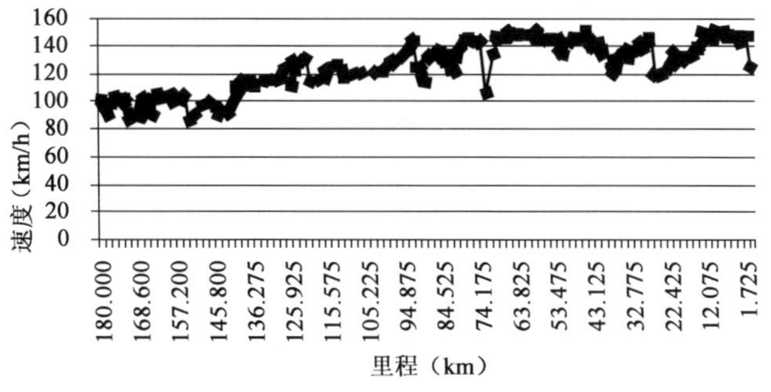

图 6-2　速度分布图(二)

越野车 1 从 A 出发至 B 方向，从图 6-1 可以看出，K0+000～K130+000 段车辆的行驶速度在 120km/h 以上，其中在 K93+000 处速度从 140km/h 开始出现降低趋势。在 K130+000～K150+000 段，车辆速度从 120km/h 逐渐降低到 100km/h。K150+000～K179+000 段，车

辆速度分布在 80～100km/h。

越野车 1 从 B 出发至 A 方向，从图 6-2 可以看出，K179＋000～K142＋000 段，车辆的行驶速度在 80～100km/h。K142＋000～K100＋000 段，车辆速度从 100km/h 开始逐渐上升到 120km/h。在 K100＋000 处车辆开始以 120～140km/h 的速度行驶至高速公路起点 K0＋000。

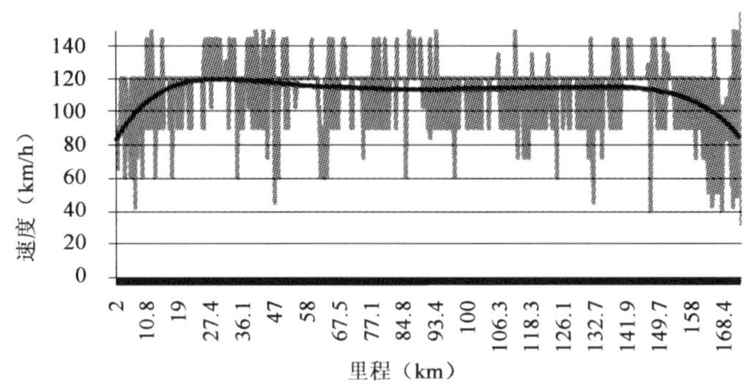

图 6-3　速度分布图(三)

越野车 2 从 A 出发至 B 方向。由于车辆刚启动阶段，受到同时录像观测影响，车辆速度较慢。K19＋000～K93＋000 段，车辆的速度在 120km/h 左右，由于观测需要，有些时候减速，而实际上车辆能行驶的速度都已经达到 120km/h。K93＋000～K150＋000 段，车辆的速度要低于 120km/h，主要集中在 100km/h 左右。从 K150＋000 处开始车辆速度整体下降，速度在 100～80km/h。

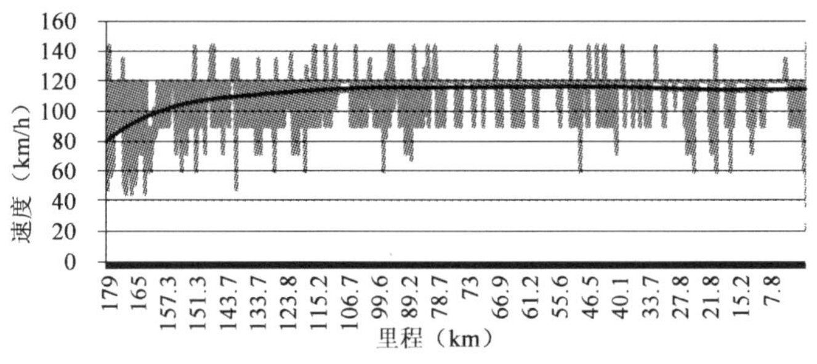

图 6-4　速度分布图(四)

越野车 2 从 B 发至 A 方向，K179＋00～K150＋000 段，车辆速度从 80km/h 逐渐上升到 100km/h。K150＋000～K73＋000 段，车辆速度逐渐从 100km/h 上升到 120km/h。K73＋000～K0＋000 段，车辆速度基本上稳定在 120km/h。

通过上述使用越野车实际运行速度测量发现，车辆的速度根据道路线形的不同而变化。变化趋势基本上反映了不同路段设计标准不同的整体路段特征。从车辆行驶速度检查发现，在 K0＋000～K93＋300 段，车辆的行驶速度在 140～120km/h；在 K93＋300～K138＋000 段，车辆的行驶速度在 120～100km/h；在 138＋000～K179＋900 段，车辆的行驶速度在 100～80km/h。

3. 运行速度协调性分析

进行道路线形运行速度协调性评价需要大量路段车辆速度数据，而在高速公路上进行实际调查，难度较大，因此通过一些速度模型进行速度模拟能很好地避免这个问题，并且预测路段速度精度也能达到要求。因此，本研究选用了《公路项目安全性评价指南》(JTG/T B05—2004)运行速度模型进行运行车速模拟，并通过实际调查检验模拟的精度，以保证评价的可靠性。

在进行协调性评价时，需要根据一定的原则把路线划分成多个路段，分段原则为：

①平直段—纵坡坡度小于 3%的直线段和半径大于 1 000m 的大半径曲线。

②曲线段—半径小于 1 000m 且纵坡坡度小于 2%。

③纵坡段—纵坡坡度大于 3%且长度大于 300m。

④弯坡段—半径小于 1 000m 且纵坡坡度大于 2%。

按照模型预测参数要求，经过对驾驶员的问卷调查，某高速公路小客车驾驶员期望速度为：K0＋000～K93＋300 段 120km/h，K93＋300～K138＋000 段 100km/h，K138＋000～K179＋000 段 80km/h。货车驾驶员期望速度为：K0＋000～K138＋000 段 80km/h，K138＋000～K179＋000 段 60km/h。

经过使用预测模型对小客车的运行速度预测后，小客车运行速度预测值分布见图 6-5、图 6-6。

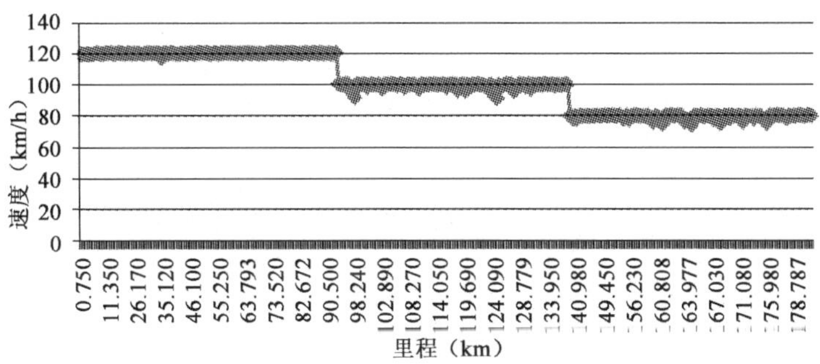

图 6-5　A 至 B 小客车运行速度预测图

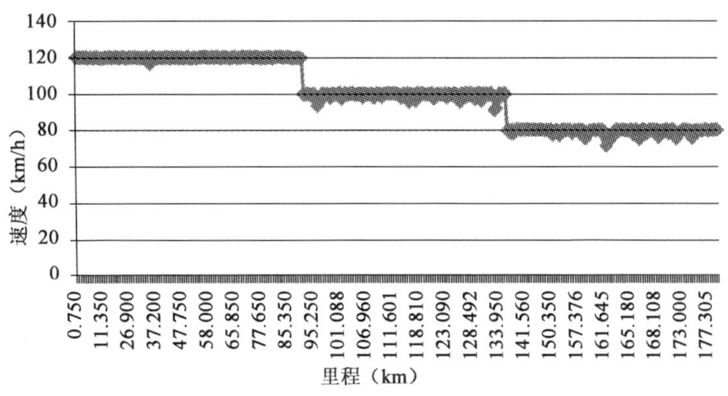

图 6-6　B 至 A 小客车运行速度预测图

从小客车运行速度预测结果可看出，K0＋000～K93＋300 段小客车的运行速度基本稳定在 120km/h，路段间速度差都小于 10km/h。同样，K93＋300～K138＋000 段运行速度基本稳定在 100km/h，K138＋000～K179＋000 段运行速度基本稳定在 80km/h。以小客车为标准车型，在相应期望行驶速度下，路段间速度差都小于 10km/h。

使用预测模型对货车运行速度预测后，货车运行速度预测值分布见图 6-7、图 6-8。

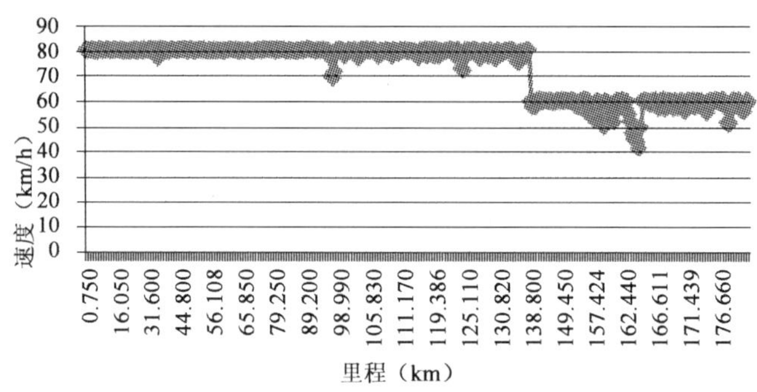

图 6-7　A 至 B 货车运行速度预测图

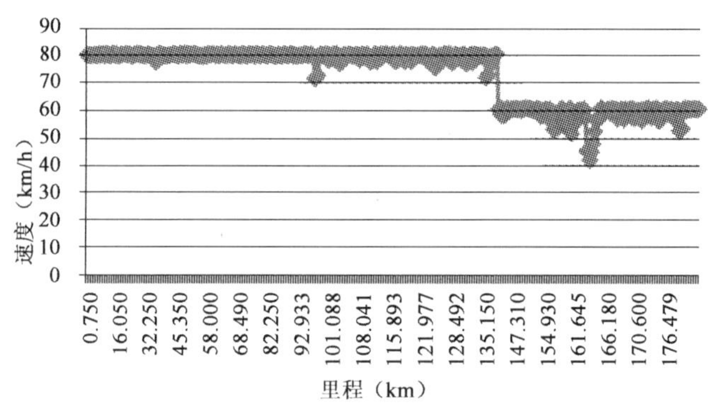

图 6-8　B 至 A 货车运行速度预测图

从货车运行速度预测结果可看出，K0＋000～K138＋000 段货车的运行速度基本稳定在 80km/h，在 K138＋000～K180＋000 段货车的运行速度基本稳定在 60km/h。路段速度差都几乎小于 10km/h，只是在 K163＋000 附近受到纵坡的影响，速度有明显的降低。但路段速度差也小于 20km/h。

经过对某高速公路运行速度预测分析发现，某高速公路的线形协调性良好，不存在较严重的影响交通安全的速度差问题。

三、基于平、纵、横线形的理论速度推算

平、纵、横线形特征点，如平曲线处、竖曲线处和横断面较窄处，这些地点成为速度限制的制约点。因此，通过构建车辆在道路线形处的安全运行模型，可推算车辆在线形特征点处的最高安全运行速度。下面从平面线形、纵断面线形和横断面三个角度来分析车辆的最高理论速度。

1. 道路平面线形

推算车辆在曲线处的最高理论行驶速度主要是考虑车辆在曲线处是否会出现侧翻和侧滑危险。检验平曲线处最高行驶速度的公式为：

$$v=\sqrt{127(\mu+i_{\mathrm{h}})R} \tag{6-1}$$

式中：v——推算行车速度，km/h；

μ——横向力系数，取值为 0.20 和 0.11，当 μ 为 0.20 时表示安全性界值，当 μ 为 0.11 时表示舒适性界值；

i_{h}——路线超高横坡度；

R——平曲线半径，m。

将某高速公路平面线形指标带入计算公式，分别计算当 μ 值取 0.20（保障安全）和 μ 值取 0.11（保障行车舒适）时，这些曲线处不会出现侧翻、侧滑危险的最大安全行驶速度 $v_{0.20}$ 和保持车辆行驶舒适时的最大行驶速度 $v_{0.11}$。

从计算结果看出，在保障安全（μ 值取 0.20）和舒适（μ 值取 0.11）的情况下，K0＋700～K92＋130 段最高行驶速度都大于 120km/h。尽管从标准上讲，这些曲线段不满足设计速度 120km/h 的要求，但通过理论计算，推知车辆以 120km/h 的速度在这些曲线上行驶是安全、舒适的。

K92＋130～K136＋170 段平曲线半径最小值为 500m，计算最大行车速度为 104km/h。其余平曲线的计算行车速度值都大于 104km/h。尽管从标准上讲，这些曲线段不满足设计速度 100km/h 的要求，但通过理论计算，推知车辆以 100km/h 的速度在这些曲线上行驶是安全、舒适的。

K136＋170～K179＋190 段在保障安全情况下（μ 值取 0.20），车辆在上述平曲线行驶最高安全行驶速度都大于 80km/h。这说明车辆在这些曲线处以 80km/h 行驶是安全的，不会出现侧翻或侧滑的危险。但考虑车辆在这些曲线行驶的舒适性（μ 值取 0.11）后，当平曲线半径小于 300m 时，计算出的最大舒适速度都小于 80km/h 且大于 70km/h。为了满足高速公路通行舒适、安全的要求，在上述平曲线中，对于平曲线半径大于或等于 300m 的曲线段，根据推算结果限制速度可定为 80km/h；对于平曲线半径小于 300m 的曲线段，改为设置建议限速标志，建议限速标志值为 70km/h。

2. 道路纵断面线形

检查车辆在竖曲线处的安全性主要是考虑车辆在凸曲线处停车视距是否受到影响及车辆离心力是否满足安全要求。计算车辆在凸曲线处停车视距的公式为：

$$L=2A\cos\left(\frac{R}{R+H}\right)\cdot R \tag{6-2}$$

式中：L——推算停车视距，m；

R——凸曲线半径，m；

H——目高，取值为 1.2m。

按照该公式计算凸曲线处的停车视距，可检查其满足最高行驶速度。经过 85%位车速调查，K0＋700～K92＋130 段速度可以达到 120km/h。该段凸曲线最小半径为 10 000m，计算停车视距为309m,满足210m的停车视距要求。这说明该段车辆以120km/h速度行驶不会出现视距不足问题。K92+130～K136+170段的速度可以达到100km/h,该段凸曲线最小半径为4 500m,计算停车视距为208m,满足160m的停车视距的要求。这说明该段车辆以100km/h速度行驶不会出现视距不足问题。K136+170～K179+190段速度可以达到80km/h,该段凸曲线最小半径3 500m,检查发现该段车辆以80km/h速度行驶不会出现视距不足的问题。

3.道路横断面线形

从理论上看,根据有关研究成果,车道宽度对饱和流率有很大的影响。研究发现,运行速度与车道宽度系数存在以下关系:

$$v = f_W f(v_s) \tag{6-3}$$

式中:f_W——车道宽度修正系数;

$$f_W = -0.54 + 1.88W/3 - 0.16W^2/3$$

v——运行速度;

v_s——设计速度;

W——车道宽。

该式适用于并行两车道设计的公路。

《城市道路设计规范》(CJJ 37—90)推荐的标准车道宽度为3.5m。实测表明,当车道宽度大于该值时,有利于车辆行驶,车速略有提高;当车道宽度小于该值时,车辆行驶的自由度受到影响,车速相对降低。因此,可根据车道宽度与车速之间的关系确定车道宽度修正系数。

在形式上与英国TRRL研究报告(LR1063)中所给出的$S=f(W)$(即饱和流率与车道宽关系)基本一致。同时,为了同其他修正系数趋于同标准,对式(6-3)进行修正,即以车道宽度为3.65m(欧洲标准),f_W为1,最终得车道宽度修正系数如表6-17所示。

车道宽度修正系数 f_W 表6-17

W(m)	2.5	2.8	3.0	3.5	3.65	3.8	4.0	>5.0
f_W	0.66	0.77	0.83	0.96	1.00	1.03	1.07	按两车道分析

横断面检查发现,K136+170～K179+190段横断面不满足设计速度80km/h的要求,该段行车道宽度为3.5m,不满足设计速度80km/h时,行车道宽度3.75m要求。

一般我国高速公路车道宽度为3.75m,而欧洲、美洲多为3.66m,日本则为3.5m。其限速均在100km/h以上。

从安全角度看,高等级道路行车道宽为3.5m是可以保证的。如北京二环、三环、四环等,车道宽度均为3.5m,而限速均为80km/h。

从理论上看,根据有关研究成果,车道宽度对饱和流率有很大的影响。当假设车道宽度为3.75m,限速限速为110km/h时,理论计算3.5m宽度时限速为100km/h。考虑到某路大型车辆较多,可适当折减修正系数,所以将限速适当上调是合适的。这样既可保证安全,又可提高通行效率。由于公路工程技术标准对车道宽度的规定较严,为了达到合理、科学限速目的,可通过以下三种方案中的一种来完成。

方案一:中央分隔带不变动,挤占路肩宽度,将车道扩充到3.75m,扩充路侧,修建紧急停车带。

方案二:考虑设计速度与限制速度、运行速度概念不能等同,应通过运行速度来确定限速值这种方法,建议提高限速值,不改变原有 3.5m 的行车道宽度,只是将其作为试验路(推荐方案)。

方案三:将中央分隔带缩窄为 1m,将原来的树木和波形梁护栏,现设为混凝土护栏,将行车道扩充到 3.75m。

四、事故分析

1. 道路交通事故分析

使用 2006 年某高速公路事故数据,从事故数、事故发生地点、事故原因、事故车型和事故多发段角度对某高速公路全线交通事故进行分析。对路段上事故数和事故原因进行分析,分析结果见表 6-18。

事故原因分布表　　表 6-18

事故原因	爆胎	操作不当	超速行驶	机械故障	疲劳驾驶	行人
事故数	22	66	2	9	17	2
事故百分比(%)	18.64	55.93	1.69	7.63	14.41	1.69

从表 6-18 中可看出路段中车辆由于判断失误等原因引起的操作不当在某高速公路交通事故中占主要组成,占事故总数的 55.93%。引起事故发生第二大的原因是爆胎,占总事故的 18.64%。疲劳驾驶的事故占总事故的 14.41%。机械故障占 7.63%。超速行驶只有 2 起。

对事故多发地点进行了分析,由于整体上某高速公路交通流量较少,事故相对较少,从 2006 年的事故数据分析没有发现相对事故多发的路段。

在交通事故分析中,发现某高速公路收费站处发生的事故占有一定的比例。据 2006 年的事故数据统计,发现在收费站处的事故有 20 起,占总事故数的 16%左右。崇左、凭祥、吴圩收费站事故较多,崇左一年有 6 起,凭祥有 6 起,吴圩有 5 起,见表 6-19。

收费站事故　　表 6-19

崇左	扶绥	罗村口	凭祥	吴圩	罗村口
6	1	1	6	5	1

2. 现场调查分析

经过对某高速公路全线的调查分析发现一处为事故易发段,即 K166+180～K166+180 段。该段为长下坡路段,最大坡度为 5%。路况情况见图 6-9。

图 6-9　长下坡路段图

五、限速值确定

1. 全线限速值确定

依据国外在确定限速值时所使用的方法——运行速度方法,以及我院的相关研究成果,确定限速值采用运行速度方法。该方法在确定限速值时

按照以下顺序完成:

(1)确定在自由流条件下,公路的地点速度调查中第85%位车速,以该车速值作为限速的基础值。

(2)在确定出限速的基础值后,考虑道路线形、道路交通事故、地理环境特征,对基础值进行修正。

按照限速值确定步骤确定限速值。

速度调查显示:K0+000~K93+300段,直线段85%位车速都大于120km/h,小客车车速都大于125km/h;曲线段速度为111km/h,小客车速度大于120km/h,为130km/h。所以,K0+000~K93+300段限速值为120km/h。

K93+300~K138+000段,直线段为114km/h,小客车为115km/h,曲线段为111km/h。限速值为100km/h。

K138+000~K179+900段,直线段为83km/h,小客车为91km/h,曲线段小客车为70~80km/h。限速值为80km/h。

2. 局部特殊路段限速值确定

经过对某高速公路全线的调查分析,确定一处长下坡路段为局部特殊路段。根据研究成果,将坡长大于1km小于2km且坡度大于4%、坡长大于2km小于6km且坡度大于3%、坡长大于6km且坡度大于2.5%(坡长均包括缓和坡长)的下坡路段称为长下坡路段。长下坡路段只针对货车限速,限速值比一般路段限速值低20km/h。

此外,平曲线半径小于300m且在200m左右的曲线段也为局部路段,采用建议限速,建议限速值为70km/h。

六、速度控制方案及技术

1. 速度控制方案

将某高速公路全线分为K0+000~K93+300、K93+300~K138+000和K138+000~K179+900三段,从运行速度、设计速度、道路线形核查、道路安全、路段特征、驾驶员问卷调查等多角度进行全面系统的分析,考虑路段特征诧异性,确定采用分段限速和局部特殊路段(长下坡路段)限速相结合的速度控制方案。

1)K0+000~K93+300段限速标志和位置

经过对K0+000~K93+300段运行速度、设计速度、道路线形、道路安全、路段特征和驾驶员问卷调查等多角度全面系统的分析,确定该路段限速值为120km/h。限速标志样式如图6-10所示。

该限速标志表示全线限速情况,设置在进入高速公路的100~150m、互通立交进口处匝道汇流点以外50~100m和距离超过50km互通立交之间靠近两个立交的中间点位置。

2)K93+300~K138+000段限速标志和位置

经过对K93+300~K138+000段运行速度、设计速度、道路线形、道路安全、路段特征和驾驶员问卷调查等进行多角度全面系统的分析,确定该路段限速值为120km/h。限速标志样式如图6-11所示。

该限速标志表示全线限速情况，设置在进入高速公路的 100～150m、互通立交进口处匝道汇流点以外 50～100m 和距离超过 50km 互通立交之间靠近两个立交的中间点位置。

3)K138＋000～K179＋900 段限速标志和位置

经过对 K138＋000～K179＋900 段运行速度、设计速度、道路线形、道路安全、路段特征和驾驶员问卷调查等进行多角度全面系统的分析，确定该路段限速值为 120km/h。限速标志样式如图 6-12 所示。

图 6-10　K0＋000～K93＋300 段限速标志样式图

图 6-11　K93＋300～K138＋000 段限速标志样式图

图 6-12　K138＋000～K179＋900 段限速标志样式图

该限速标志表示全线限速情况，设置在进入高速公路的 100～150m、互通立交进口处匝道汇流点以外 50～100m 和距离超过 50km 互通立交之间靠近两个立交的中间点位置。

4)局部路段 K166＋180～K166＋180 段限速标志和位置

考虑到长下坡路段对货车的影响较大，所以长下坡路段针对货车限速。K166＋180～K166＋180 段限速 60km/h。限速标志样式见图 6-13。

5)某高速公路在里程桩号 175km 至终点路段

该路段多出现连续急弯，其曲线半径小于 300m 且在 200m 左右，设置建议限速标志。建议限速标志值为 70km/h。建议限速标志样式见图 6-14。

图 6-13　货车下长坡限速标志样式

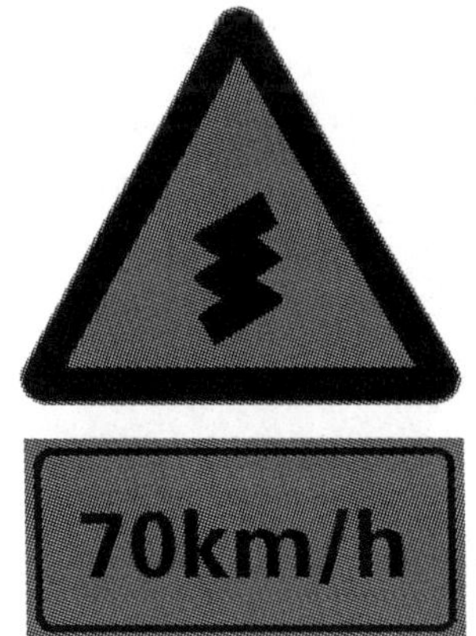

图 6-14　建议限速标志

2. 速度控制技术

限速标志为驾驶员提供限速信息，但在强制发挥限速效果上存在局限性，在一些局部路段需要一些警告标志乃至采用工程措施与限速标志综合使用才可发挥控制速度效果。经检查发现，K166＋180～K166＋180 段是局部限速路段，路段特征为长下坡路段，对货车速度影响较大。在进行局部限速的同时，还需配合设置减速标线及设置禁止空挡下坡、减速慢性等警告标志。

第二节　二级公路速度管理决策案例

一、调研概况及问题分析

1. 公路调研概况

1）收集资料

对某二级公路进行调研，收集道路线形资料、事故资料、速度资料、问卷调查资料、录像资料。

（1）道路线形资料

收集某二级公路平面线形资料，主要包括平曲线半径、超高；纵段面线形资料，主要包括纵度、坡长、凸凹曲线。

（2）事故资料

收集某二级公路事故资料，事故数据包括事故发生地点、事故发生严重程度、事故发生时间。

（3）速度资料

使用行驶记录仪测量某全线的运行速度，选择典型直线路段和典型曲线路段共 30 处，测量车辆的地点行车速度。

（4）问卷调查资料

在某处进行了问卷调查工作，对驾驶员发放了 102 份问卷，并全部收回，问卷填写质量达到要求；对路边村镇居民发放了 85 份问卷，共抽查了 5 个村镇的居民，问卷回收率达到 100％。

（5）录像资料

对某两个方向全程进行了录像，将路侧信息记录下来。

2）分析资料

（1）线形资料分析

经过对平面线形分析，某二级公路平面线形以直线段、连续弯路、弯路线形特征为主。经资料对比分析，最小平曲线半径为 88m，小于或等于 150m 的平曲线半径分布见表 6-20。

小于或等于 150m 的平曲线半径分布　　表 6-20

平曲线半径(m)	直缓点(桩号)	缓圆点(桩号)	圆缓点(桩号)	缓直点(桩号)
150	853.409	853.810	853.851	853.901
150	863.061	863.114	863.208	863.26
150	863.529	863.579	863.623	863.673
150	901.109	901.159	901.197	901.247

续上表

平曲线半径(m)	直缓点(桩号)	缓圆点(桩号)	圆缓点(桩号)	缓直点(桩号)
150	902.415	902.485	902.525	902.655
88	902.600	902.650	902.682	902.732
100	910.813	910.863	910.943	910.993
100	913.13	913.18	913.229	913.279
120	913.592	913.662	913.711	913.781
125	918.777	918.857	918.936	919.016
120	947.308	947.378	947.450	947.520
150	949.848	949.898	949.955	950.005
110	950.086	950.136	950.204	950.254
130	950.767	950.837	950.872	950.942
125	950.767	951.093	951.183	951.243
100	957.513	957.573	957.643	957.703
125	957.783	957.833	957.876	957.926
150	967.712	967.772	967.835	967.895

在曲线间直线段过短的情况下，按照《道路交通标志和标线》(GB 5768—2009)，连续急弯、急弯和反向急弯路段见表6-21。

连续急弯、急弯和反向急弯路段分布　　表6-21

路段(桩号)	路段特征	路段曲线半径(m)特征
852.4～852.8	连续急弯	200,150,900,300
853.5～853.8	急弯	160
857.7～858.3	连续急弯	290,260,260
902.0～903.5	连续急弯	170,150,88
911.1～911.2	急弯	100
913.4～914.9	反向急弯	100,200,120
919.3～920.5	反向急弯	125,151
936.0～935.6	急弯	180
938.0～938.9	连续急弯	170,204,200
950.2～950.6	反向急弯	150,110
951.2～951.6	急弯	130,125
957.4～958.3	连续急弯	100,125,355,200
961.0～961.8	反向急弯	400,191
963.8～964.3	反向急弯	200,284
965.3～966.2	反向急弯	150,158

实践调查显示，长下坡路段及长下坡接急弯往往会成为事故多发地段。通过线形分析，该公路同样存在这样路段，见表 6-22。

连续下坡路段分布表　　　表 6-22

路段(桩号)	连续下坡度(%)
905.300～907.230	−6.100、−2.300、−0.300、−4.100、−6.100、−0.100、−2.280、−3.920、−2.600、−0.500
933.000～934.018	−1.500、−0.700、0.000、0.000、−0.700、−5.000、−1.800
952.90～954.520	−4.000、−5.500、−2.000、0.400、−2.000、−5.900、−0.600、−1.400
960～962.4	−6.000、−1.600

(2)速度资料分析

在某二级公路上，选择典型直线段、典型曲线段和穿村路段调查车辆地点行车速度。调查地点速度并计算速度指标见表 6-23。

典型路段速度分布表　　　表 6-23

典型路段	调查地点(桩号)	v_{85}(km/h)	小客车 v_{85}(km/h)	断面速度差(km/h)
急弯、连续急弯	852.8	61	61	13
直线路段	877.4	81	81	16
下陡坡及上坡	905.8	55	59	13
直线路段	926.3	83	82	17
有缓弯，直线段	935.3	79	84	13
直线路段	939.2	79	79	14
急弯、连续急弯	957.3	63	67	11
有缓弯，直线段	927.3	71	71	11
四排镇	914.4	58	58	12
直线路段	869.1	83	83	15
有缓弯，直线段	845.2	75	75	12

(3)事故资料分析

对路寨—平乐二级公路事故数据进行资料整理，获得事故资料。由于事故资料收集途径的不同，路寨段事故数据较全，便于进行较全面的分析。所以，以路寨事故数据为基础分析路寨—平乐二级公路的事故特征。

(4)问卷调查资料分析

在某二级公路收费站上，项目组总共对驾驶员发放了 31 份问卷。问卷问题包括：驾驶员驾龄，观察到限速标志是否减速，该公路限速多少合理，车型，直线路段限速多少合理，穿村路段限速多少合理，连续弯路路段限速多少合理，急弯路段限速多少合理以及陡坡路段限速多少合理。经统计分析，统计结果见表 6-24。

驾驶员问卷调查整理表 表6-24

<table>
<tr><th rowspan="2">驾驶员
驾龄</th><th rowspan="2">见到限速
标志是否
会减速</th><th rowspan="2" colspan="2">限速(km/h)
多少合理</th><th rowspan="2">目前限速
是否合理</th><th rowspan="2">车型</th><th colspan="5">限速(km/h)多少合理</th></tr>
<tr><th>直线
路段</th><th>穿村
路段</th><th>连续
弯路</th><th>急弯
路段</th><th>陡坡
路段</th></tr>
<tr><td>15</td><td>会</td><td colspan="2">80</td><td>否</td><td>客车</td><td>80</td><td>50</td><td>40</td><td>40</td><td>50</td></tr>
<tr><td>5</td><td>会</td><td colspan="2">70</td><td>否</td><td>货车</td><td>80</td><td>50</td><td>40</td><td>40</td><td>50</td></tr>
<tr><td>12</td><td>会</td><td colspan="2">80</td><td>否</td><td>货车</td><td>80</td><td>40</td><td>30</td><td>30</td><td>40</td></tr>
<tr><td>10</td><td>会</td><td colspan="2">80</td><td>是</td><td>小客车</td><td>60</td><td>40</td><td>30</td><td>20</td><td>30</td></tr>
<tr><td>10</td><td>会</td><td colspan="2">70</td><td>是</td><td>小客车</td><td>80</td><td>50</td><td>60</td><td>40</td><td>40</td></tr>
<tr><td>3</td><td>会</td><td colspan="2">70～80</td><td>是</td><td>小客车</td><td>70</td><td>40</td><td>40</td><td>30</td><td>30</td></tr>
<tr><td>20</td><td>会</td><td colspan="2">100</td><td>否</td><td>小客车</td><td>60</td><td>30</td><td>30</td><td>30</td><td>20</td></tr>
<tr><td>20</td><td>会</td><td colspan="2">90</td><td>否</td><td>小客车</td><td>80</td><td>40</td><td>40</td><td>40</td><td>50</td></tr>
<tr><td>3</td><td>会</td><td colspan="2">50</td><td>是</td><td>小客车</td><td>50</td><td>20</td><td>20</td><td>20</td><td>30</td></tr>
<tr><td>10</td><td>会</td><td colspan="2">80</td><td>否</td><td>小客车</td><td>70</td><td>30</td><td>30</td><td>40</td><td>50</td></tr>
<tr><td>3</td><td>会</td><td colspan="2">70</td><td>是</td><td>小客车</td><td>70</td><td>20</td><td>30</td><td>20</td><td>30</td></tr>
<tr><td>15</td><td>会</td><td colspan="2">80</td><td>否</td><td>小客车</td><td>80</td><td>40</td><td>50</td><td>50</td><td>60</td></tr>
<tr><td>10</td><td>会</td><td colspan="2">80</td><td>是</td><td>小客车</td><td>90</td><td>40</td><td>40</td><td>30</td><td>30</td></tr>
<tr><td>12</td><td>会</td><td colspan="2">60</td><td>是</td><td>小客车</td><td>80</td><td>40</td><td>30</td><td>30</td><td>30</td></tr>
<tr><td>3</td><td>会</td><td colspan="2">50</td><td>否</td><td>小客车</td><td>50</td><td>20</td><td>20</td><td>20</td><td>20</td></tr>
<tr><td>20</td><td>会</td><td colspan="2">100</td><td>否</td><td>小客车</td><td>70</td><td>30</td><td>40</td><td>30</td><td>30</td></tr>
<tr><td>2</td><td>会</td><td colspan="2">45</td><td>是</td><td>货车</td><td>60</td><td>30</td><td>35</td><td>30</td><td>40</td></tr>
<tr><td>20</td><td>会</td><td colspan="2">30～40</td><td>是</td><td>货车</td><td>40</td><td>30</td><td>20</td><td>30</td><td>20</td></tr>
<tr><td>10</td><td>会</td><td colspan="2">70～80</td><td>否</td><td>小客车</td><td>70</td><td>40</td><td>50</td><td>40</td><td>70</td></tr>
<tr><td>2</td><td>会</td><td colspan="2">60</td><td>否</td><td>小客车</td><td>60</td><td>40</td><td>40</td><td>30</td><td>40</td></tr>
<tr><td>3</td><td>会</td><td colspan="2">70</td><td>是</td><td>小客车</td><td>60</td><td>30</td><td>40</td><td>20</td><td>40</td></tr>
<tr><td>8</td><td>会</td><td colspan="2">60</td><td>是</td><td>货车</td><td>70</td><td>40</td><td>30</td><td>30</td><td>30</td></tr>
<tr><td>4</td><td>会</td><td colspan="2">60</td><td>是</td><td>货车</td><td>70</td><td>30</td><td>30</td><td>30</td><td>30</td></tr>
<tr><td>10</td><td>会</td><td colspan="2">80</td><td>否</td><td>小客车</td><td>80</td><td>40</td><td>50</td><td>40</td><td>50</td></tr>
<tr><td>8</td><td>不会</td><td colspan="2">80</td><td>否</td><td>小客车</td><td>80</td><td>40</td><td>40</td><td>30</td><td>40</td></tr>
<tr><td>10</td><td>不会</td><td colspan="2">60</td><td>否</td><td>货车</td><td>60</td><td>40</td><td>30</td><td>30</td><td>40</td></tr>
<tr><td>12</td><td>会</td><td colspan="2">80</td><td>否</td><td>小客车</td><td>80</td><td>20</td><td>20</td><td>20</td><td>20</td></tr>
<tr><td>7</td><td>会</td><td colspan="2">80</td><td>否</td><td>小客车</td><td>80</td><td>50</td><td>40</td><td>40</td><td>60</td></tr>
<tr><td>9</td><td>会</td><td colspan="2">60</td><td>否</td><td>小客车</td><td>80</td><td>40</td><td>40</td><td>30</td><td>30</td></tr>
<tr><td>12</td><td>会</td><td colspan="2">80</td><td>否</td><td>小客车</td><td>80</td><td>40</td><td>40</td><td>30</td><td>40</td></tr>
<tr><td>4</td><td>会</td><td colspan="2">20</td><td>否</td><td>货车</td><td>60</td><td>20</td><td>30</td><td>30</td><td>50</td></tr>
<tr><td>主要选择值</td><td>会</td><td>80～
100</td><td>60～80</td><td>否</td><td>小客车</td><td>70～90</td><td>30～50</td><td>30～50</td><td>30～50</td><td>30～50</td></tr>
<tr><td>所占
百分比(%)</td><td>93</td><td>52</td><td>35</td><td>61</td><td>71</td><td>71</td><td>80</td><td>71</td><td>71</td><td>61</td></tr>
</table>

从表6-24中的统计结果可看出:关于"见到限速标志是否会减速"问题,有93%的驾驶员选择会,说明限速标志在这条公路可以达到较好的限速效果;关于"某二级公路限速多少合理"问题,选择80~100km/h的驾驶员有52%,选择60~80km/h的驾驶员有35%;关于"目前某二级公路限速是否合理"问题,61%的驾驶员认为目前限速不合理;关于"路段限速多少合理"问题,71%的驾驶员认为直线路段限速70~90km/h合理,80%的驾驶员认为穿村路段限速30~50km/h合理,71%的驾驶员认为连续弯路路段限速30~50km/h合理,71%的驾驶员认为急弯路段限速30~50km/h合理,61%的驾驶员认为陡坡路段限速30~50km/h合理。

某二级公路道边村镇较多,村镇居民与车辆均可穿村公路,车辆碰撞行人的事故时有发生。因此,在公路旁边,选择了北铺、瓦寨村、四排镇、头排镇四个具有代表性的村镇居民进行调查。调查统计结果见表6-25~表6-28。

北铺居民调查统计表 表6-25

您在当地生活多少年	穿村路段是否需要对过往车辆限速	穿村路段过往车辆是否对这里的交通安全有影响	穿村路段中,车辆碰撞行人的事故有多少起	穿村路段中,发生的交通事故有多少起	过往车辆的速度如何	过往车辆对当地居民生活有没有影响	过往车辆数量多少
3	是	是	4	车辆与行人相碰	快	有	多
50	是	是	3	车辆与行人相碰	快	有	多
11	是	是	4	车辆与行人相碰	快	没有	多
13	是	是	4	车辆与行人相碰	快	有	多
3	是	是		车辆与行人相碰	快	有	适合
8	是	是	无	车辆与行人相碰	快	有	适合
4	是	是	3	车辆与行人相碰	快	有	适合
38	是	是	8	车辆与行人相碰	适当	有	多
1	是	是	好多	车辆与行人相碰	快	有	多

瓦寨村居民调查统计表 表6-26

您在当地生活多少年	穿村路段是否需要对过往车辆限速	穿村路段过往车辆是否对这里的交通安全有影响	穿村路段中,车辆碰撞行人的事故有多少起	穿村路段中,发生的交通事故有多少起	过往车辆的速度如何	过往车辆对当地居民生活有没有影响	过往车辆数量多少
54	是	是	多	车辆与行人相碰	快	有	多

续上表

您在当地生活多少年	穿村路段是否需要对过往车辆限速	穿村路段过往车辆是否对这里的交通安全有影响	穿村路段中，车辆碰撞行人的事故有多少起	穿村路段中，发生的交通事故有多少起	过往车辆的速度如何	过往车辆对当地居民生活有没有影响	过往车辆数量多少
50	是	是	多	车辆与行人相碰	快	有	多
36	是	是	多	车辆与行人相碰	快	有	多
68	是	是	3	车辆与行人相碰	快	没有	多
39	是	是	6	车辆与行人相碰	快	有	多

四排镇居民调查统计表　　表6-27

您在当地生活多少年	穿村路段是否需要对过往车辆限速	穿村路段过往车辆是否对这里的交通安全有影响	穿村路段中，车辆碰撞行人的事故有多少起	穿村路段中，发生的交通事故有多少起	过往车辆的速度如何	过往车辆对当地居民生活有没有影响	过往车辆数量多少
10	是	是	10	车辆与行人相碰	快	没有	多
32	是	是	2	车辆与行人相碰	快	有	多
40	是	是	7	车辆与行人相碰	快	有	多
50	是	是	4	车辆与行人相碰	快	有	多
12	是	是	1	车辆与行人相碰	快	有	多
20	是	是	2	车辆与行人相碰	快	有	多
5	是	是	3	车辆与行人相碰	快	有	多
22	是	是	2	车辆与行人相碰	快	有	适合
2	是	否	3	车辆与行人相碰	快	没有	多
35	是	是	很多	车辆与行人相碰	快	有	多
18	是	是	4	车辆与行人相碰	快	有	多

头排镇居民调查统计表　　表 6-28

您在当地生活多少年	穿村路段是否需要对过往车辆限速	穿村路段过往车辆是否对这里的交通安全有影响	穿村路段中，车辆碰撞行人的事故有多少起	穿村路段中，发生的交通事故有多少起	过往车辆的速度如何	过往车辆对当地居民生活有没有影响	过往车辆数量多少
17	是	否	4	车辆与行人相碰	慢	没有	多
10	是	否	4	车辆与行人相碰	快	没有	多
60	是	是	4	车辆与行人相碰	快	有	多
17	否	是	很多	车辆与行人相碰	快	有	适合
10	是	是	很多	车辆与行人相碰	快	有	适合

从统计表中可知，绝大部分当地居民认为需要对在穿村路段过往车辆进行限速，绝大部分居民也认为在穿村路段车辆对交通安全影响较大。穿村公路发生事故类型以车辆碰撞行人为主，且事故率较一般路段多出很多。绝大部分居民认为过往车辆速度过快，对居民生活有影响。

(5)摄像资料分析

通过观察摄像资料，分析穿村路段，见表 6-29。

分析穿村路段分布表　　表 6-29

路段(桩号)	村镇、中学	路段(桩号)	村镇、中学
839～841	小学金山小学和沙冲小学	896.9～899.2	村镇
855.2～862	东昌镇	906～907	三江镇
865～868.5	村庄	914～926	四排镇
848	村庄、和平中学	937～944	寨沙镇
892～895.8	修仁镇	948.3～957	龙江镇

(6)交通流量资料分析

依据路寨—平乐二级公路交通流量调查数据以及黎浦公路局所提供的资料，对该公路的交通流量及交通组成进行分析。交通流量分析结果见表 6-30，交通组成分析结果见表 6-30～表 6-32。

交通流量分析结果表 表 6-30

重要地名	路段流量(折算后)(辆/d)	V/C
平乐县	2 918	0.10
东昌镇	2 781	0.10
荔浦县	2 980	0.11
青山镇	2 734	0.10
修仁镇	2 821	0.10
三江镇	2 789	0.10
四排镇	2 444	0.09
寨沙镇	2 375	0.08
龙江镇	2 868	0.10
路寨县	3 322	0.12

从交通流量中可以看出，路寨—平乐二级公路 V/C 值在 0.1 附近，交通流量相对较少，在一定程度上车辆可以实现自由通行。这样的交通流状态，为车辆快速行驶提供了条件。

机动车交通组成成果分析表 表 6-31

车型	小型货车	中型货车	大型货车	小型客车	大型客车	推挂车	特大型货车	集装箱
交通流量比(%)	22.42	15.71	6.60	40.27	11.52	0.54	1.68	1.26

混合交通组成表 表 6-32

车型	汽车	摩托车	大、中型拖拉机	拖拉机合计绝对数	非机动车
交通流量比例(%)	52.45	34.59	4.36	4.36	4.24

从汽车机动车组成分析结果中可知货车与客车流量几乎相当，在单种车型组成中，小型客车比重最大，为 40.27%，其次是小型货车 22.4%，中型客车和中型货车也较多。

由于该公路是一条集散公路，摩托车和拖拉机也比较多，摩托车数量占总体车型数量的 34.59%，说明摩托车对交通安全运行有一定影响。

2. 限速问题分析

从平纵线形看，某二级公路整体线形较好，最小平曲线半径为 88m，其他都大于或等于 100m。存在 15 处的连续急弯、反向急弯和急弯路段，在总长度中不到 6%。存在 4 处相对较长下坡路段，经实际调查发现这 4 处路段也是事故相对多发路段。速度资料分析显示在急弯、连续急弯路段，车辆 85%位车速为 60～70km/h；在缓弯、直线段车速为 75～80km/h；直线路段为 80～90km/h；较大下陡坡及上坡路段小于 60km/h，穿村路段小于 60km/h。

通过问卷调查发现，目前某二级公路限速 60km/h 离驾驶员的期望较大，限速不够合理。

在穿村路段车辆速度较快，发生车辆碰撞行人的事故较多。

二、运行速度分析

1. 典型断面速度分析

公路线形由直线段、缓弯路段、连续急弯路段、较长下坡路段和穿村路段组成。因此，在这些路段选择典型断面作为速度调查地点。共计选择 11 处典型断面，其中直线段 4 处，缓弯路段为 3 处，连续急弯路段 2 处，穿村路段 1 处，上下陡坡路段 1 处。

每一处调查样本量为 100 辆车辆，调查车型组成与实际车型组成一致。分析断面速度数据指标有 85％位车速、速度差。经过逐点分析，结果见表 6-33。

典型断面速度分布表 表 6-33

典型路段	调查地点（桩号）	v_{85}（km/h）	小客车 v_{85}（km/h）	断面速度差（km/h）
急弯、连续急弯	852.8	61	61	13
直线路段	877.4	81	81	16
下陡坡及上坡	905.8	55	59	13
直线路段	926.3	83	82	17
有缓弯，直线段	935.3	79	84	13
直线路段	939.2	79	79	14
急弯、连续急弯	957.3	63	67	11
有缓弯，直线段	927.3	71	71	11
四排镇	914.4	58	58	12
直线路段	869.1	83	83	15
有缓弯，直线段	845.2	75	75	12

速度资料分析显示在急弯、连续急弯路段，车辆 85％位车速为 60～70km/h；在缓弯、直线段车速为 75～80km/h；直线路段为 80～90km/h；较大下陡坡及上坡路段小于 60km/h，穿村路段小于 60km/h。

2. 全线运行速度分析

使用行驶记录仪对某二级公路全程进行了速度测量，测量速度时选用两辆越野车。速度分布见图 6-15、图 6-16。

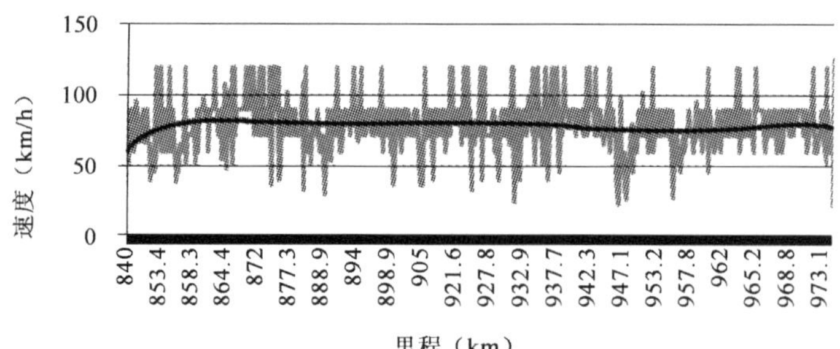

图 6-15 越野车 1 速度分布图

从图 6-15、图 6-16 可看出，越野车 1 和越野车 2 运行速度都在 60～80km/h，车辆速度接近 80km/h。

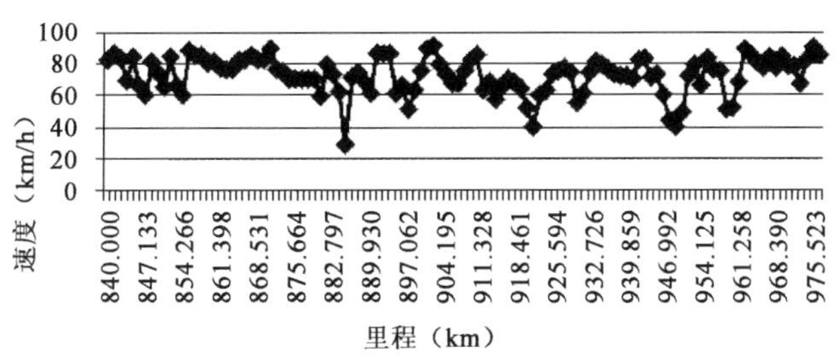

图 6-16　越野车 2 速度分布图

3. 运行速度协调性分析

进行道路线形运行速度协调性评价需要大量的路段车辆速度数据，而在公路上进行实际调查的难度较大，而通过一些速度模型进行速度模拟能很好地避免这个问题，并且预测路段速度精度也能达到要求。因此，本研究选用了《公路项目安全性评价指南》中的运行速度模型进行运行车速模拟，并通过实际调查检验模拟的精度，保证评价的可靠性。

在进行协调性评价时，需要根据一定的原则把路线划分成多个路段，分段原则为：

①平直段——纵坡坡度小于 3%的直线段和半径大于 1 000m 的大半径曲线；

②曲线段——半径小于 1 000m 且纵坡坡度小于 2%；

③纵坡段——纵坡坡度大于 3%且长度大于 300m；

④弯坡段——半径小于 1 000m 且纵坡坡度大于 2%。

按照预测模型输入参数要求，需确定某二级公路小客车驾驶员和货车驾驶员的期望车速。经过对驾驶员的问卷调查统计分析，确定小客车驾驶员期望速度为 80km/h，货车驾驶员期望速度为 60km/h。将期望速度输入模型，计算某二级公路(某方向)小客车运行速度预测值，见图 6-17。货车运行速度预测值见图 6-18。

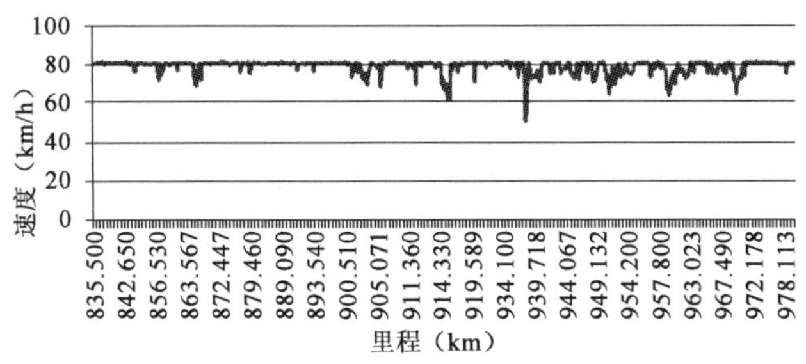

图 6-17　某方向小客车运行速度预测值分布图

计算某二级公路(某方向)小客车运行速度预测值(图 6-19)，以及货车运行速度预测值(图 6-20)。

从小客车和货车运行速度分布看，小客车的运行速度可以稳定在 80km/h，货车可稳定在 60km/h。路段间速度差都小于 10km/h，说明线形的协调性很好。

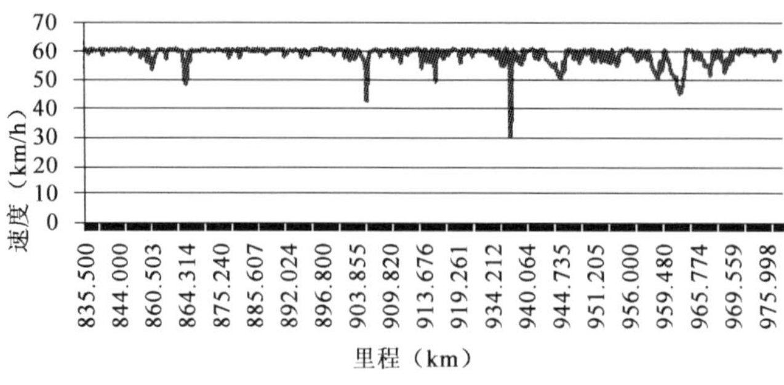

图 6-18　某方向货车运行速度预测值分布图

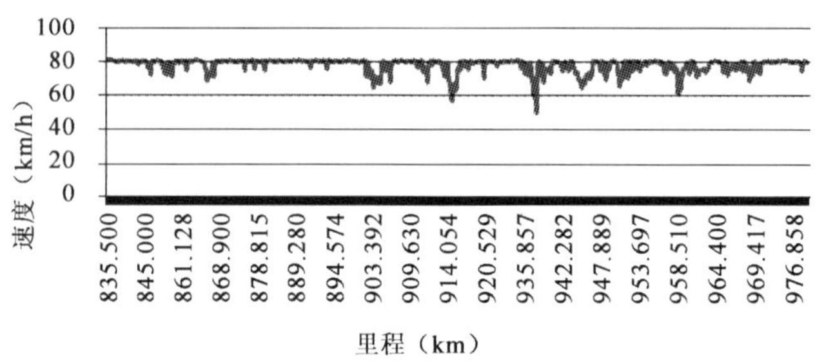

图 6-19　某方向小客车运行速度预测值分布图

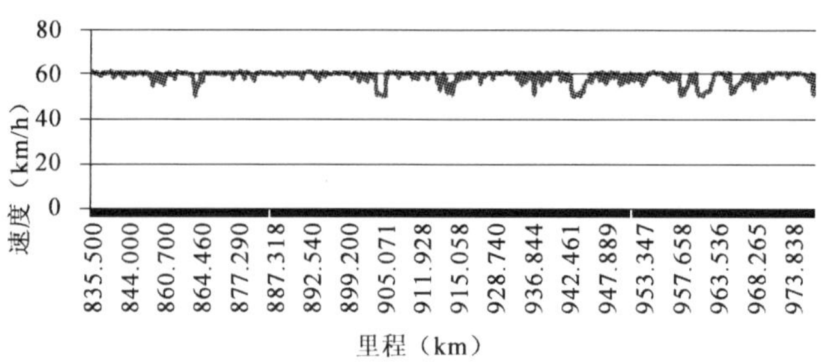

图 6-20　某方向货车运行速度预测值分布图

三、基于平、纵线形的理论速度推算

平、纵、横线形特征点，如平曲线处、竖曲线处和横断面较窄处，这些地点成为速度限制的制约点。因此，通过构建车辆在道路线形处安全运行模型，可推算车辆在线形特征点处的最高安全运行速度。下面从平面线形、纵断面线形和横断面三个角度来分析车辆的最高理论速度。

1. 道路平面线形

推算车辆在曲线处的最高理论行驶速度主要是考虑车辆在曲线处是否会出现侧翻和侧滑的危险。

将某二级公路平面线形指标带入计算公式，得到线形处的运行速度推算结果。

经对计算结果分析，此二级公路平曲线处在舒适状态和安全状态下理论最高行驶速度推算结果分布见表 6-34。

基于曲线半径的速度推算值　　表 6-34

曲线半径范围(m)	$v_{0.11}$(km/h)	$v_{0.20}$(km/h)
88～110	44～50	60～54
120～150	51～55	63～70
160～200	57～62	71～80
230～280	66～70	80～90
280～400	70～80	90～104
>400	>80	>105

2. 道路纵断面线形

检查车辆在竖曲线处的安全性主要是考虑车辆在凸曲线处停车视距是否受到影响及车辆离心力是否满足安全要求。

按照该公式计算凸曲线处的停车视距，可检查其满足最高行驶速度。经过 85%位车速调查，发现车辆的行驶速度可以以 80km/h 用于行车视距检查。检查结果见表 6-35。

凸曲线视距推算　　表 6-35

桩　号	纵坡(%)	凸曲线半径(m)	视距(m)
863.490	−4.075	1 160	105
884.890	−3.046	1 057	100
893.980	0.000	700	82
933.110	1.980	1 000	98
933.377	−4.940	530	71
935.720	7.000	1 210	107
939.740	0.300	950	95
963.700	2.500	1 100	102

四、安全性分析

项目组收集了某二级公路 2005～2007 年的事故数据，经过整理发现数据存在不完整性，不能恰当、合理地描述某二级公路事故分布状况及局部危险路段。为了弥补事故分析工作的缺陷，项目组根据以往的研究成果及经验，通过现场调查的方式分析了预期存在危险的路段。

1. 某二级公路事故分析

对路寨段 2005～2007 年 9 月的事故进行统计。统计结果发现，死亡事故在整个事故中所占比例较高，其中每 100 起事故有约 20 起为死亡事故(表 6-36)，这说明在二级公路上对人员的保护需要加强。

事 故 分 布 表　　表 6-36

项　　目	事　故　数	受伤事故数	死亡事故数
事故数	231	70	45
百分比	100.00%	30.30%	19.48%

2. 现场调查路段危险性分析

通过对某二级公路全线调查，发现由道路特殊线形和路侧构造物组合在一起的安全隐患路段。这些路段有较长、大下坡接小半径曲线段，具体见图 6-21～图 6-25。

图 6-21　K947＋700～K947＋400(直线接急弯，急弯路段中有中央分隔的桥涵)

图 6-22　K944＋200～K944＋000(直线接急弯，急弯路段边有住宅)

图 6-23　四排镇(陡坡下坡有住宅)

图 6-24　K919＋400～K919＋100(连续急弯，急弯与下坡组合)

图 6-25　K904＋3～K903＋6[长直线(下坡)接急弯，路侧视距不足]

五、问卷调查

1.驾驶员问卷调查

在某二级公路收费站上，项目组总共对驾驶员发放了 31 份问卷。问卷问题包括：驾驶员驾龄，观察到限速标志是否减速，该公路限速多少合理，车型，直线路段限速多少合理，穿村路段限速多少合理，连续弯路路段限速多少合理，急弯路段限速多少合理以及陡坡路段限速多少合理。经统计分析，统计结果见表 6-37。

驾驶员问卷调查表　　表 6-37

驾驶员驾龄	见到限速标志是否会减速	限速(km/h)多少合理	目前限速是否合理	车型	限速(km/h)多少合理				
					直线路段	穿村路段	连续弯路	急弯路段	陡坡路段
15	会	80	否	客车	80	50	40	40	50
5	会	70	否	货车	80	50	40	40	50
12	会	80	否	货车	80	40	30	30	40
10	会	80	是	小客车	60	40	30	20	30
10	会	70	是	小客车	80	50	60	40	40
3	会	70～80	是	小客车	70	40	40	30	30
20	会	100	否	小客车	60	30	30	30	20
20	会	90	否	小客车	80	40	40	40	50
3	会	50	是	小客车	50	20	20	20	30
10	会	80	否	小客车	70	30	30	40	50
3	会	70	是	小客车	70	20	30	20	30
15	会	80	否	小客车	80	40	50	50	60
10	会	80	是	小客车	90	40	40	30	30
12	会	60	是	小客车	80	40	30	30	30
3	会	50	否	小客车	50	20	20	20	20
20	会	100	否	小客车	70	30	40	30	30
2	会	45	是	货车	60	30	35	30	40
20	会	30～40	是	货车	40	30	20	30	20
10	会	70～80	否	小客车	70	40	50	40	70
2	会	60	否	小客车	60	40	40	30	40
3	会	70	是	小客车	60	30	40	20	40
8	会	60	是	货车	70	40	30	30	30
4	会	60	是	货车	70	30	30	30	30
10	会	80	否	小客车	80	40	50	40	50
8	不会	80	否	小客车	80	40	40	30	40
10	不会	60	否	货车	60	40	30	30	40

续上表

驾驶员驾龄	见到限速标志是否会减速	限速(km/h)多少合理		目前限速是否合理	车型	限速(km/h)多少合理				
						直线路段	穿村路段	连续弯路	急弯路段	陡坡路段
12	会	80		否	小客车	80	20	20	20	20
7	会	80		否	小客车	80	50	40	40	60
9	会	60		否	小客车	80	40	40	30	30
12	会	80		否	小客车	80	40	40	30	40
4	会	20		否	货车	60	20	30	30	50
主要选择值	会	80～100	60～80	否	小客车	70～90	30～50	30～50	30～50	30～50
所占百分比(%)	93	52	35	61	71	71	80	71	71	61

从表 6-37 的统计结果可看出:对于“见到限速标志是否减速”问题,有 93%的驾驶员选择会,说明限速标志在这条公路可以达到较好的限速效果;关于“某二级公路限速多少合理”问题,选择 80～100km/h 的驾驶员有 52%,选择 60～80km/h 的驾驶员有 35%;关于“目前某二级公路限速是否合理”问题,61%的驾驶员认为目前限速不合理;关于“路段限速多少合理”问题,71%的驾驶员认为直线路段限速 70～90km/h 合理,80%的驾驶员认为穿村路段限速30～50km/h 合理,71%的驾驶员认为连续弯路路段限速 30～50km/h 合理,71%的驾驶员认为急弯路段限速 30～50km/h 合理,61%的驾驶员认为陡坡路段限速 30～50km/h 合理。

2. *居民问卷调查*

某二级公路道边村镇较多,村镇居民与车辆均可使用穿村公路,引起车辆碰撞当地行人的事故时有发生。因此,在公路旁边,选择了北铺、瓦寨村、四排镇、头排镇四个具有代表性的村镇居民进行了调查。调查统计结果见表 6-38～表 6-41。

北铺居民调查统计表　　　　表 6-38

您在当地生活多少年	穿村路段是否需要对过往车辆限速	穿村路段过往车辆是否对这里的交通安全有影响	穿村路段中,车辆碰撞行人的事故有多少起	穿村路段中,发生的交通事故有多少起	过往车辆的速度如何	过往车辆对当地居民生活有没有影响	过往车辆数量多少
3	是	是	4	车辆与行人相碰	快	有	多
50	是	是	3	车辆与行人相碰	快	有	多
11	是	是	4	车辆与行人相碰	快	没有	多
13	是	是	4	车辆与行人相碰	快	有	多

续上表

您在当地生活多少年	穿村路段是否需要对过往车辆限速	穿村路段过往车辆是否对这里的交通安全有影响	穿村路段中，车辆碰撞行人的事故有多少起	穿村路段中，发生的交通事故有多少起	过往车辆的速度如何	过往车辆对当地居民生活有没有影响	过往车辆数量多少
3	是	是		车辆与行人相碰	快	有	适合
8	是	是	无	车辆与行人相碰	快	有	适合
4	是	是	3	车辆与行人相碰	快	有	适合
38	是	是	8	车辆与行人相碰	适当	有	多
1	是	是	好多	车辆与行人相碰	快	有	多

瓦寨村居民调查统计表　　表 6-39

您在当地生活多少年	穿村路段是否需要对过往车辆限速	穿村路段过往车辆是否对这里的交通安全有影响	穿村路段中，车辆碰撞行人的事故有多少起	穿村路段中，发生的交通事故有多少起	过往车辆的速度如何	过往车辆对当地居民生活有没有影响	过往车辆数量多少
54	是	是	多	车辆与行人相碰	快	有	多
50	是	是	多	车辆与行人相碰	快	有	多
36	是	是	多	车辆与行人相碰	快	有	多
68	是	是	3	车辆与行人相碰	快	没有	多
39	是	是	6	车辆与行人相碰	快	有	多

四排镇居民调查统计表　　表 6-40

您在当地生活多少年	穿村路段是否需要对过往车辆限速	穿村路段过往车辆是否对这里的交通安全有影响	穿村路段中，车辆碰撞行人的事故有多少起	穿村路段中，发生的交通事故有多少起	过往车辆的速度如何	过往车辆对当地居民生活有没有影响	过往车辆数量多少
10	是	是	10	车辆与行人相碰	快	没有	多
32	是	是	2	车辆与行人相碰	快	有	多

续上表

您在当地生活多少年	穿村路段是否需要对过往车辆限速	穿村路段过往车辆是否对这里的交通安全有影响	穿村路段中，车辆碰撞行人的事故有多少起	穿村路段中，发生的交通事故有多少起	过往车辆的速度如何	过往车辆对当地居民生活有没有影响	过往车辆数量多少
40	是	是	7	车辆与行人相碰	快	有	多
50	是	是	4	车辆与行人相碰	快	有	多
12	是	是	1	车辆与行人相碰	快	有	多
20	是	是	2	车辆与行人相碰	快	有	多
5	是	是	3	车辆与行人相碰	快	有	多
22	是	是	2	车辆与行人相碰	快	有	适合
2	是	否	3	车辆与行人相碰	快	没有	多
35	是	是	很多	车辆与行人相碰	快	有	多
18	是	是	4	车辆与行人相碰	快	有	多

头排镇居民调查统计表 表 6-41

您在当地生活多少年	穿村路段是否需要对过往车辆限速	穿村路段过往车辆是否对这里的交通安全有影响	穿村路段中，车辆碰撞行人的事故有多少起	穿村路段中，发生的交通事故有多少起	过往车辆的速度如何	过往车辆对当地居民生活有没有影响	过往车辆数量多少
17	是	否	4	车辆与行人相碰	慢	没有	多
10	是	否	4	车辆与行人相碰	快	没有	多
60	是	是	4	车辆与行人相碰	快	有	多
17	否	是	很多	车辆与行人相碰	快	有	适合
10	是	是	很多	车辆与行人相碰	快	有	适合

从统计表中可知，绝大部分当地居民认为在穿村路段需要对过往车辆进行限速，绝大部分居民也认为在穿村路段车辆对交通安全的影响较大。穿村公路发生事故类型以车辆碰撞行人为主，且事故较一般路段多出很多。绝大部分居民认为过往车辆速度过快，对居民生活有

影响。

六、限速值确定

通过实际调查及道路线形分析，路寨—平乐二级公路总体线形水平较高，只有局部存在村镇、接入口、急弯、长下坡等易引起事故发生路段。因此，分析并确定该公路采用全线限速与局部特殊路段限速相结合的限速方案。

1. 全线限速值确定

参考国外研究机构的相关成果及限速管理经验，依据我院所做的研究成果，运行速度(85%位车速)是确定道路限速值的一种合理、科学方法。由于限速管理的初衷在于恰当地解决运输效率与安全之间的矛盾，所以限速值应尽可能地平衡两者之间的关系。由此，项目组提出了基于运行速度，考虑各种因素影响的全线限速值确定方法。该方法按照以下顺序完成。

(1)确定在自由流条件下，公路的地点速度调查中第85%位车速，以该车速值作为限速的基础值。

(2)在确定出限速的基础值后，考虑道路线形、道路交通事故、地理环境特征，对基础值进行修正。

按照限速值确定步骤，该公路典型路段为直线路段和缓弯路段，调查85%位车速为80km/h左右，所以选定80km/h作为限速初始值。经过线形检查、设计速度检查和道路交通安全分析，确定80km/h可作为路寨—平乐二级公路的全线限速值。

2. 局部特殊路段限速值确定

经过对路寨—平乐路全线调查，确定急弯、连续弯路、长下坡和穿村镇路段为局部特殊路段。参考国内外相关研究成果及对该公路实际调查情况，确定这些局部路段的限速值。

1)急弯、连续弯路

受转弯半径及转弯角度的限制，驾驶员在急弯或是连续弯路路段处的行驶速度都会下降一定速度，下降幅度随车型而变化，小型车或是较高等级轿车的下降幅度要小。另外，在急弯或是连续弯路路段处驾驶员自觉根据路况控制行车速度程度很高。所以，在些路段限速施行建议限速，建议限速值根据曲线半径来定。就本项目而言，根据计算分析，急弯处建议限速值见表6-42。

急弯处建议限速值分布表　　表6-42

半径(m)	80～100	101～150	151～200
建议限速值(km/h)	50	60	70

对于连续弯路，选择弯路中最小的曲线半径，按照表6-42所对应的限速值作为建议限速值。

2)长下坡路段

根据我院的研究成果，在坡长大于1km小于2km且坡度大于4%、坡长大于2km小于6km且坡度大于3%和坡长大于6km且坡度大于2.5%(坡长均包括缓和坡长)的连续下坡路段成为长下坡路段。长下坡路段限速值比一般路段限速值低20km/h。

3)穿村镇路段

根据已有的研究成果，当车辆的行驶速度为 32km/h 时，行人事故的死亡率为 5%；当行驶速度为 48km/h，行人事故的死亡率为 45%；当行驶速度为 64km/h 时，行人事故的死亡率为 85%。鉴于上面的分析结果，穿村路段限速值定为 40km/h。

七、速度控制方案及技术

1. 速度控制方案

根据对路寨—平乐二级公路从运行速度、道路线形、道路安全、路段特征、驾驶员问卷调查等多角度进行全面系统的分析，考虑路段特征差异性，确定采用全线一般路段限速和局部特殊路段(急弯、连续弯路、穿村路段、长下坡路段)限速相结合的速度控制方案。由于可利用的道路条件有限，不能实施分车道或者分车型限速。对于急弯、连续弯路路段采用建议限速的形式，提示驾驶员安全行车。但对于一些好车，驾驶技术高的驾驶员可以超过提示车速行驶，但不能超过限制速度。对于穿村路段采用法定限速，强制驾驶员减速，保证路侧行人的安全。

1)全线一般路段限速标志及位置

对全线的运行速度、道路线形、道路安全、路段特征和驾驶员问卷调查等进行多角度全面系统的分析后(具体分析过程见前面论述)，确定全线一般路段限速值为 80km/h。限速标志样式如图 6-26 所示。

图 6-26　全线限速值标志版面图

该限速标志表示全线限速情况，设置在进入该公路的起点处及局部限速路段结束后的后续路段处。

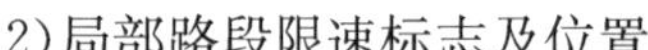

2)局部路段限速标志及位置

(1)急弯、连续弯路限速标志及位置

急弯、连续弯路路段按照限速值确定方法确定限速值，设置建议限速标志。限速标志版面样式如图 6-27 所示。

图 6-27　建议限速标志样式

该类标志设置在进入急弯、连续弯路路段前 100m 附近路段适当位置。

(2)长下坡路段限速标志及位置

长下坡路段限速 60km/h，标志采用如图 6-28 所示样式。

该标志设置在长下坡前 100m 附近路段适当位置。

(3)穿村镇路段限速标志及位置

考虑村镇行人较多,车辆与行人相撞,伤害较大,穿村镇路段限速 40km/h。标志样式见图 6-29。

图 6-28　长下坡路段限速标志样式

图 6-29　村镇路段限速标志图

该标志设置在临近村镇前 100m 附近路段适当位置。考虑一般路段限速 80km/h 与村镇路段限速值 40km/h 差值为 40km/h,需要在村镇路段限速标志前 100～200m 范围内设置限速 60km/h 标志,以便于过渡。

考虑到沿线多存在一些较小村镇,这些村镇对交通的高速通行影响不大,所以不采取限低速措施来避免车辆碰撞行人,而是采用强制减速措施及提示措施来完成。减速振动标线及黄闪灯是较实用的提示、警示减速设施,且在实际应用中也证明了其有效性,所以对于这些路段,采用提示、物理减速设施来实现安全功能。

2.危险路段处置技术

除对速度进行控制外,为了保障行车安全,还需要对一些预期危险地段进行综合处置。下面说明需要采取综合措施的路段及措施手段。

(1)穿村镇路段

穿村镇路段除设置必要的限速标志外,在邻近村镇还应设置"村镇"、"行人过节"等警告标志。如有必要,还应在村镇前及村镇内设置减速振动标线或薄层铺装。对于一些较小的村落,为了不影响主线车辆的快速通行,并保护行人安全,设置减速振动标线及黄闪灯,给驾驶员以提示。

(2)长下坡路段

如有必要,应在长下坡路段设置减速振动标线或薄层铺装。对实际路段进行检查发现,原有长下坡路段已经设置减速标线,但从效果上看可能有限,建议改成起伏较大的减速丘。这种减速丘减速效果明显。

(3)小型接入口

实际调研中发现,一些小型接入口如图 6-30 所示。由于受到路侧树木遮掩视线影响,容易造成与主线车辆发生事故,对于这些小型的接入口,采取以下措施。

①接入口小路设置减速丘,以降低进入主线车辆的行驶速度。

②设置停车让行标志,指引车辆先减速停车,观察后再进入主线。

③如有必要,在接入口适当位置设置反光镜,以便于进入主线的车辆观察。

图 6-30 小型接入口

(4)经过检查所发现的一些需综合处置的路段的速度综合控制方案

①K947+700～K947+400(直线接急弯,急弯路段中有中央分隔的桥涵)见图 6-31。

处置措施:

a. 如图 6-31 所示的桥中央分隔带前 100m 范围内中央分隔带处,设置反光的突起路标,或者设置分道体。

b. 急弯前一段距离设置急弯禁止超车标志,增加窄路标志。

c. 更换如图 6-31 所示位置的减速标线为薄层铺装。

d. 对桥梁中央护栏端头处理,增强反光效果。如有可能,可拆除桥梁中央护栏。

②K944+200～K944+000(直线接急弯,急弯路段边有住宅)见图 6-32。

图 6-31 K947+700～K947+400 图

图 6-32 K944+200～K944+000 图

处置措施:

a. 在弯道和村庄前一段距离设置村庄、急弯、行人过街和禁止超车警告标志。

b. 在弯道和村庄前一段距离路面设置薄层铺装。

③四排镇(陡坡下坡有住宅)见图 6-33。

处置措施:

a. 在村镇前前一段距离设置村庄、行人过街和禁止超车警告标志。

b. 在村镇前,上坡路段前一段距离路面设置薄层铺装。

c. 在村镇下坡路段设置薄层铺装。

④K919＋400～K919＋100(连续急弯，急弯与下坡组合)见图 6-34。

图 6-33　四排镇

图 6-34　K919＋400～K919＋100

处置措施：

a. 在该路段前一段距离适当位置设置下陡坡、急弯警告标志和禁止超车标志。

b. 下坡路段直线段处及下坡前一段距离路面连续设置薄层铺装。

⑤K904＋300～K903＋600[长直线(下坡)接急弯，路侧视距不足]见图 6-35。

图 6-35　K904＋300～K903＋600

处置措施：

a. 在该路段前一段距离适当位置设置下陡坡、急弯警告标志和禁止超车标志。

b. 在下坡路段直线段处及下坡前一段距离路面连续设置薄层铺装。

参 考 文 献

[1] National Cooperative Highway Research Program. Safety impacts and other implications of raised speed limits on high-speed roads final report . NCHRP Web-Only Document 90 (Project 17-23).

[2] Transportation research board managing speed: review of current practices for setting and enforcing speed limits . TRB Special Report 254,1998.

[3] Jack Stuster, Davey Warren. Synthesis of safety research related to speed and speed management. PUBLICATION NO. FHWA-RD-98-154,1998.

[4] 何勇,唐琤琤.道路交通安全技术[M].北京:人民交通出版社,2008.

[5] T J Barlow,P G Boulter. Emission factors 2009: review of the average-speed approach for estimating hot exhaust emissions. TRL. PPR355,2009.

[6] 刘兴旺,高海龙.高速公路行车速度安全性分析技术研究[C]//重庆绕城高速公路科技示范工程技术交流会论文集.2009.

[7] Liu Xingwang Wu Jingmei. The method of road safety analysis based on two-dimensional speed difference. ICCTP,2009,ASCE.

[8] Liu Xingwang. The maximum safe speed calculation model research on curve. ICTIS 2011,ASCE.

[9] Liu Xingwang. The maximum safe speed calculation model research on curve Based on the accuracy of operation. ICCTP 2011,ASCE.

[10] Schurr K S, McCoy P T, Pesti G,et al. Relationship of design, operating, and posted speeds on horizontal curves of rural two-lane highways in Nebraska[J]. Transportation Research Record, 2002, 1796:60-71.

[11] Jun Wang. Operating speed models for low speed urban environments based on in-vehicle GPS data[D]. Georgia Institute of Technology,2006.

[12] Kay Fitzpatrick,P E,Shaw-Pin Miaou. Exploration of the ralationships between operating speed and roadway features on tangent sections. Journal of Transpotation Engineering,2005.

[13] Nisar M Khan. An analysis of speed limit policies for Indian[D]. Purdue University, 2002.

[14] 钟小明,荣建,刘小明,等. 用于路线设计的小客车速度模型研究[J].北京工业大学学报,2005(2).

[15] 钟小明,刘小明,周荣贵,等. 基于高速公路路线设计一致性的中型卡车运行速度模型研究[J]. 公路交通科技, 2005:(3).

[16] 刘兴旺,高海龙.广西高等级公路设计速度与运行速度控制研究报告[R].广西壮族自治区交通运输厅科技项目,2007.

[17] 刘兴旺,高海龙.重庆高速公路安全运行控制管理研究报告[R].重庆交通委员会科技项目,2006.

[18] 刘兴旺.福建高速公路安全性评价与限速方法研究报告[R].福建省高速公路建设总指挥部项目,2010.

[19] Transportation research board managing speed: review of current practices for setting and enforcing speed limits . TRB Special Report 254,1998.

[20] 何勇,唐琤琤.道路交通安全技术[M].北京:人民交通出版社,2008.

[21] 程国柱.高速道路车速限制方法研究[D].哈尔滨:哈尔滨工业大学,2007.

[22] 刘兴旺.谈美国道路限速管理研究及启示[J].交通与运输,2008,5.

[23] 刘兴旺.速度管理技术及应用[C]//全国公路科技创新论坛会议论文集,2008,4:57-59.

[24] 高海龙,刘兴旺.公路限速值设计方法研究[J].公路交通科技,2009,26(8):145-148.

[25] Transportation research board managing speed: review of current practices for setting and enforcing speed limits . TRB Special Report 254,1998.

[26] Liu Xingwang. Road curve speed control engineering study. Applied Mechanics and Materials,66-68(2011):793-797.

[27] Bryan Jeffrey Katz. Peripheral transverse pavement markings for speed control. Irginia Polytechnic Institute and State University in partial fulfillment of the equirements for the degree of Doctor of Philosophy In Civil Engineering.

[28] Jeffrey D Miles, Paul J Carlson. Traffic operational impacts of transverse, centerline, and edgeline rumble strips. FHWA/TX-05/0-4472-2.

[29] Bahar G, Mollett C, Persaud B, et al. Safety evaluation of permanent raised pavement markers. National Cooperative Highway Research Program Report 518, Washington, D. C. , Transportation Research Board, 2004.

[30] 刘兴旺,高海龙.广西高等级公路设计速度与运行速度控制研究报告[R].广西壮族自治区交通运输厅科技项目,2007.

[31] 刘兴旺,高海龙.重庆高速公路安全运行控制管理研究报告[R].重庆交通委员会科技项目,2006.

[32] 刘兴旺.福建高速公路安全性评价与限速方法研究报告[R].福建省高速公路建设总指挥部项目,2010.

[33] Eric T P E, Scott C. Speed concepts: informational guide. FHWA-SA-10-001.

[34] American Association of State Highway and Transportation Officials. A policy on geometric design of highways and streets. Washington, DC, 2004.

[35] Bowie N N, Jr and M Walz. Data analysis of the speed-related crash issue. Auto and Traffic Safety,2, Winter 1994.

[36] 3. U. K. Department of transportation, killing speed and saving lives. London, 1987.

[37] Davis G A. A simple threshold model relating pedestrian injury severity to impact speed in vehicle/pedestrian crashes. Transportation Research Record 1773, Transportation Research Board, Washington, D. C. , 2001:108-113.

[38] Fitzpatrick K, P Carlson, M Brewer,et al. Design speed, operating speed, and posted speed practices. NCHRP Report 504, Transportation Research Board, National Research Council, Washington, D. C,2003.

[39] Barnett J. Safe side friction factors and superelevation design. Highway Research Board,1936,16:69-80.